中国海洋发展报告

China's Ocean Development Report

（2021）

自然资源部海洋发展战略研究所课题组　编著

海洋出版社

2021年 · 北京

图书在版编目（CIP）数据

中国海洋发展报告. 2021/自然资源部海洋发展战略研究所课题组编著. —北京：海洋出版社，2021.7
　ISBN 978-7-5210-0802-9

　Ⅰ.①中…　Ⅱ.①自…　Ⅲ.①海洋战略-研究报告-中国-2021　Ⅳ.①P74

　中国版本图书馆 CIP 数据核字（2021）第 147396 号

责任编辑：高朝君
责任印制：安　淼

海洋出版社　　出版发行

http：//www.oceanpress.com.cn
北京市海淀区大慧寺路 8 号　邮编：100081
中煤（北京）印务有限公司印刷
2021 年 7 月第 1 版　2021 年 7 月北京第 1 次印刷
开本：787mm×1092mm　1/16　印张：19
字数：405 千字　定价：200.00 元
发行部：010-62100090　邮购部：010-62100072
总编室：010-62100034　编辑室：010-62100038
海洋版图书印、装错误可随时退换

《中国海洋发展报告（2021）》
编辑委员会

编 写 说 明

2006 年以来，海洋发展战略研究所组织编写了关于中国海洋发展的系列年度研究报告。报告立足全面论述中国海洋事业发展的国际和国内环境、海洋战略与政策、法律与权益、经济与科技、资源与环境等方面的理论与实践问题，客观评价海洋在实现"两个一百年"奋斗目标、实施可持续发展战略中的作用，系统梳理国内外海洋事务的发展现状，向有关部门提出中国海洋事业发展的对策和建议，为社会公众普及海洋知识、提高海洋意识提供了阅读和参考读本。

2020 年是中国全面建成小康社会和"十三五"规划的收官之年，也是保障"十四五"顺利开启的关键之年。突如其来的新冠肺炎疫情，打断了全球经济和社会发展的既有节奏。海洋作为联合国可持续发展的重要议题之一，也受到了新冠肺炎疫情的冲击。以习近平同志为核心的党中央统揽全局、果断决策，中国抗疫斗争取得重大胜利，在全球主要经济体中唯一实现经济正增长。2020 年，国内生产总值比上年增长 2.3%，海洋经济也保持了健康发展。

在《中国海洋发展报告（2021）》中，我们在既往篇章结构的基础上进行了调整，围绕"坚持陆海统筹，加快建设海洋强国"，结合 2020 年中国海洋事业发展面临的形势、海洋领域取得的成就和重要事件、自然资源管理的新进展和生态文明建设的新要求，从"海洋事业统筹与规划管理""蓝色经济发展与科技创新""海洋生态保护与资源可持续利用""海洋法治建设与国际合作"以及"全球海洋治理与海洋命运共同体"五个部分展开论述。《中国海洋发展报告（2021）》还对社会和公众关注的一些海洋热点和难点问题进行了论述，并对 2020 年海洋形势予以简要综述。

自然资源部海洋发展战略研究所的科研人员承担了《中国海洋发展报告（2021）》的研究和撰写工作，各部分负责人和各章执笔人如下：

第一部分　海洋事业统筹与规划管理　　　　付　玉
　　第一章　中国的海洋政策　　　　　　　罗　刚
　　第二章　中国的海洋管理　　　　　　　付　玉
　　第三章　海洋空间规划　　　　　　　　王　芳
第二部分　蓝色经济发展与科技创新　　　　张　平
　　第四章　中国海洋经济　　　　　　　　姜祖岩

第五章　中国海洋产业的发展　　　　　　　　　张　平

第六章　中国海洋科技的发展　　　　　　　　　刘　明

第三部分　海洋生态保护与资源可持续利用　　　郑苗壮

第七章　中国海洋生态文明建设　　　　　　　　郑苗壮　朱　琳

第八章　中国海洋资源可持续利用　　　　　　　朱　璇

第九章　中国海洋环境保护　　　　　　　　　　赵　畅

第四部分　海洋法治建设与国际合作　　　　　　吴继陆

第十章　中国的海洋立法　　　　　　　　　　　张　颖

第十一章　中国海洋法律的实施　　　　　　　　吴继陆　张小奕

第十二章　周边海洋法律秩序　　　　　　　　　疏震娅

第五部分　全球海洋治理与海洋命运共同体　　　密晨曦

第十三章　全球海洋保护目标与中国实践　　　　郑苗壮　赵　畅

第十四章　国际海底事务与中国深海事业　　　　张　丹

第十五章　南北极治理与中国极地事业　　　　　李明杰　董　跃　王新和

附件　　　　　　　　　　　　　　　　　　　　吴竟超

感谢自然资源部各级领导的关心和指导，感谢全体编写组成员和编辑同事的辛勤劳动和贡献。我们希望把《中国海洋发展报告》做成一部面向广大社会公众和国家决策层的科学、权威的国情咨文，做成全面记载、客观反映和专业评述中国海洋事业发展进程和成就的系列报告。

本年度海洋发展报告中的述评是作者的认识，不代表任何政府部门和单位的观点。本报告作为学术研究成果，难免有不足之处，敬请读者批评指正。

《中国海洋发展报告（2021）》编辑委员会

2021 年 3 月

目 录

2020 年海洋形势综述 ··· （1）

Overview of the Ocean Situation in 2020 ··································· （12）

第一部分 海洋事业统筹与规划管理

第一章 中国的海洋政策 ·· （31）

一、相关政策平稳推进海洋强国建设 ·································· （31）

二、政策举措巩固海洋经济高质量发展 ······························ （36）

三、政策举措助力海洋生态文明建设 ·································· （41）

四、小结 ·· （44）

第二章 中国的海洋管理 ·· （45）

一、中国的海洋管理制度 ··· （45）

二、中国的海洋管理实践 ··· （51）

三、海洋执法 ··· （59）

四、小结 ·· （63）

第三章 海洋空间规划 ·· （64）

一、国外海洋空间规划概况与共性特征 ······························ （64）

二、中国海洋规划的发展 ··· （70）

三、海洋空间规划体系的建立健全 ······································ （73）

四、小结 ·· （78）

第二部分 蓝色经济发展与科技创新

第四章 中国海洋经济 ·· （81）

一、2020 年中国海洋经济总体发展 ······································ （81）

二、中国海洋经济发展特点 ··· （82）

三、区域海洋经济发展 ··· （87）

四、小结 ·· （95）

第五章　中国海洋产业的发展 ·············· （96）

一、海洋传统产业 ·································· （96）

二、海洋新兴产业 ·································· （100）

三、海洋服务业 ···································· （103）

四、小结 ·· （105）

第六章　中国海洋科技的发展 ·············· （106）

一、海洋科学进展 ·································· （106）

二、海洋调查和科学考察 ······················ （110）

三、海洋高技术 ···································· （112）

四、海洋科研能力发展 ·························· （122）

五、小结 ·· （123）

第三部分　海洋生态保护与资源可持续利用

第七章　中国海洋生态文明建设 ·············· （127）

一、海洋生态文明建设的新形势 ·············· （127）

二、海洋生态文明建设的新成就 ·············· （130）

三、推进海洋生态文明体系的新发展 ········ （135）

四、小结 ·· （137）

第八章　中国海洋资源可持续利用 ·········· （139）

一、海洋资源开发利用情况 ·················· （139）

二、提高海洋资源利用效率 ·················· （144）

三、加强海洋资源保护与生态修复 ·········· （149）

四、小结 ·· （153）

第九章　中国海洋环境保护 ················ （155）

一、海洋环境质量变化与海洋灾害 ·········· （155）

二、海洋生态环境保护管理不断完善 ········ （162）

三、海洋环境保护的地方实践 ················ （167）

四、小结 ·· （172）

第四部分　海洋法治建设与国际合作

第十章　中国的海洋立法 ·· （175）
　　一、中国海洋法律制度概述 ·· （175）
　　二、《民法典》与自然资源管理 ····································· （180）
　　三、海洋立法的发展与完善 ·· （183）
　　四、小结 ·· （190）

第十一章　中国海洋法律的实施 ·· （192）
　　一、中国海洋法律实施概述 ·· （192）
　　二、中国海洋法律的执行 ·· （195）
　　三、海事司法与仲裁 ·· （199）
　　四、中国海洋法律的监督 ·· （202）
　　五、小结 ·· （205）

第十二章　周边海洋法律秩序 ·· （206）
　　一、周边海洋法律秩序形成背景 ····································· （206）
　　二、周边海洋法律秩序的发展 ·· （211）
　　三、周边海洋法律秩序展望 ·· （217）
　　四、小结 ·· （221）

第五部分　全球海洋治理与海洋命运共同体

第十三章　全球海洋保护目标与中国实践 ································ （225）
　　一、全球海洋保护目标的演进及实施进展 ····························· （225）
　　二、中国海洋保护目标实施进展 ····································· （230）
　　三、中国海洋保护地的发展方向 ····································· （233）
　　四、小结 ·· （234）

第十四章　国际海底事务与中国深海事业 ································ （235）
　　一、国际海底事务 ·· （235）
　　二、"区域"活动的形势和问题 ······································ （241）
　　三、中国深海事业的发展 ·· （244）
　　四、小结 ·· （247）

第十五章 南北极治理与中国极地事业 ·························· （248）

一、南极治理框架和发展 ····························· （248）

二、北极治理框架和发展 ····························· （256）

三、中国极地事业的新发展 ·························· （261）

四、小结 ·· （265）

附 件

附件 1 《中华人民共和国国民经济和社会发展第十四个五年规划和 2035 年远景
目标纲要》（部分涉海论述） ······················· （269）

附件 2 自然资源部关于公布我国东海部分海底地理实体标准名称的公告 ······ （274）

附件 3 自然资源部 民政部关于公布我国南海部分岛礁和海底地理实体标准名称
的公告 ·· （277）

附件 4 2020 年中国南北极科学考察任务及成果 ··············· （282）

附件 5 2020 年国家社会科学基金涉海项目简表 ··············· （284）

附件 6 2020 年中华人民共和国政府关于《国际海底开发规章缴费机制问题》的
评论意见 ·· （287）

附件 7 自然资源部 2020 年立法工作计划 ···················· （289）

附件 8 《全国重要生态系统保护和修复重大工程总体规划（2021—2035 年）》
（海岸带部分摘录） ······························· （291）

2020 年海洋形势综述

2020 年是中国全面建成小康社会和"十三五"规划的收官之年，在习近平新时代中国特色社会主义思想的指引下，我国克服各种困难和挑战，海洋事业取得重要进展。我国持续推进陆海统筹，出台诸多新政策扶持涉海行业复工复产，应对和减缓新冠肺炎疫情的不利影响；海洋生态环境状况整体稳中向好，海洋生态文明建设持续推进；海洋经济保持增长态势，海洋科技创新引领作用不断增强；海洋国际合作继续推进，积极参与全球海洋治理。

新冠肺炎疫情对全球海洋秩序变革进程带来新的不确定因素。受新冠肺炎疫情的影响，海洋领域许多国际谈判和国际会议被取消或推迟，国际学术交流也受到不同程度的阻碍。但是，凭借网络科技，全球海洋治理进程得以持续推进。2020 年度，全球海洋治理出现新模式，越来越多的国际磋商和学术会议从传统的面对面对话和交流方式转为网络视频会议进行。

近年来，国际经济等领域出现"逆全球化"势头，与此不同的是，海洋领域的全球化势头依然强劲，加强对话与合作、维护世界海洋的和平与稳定，始终是国际社会的共识和主流呼声，有力证明了习近平总书记提出的构建"海洋命运共同体"是符合时代潮流的倡议。海洋是支撑世界和平稳定、开放共享、可持续发展的重要领域。

一、克服疫情影响，全球海洋治理继续前行

2020 年，国际社会在气候变化、海洋生态环境保护、海洋污染防治、海洋生物多样性养护与可持续利用、海洋科技、国际海底区域和极地治理等关键领域继续开展对话与合作，就若干新规则制定和新制度设计继续进行磋商。

（一）国际社会持续关注海洋重大议题

相关国际组织和区域性组织持续关注气候变化与海水酸化、海洋污染防治、生物多样性保护、海洋科学研究等重大议题。2020 年第 75 届联合国大会第 75/39 号决议《关于海洋和海洋法》，鼓励各国和主管国际组织就海洋酸化观测与研究开展合作，减轻海洋酸化现象及其对珊瑚礁等珍稀海洋生境的影响。《国际防止船舶污染公约》

附件Ⅵ自 2020 年 1 月起生效，国际航运实施最高不超过 0.5% 燃油硫含量标准，预计将使船舶的二氧化硫排放量减少 77%。根据联合国大会第 72/73 号决议，2021 年 1 月 1 日起启动《联合国海洋科学可持续发展十年（2021—2030）》国际计划。联合国将发挥引领作用，支持各国加强海洋科学研究，以强化可持续海洋管理，加快落实《2030 年可持续发展议程》。此外，联合国《海洋环境状况包括社会经济方面问题全球报告和评估经常程序特设全体工作组的工作报告》和经常性评估进程工作组编写的《世界海洋分析报告第二期摘要》正式发布，摘要指出气候变化和人类活动给海洋环境造成持续压力。受全球新冠肺炎疫情影响，原定于 2020 年 5 月在中国昆明举办的《生物多样性公约》第 15 次缔约国会议延期至 2021 年 10 月召开，会议将就"2020 年后全球生物多样性框架"及海洋生态保护关键目标进行磋商。

（二）BBNJ 磋商进程在线上推进

受新冠肺炎疫情影响，原定于 2020 年 3 月召开的国家管辖范围以外区域海洋生物多样性养护与可持续利用（以下简称"BBNJ"）政府间谈判第四次会议推迟至 2021 年 8 月。闭会期间，各国在线上讨论海洋遗传资源（包括惠益分享）、划区管理工具（包括海洋保护区）和环境影响评价等议题。在海洋遗传资源制度设计上，发展中国家和发达国家依然存在重大分歧，未能取得实质性进展。发展中国家要求全过程监测海洋遗传资源的利用，包括获取、研究和开发利用，强制分享货币化惠益。发达国家则主张海洋遗传资源的便利获取，仅愿意讨论非货币化惠益分享。包括海洋保护区在内的划区管理工具、环境影响评价议题已进入制度条款案文磋商阶段，但各国在关键问题上讨论激烈。划区管理工具已经形成了"从选划到管理"较为完善的框架体系，但在平衡养护与可持续利用之间的关系，沿海国在"毗邻区域"是否具有特殊法律地位，提案的协商、评估和决策程序，以及与国际海底管理局、国际海事组织和区域渔业管理组织等其他组织之间关系等问题上仍有较大分歧。各方对环境影响评价应由"国家主导、国家决策"的共识逐渐扩大，但在环境影响评价程序"国际化"制度设计上仍有不同意见。

（三）海洋保护区成为全球海洋治理重要议题之一

拓展海洋空间历来是海洋竞争的重要手段和目标之一，对塑造海洋地缘政治格局的作用尤为重要。公海占地球表面积的 64%，是实现人类可持续发展的重要空间。近年来，关于在国家管辖范围以外区域——特别是在公海——设立海洋保护区已成为各方高度关注的问题。此问题在 BBNJ 协定谈判、国际海底区域环境管理计划制订、全球生物多样性框架目标设定以及南极海洋保护区建立等多个国际谈判和磋商进程中均有涉及。换句话说，上述国际谈判或磋商中的某一个若在公海设立保护区问题上取得新进展，则会对其他领域产生重大影响。例如，若在《生物多样性公约》框架下达成欧盟所力推的"2030 年保护 30% 海洋"的政治目标（以下简称"3030 目标"），将会对其他相关国际谈判产生重大影响。2020 年 5 月，欧盟委员会发布《欧盟 2030 年生物多样性战略——让自然重回我们的生活》，把设定"3030 目标"与 BBNJ 新协定、在南极威德尔海和东南极设立海洋保护区提案等列为重要议题。2020 年 12 月，欧盟委员会发布《全球变局下的欧美新议程》，谋划与美国在跨大西洋和全球范围内构建共同引领的全球海洋治理新秩序，其中把"3030 目标"和在南极设立海洋保护区作为优先事项。

（四）"国际海底区域"（以下简称"区域"）矿产资源开发规章制定有序推进

尽管受新冠肺炎疫情影响，但区域矿产资源开发规章（以下简称"开发规章"）谈判进程继续推进。国际海底管理局（以下简称"管理局"）通过召开年度会议、举行相关研讨会、邀请各方提交书面意见等方式继续推进开发规章制定工作。国际海底管理局理事会在管理局第 26 届会议第一期会议上继续对"开发规章草案"部分内容进行审议，决定增设"保护和保全海洋环境非正式工作组""检查、遵守和强制执行事项非正式工作组"以及"机构事项非正式工作组"就相关专题和复杂问题开展工作，以推进"开发规章草案"的讨论及审议。① 管理局法律和技术委员会审议修订了由秘书处编写的《开发规章草案》附件六《健康和安全计划和海上安保计划》草案案文。② 开发规章配套标准和指南制定也取得积极进展，管理局在 2020 年 8 月公布了 3 个标准和指南草案，即《关于请求核准开发工作计划的申请的编制和评估指南草案》《关于环境管理系统的制定和应用的标准和指南草案》《关于环境履约保证金形式和计算的标准和指南草案》，征求利益攸关方意见。③

（五）南北极治理新挑战和新机遇并存

受新冠肺炎疫情影响，南极治理进程受到一定影响。原定于 2020 年 5 月在芬兰举行的南极条约协商会议（ATCM）被取消。此外，原定于 2020 年 7 月在澳大利亚召开的南极科学研究委员会（SCAR）和国家南极局局长理事会（COMNAP）会议也因为新

---

① 国际海底管理局：《理事会关于推动讨论"区域"内矿物资源开发规章草案的工作方法的决定》，ISBA/26/C/11（2020），附件，第 1-3 段。
② 国际海底管理局：《"区域"内矿物资源开发规章草案的第 30 条草案和附件六草案秘书处的说明》，ISBA/26/C/17（2020），附件。
③ 《国际海底管理局发布的征求意见的 3 个标准和指南草案》，参见 https：//www.isa.org.jm/stakeholder-consultations-draft-standards-and-guidelines-support-implementation-draft-regulations，2021 年 1 月 30 日登录。

冠肺炎疫情而取消。① 为了应对会议取消带来的不利影响，协商国通过在线论坛进行了闭会期间的讨论和磋商。为了避免给今年在法国巴黎的会议造成过重的负担，会议商定允许缔约方、观察员和专家在闭会期间提交文件和报告，以便在下一次会议之前审议。② 南极条约秘书处也持续接受来自《南极条约》闭会期间各国提交的文件。③ 2020年 10 月，南极海洋生物资源保护委员会（CCAMLR）年会通过线上形式进行。④ 会议在政治和科学领域达成广泛共识，但对于在南极建立海洋保护区未能达成一致意见。东南极海洋保护区、西南极半岛保护区、威德尔海洋保护区三个提案未获通过。

北极治理的新挑战和新机遇并存。北极事务被个别国家"安全化"。近年来，美国发布的北极战略文件，将北极视为对抗中俄的战略要地。北极自然生态环境正经历快速变化，在应对气候变化和生态环境保护等方面的跨区域合作需求愈发迫切。海洋问题和合作成为北极理事会议程的首要议题。⑤ 2020 年 9 月，北极理事会确立新的海洋合作计划，确保维持和促进北极海洋事务合作。⑥ 10 月，北极理事会的保护北极海洋环境工作组（PAME）发布第二份《北极航运现状报告》，重点关注 2019 年北极地区船舶重质燃料油（HFO）使用情况。按照国际海事组织（IMO）《极地规则》的定义，在北极水域的船舶中，有 10% 的船舶仍然使用 HFO 作为燃料。⑦

（六）21 世纪海上丝绸之路建设取得新进展

新冠肺炎疫情对共建"一带一路"带来新的挑战，但"一带一路"倡议与沿线国家和地区的发展战略能够融合与对接，符合各方共同利益，展现出强劲韧性。截至 2020 年年底，我国已经与 138 个国家、31 个国际组织签署了 202 份共建"一带一路"

---

① Antarctic Treaty Secretariat, Cancellation of SCAR COMNAP 2020 Hobart Meetings, https：//www. ats. aq/devph/en/news/177, 2020 年 11 月 25 日登录。

② Antarctic Treaty Secretariat, Next steps following cancellation of ATCM XLIII-CEP XXIII in Finland, https：//www. ats. aq/devph/en/news/179, 2020 年 12 月 15 日登录。

③ Antarctic Treaty Secretariat, Submission of intersessional papers, https：//www. ats. aq/devph/en/news/180, 2020 年 11 月 15 日登录。

④ CCAMLR-39 Report, Report of the Thirty-ninth Meeting of the Commission, https：//www. ccamlr. org/en/system/files/e-cc-39-prelim-v1. 2. pdf, 2020 年 12 月 15 日登录。

⑤ The Arctic Council, Cooperation And Consensus, https：//arctic-council. org/en/news/cooperation-and-consensus/, 2020 年 12 月 15 日登录。

⑥ The Arctic Council, The Road Towards Enhanced Marine Coordination In The Arctic Council, https：//arctic-council. org/en/news/the-road-towards-enhanced-marine-coordination-in-the-arctic-council/, 2020 年 12 月 15 日登录。

⑦ The Arctic Council, Report On Heavy Fuel Oil In The Arctic Launched, https：//arctic-council. org/en/news/report-on-heavy-fuel-oil-in-the-arctic/, 2020 年 12 月 15 日登录。

合作文件。① "一带一路"沿线各类建设项目有序推进。例如,科伦坡港口城项目一期水工工程已全面完工,市政及园林工程已开工并稳步推进,一期地块的地契全部获取,项目招商引资及二级开发已拉开序幕。② 2020 年 12 月,中国与非洲联盟签订《关于共同推进"一带一路"建设的合作规划》。这是中国和区域性国际组织签署的第一份共建"一带一路"规划类合作文件,将推动该倡议与《非洲联盟 2063 年议程》深入对接,其中港口基础设施等成为重要合作内容。

二、周边局势总体稳定可控,不确定因素继续存在

2020 年,我国与周边国家继续推进对话与磋商,周边形势相对稳定可控。但不确定因素依然存在,周边国家单边行动不断,美国不断拉拢其军事盟国加大在南海的军事存在力度;新冠肺炎疫情阻碍了我国与周边国家海上合作项目的开展。我国在周边海洋继续面临着域外势力的战略围堵、安全威胁和来自周边国家在争议海域的单边行动挑战。

(一) 周边海洋事务磋商与合作取得积极成效

我国积极推进与周边国家的海洋事务机制性磋商,共同推动周边海洋秩序构建,为维护地区局势和平稳定注入新能量。为落实《关于指导解决中越海上问题基本原则协议》,中越继续有序开展磋商。截至 2020 年,北部湾湾口外海域工作组已举行 13 轮磋商,海上共同开发磋商工作组已举行 10 轮磋商。③ 中越北部湾共同渔区渔业联合检查在促进两国海上执法机构交流合作、维护北部湾渔业生产秩序方面发挥重要作用。2006 年至 2020 年 12 月,中越海上执法部门在北部湾海域开展了 20 次联合巡航行动。④

中日通过海洋事务高级别磋商等机制和其他沟通平台,积极开展对话,建设性管控分歧。2020 年 7 月,中日海洋事务高级别磋商团长会谈就涉海问题坦诚深入地交换了意见,强调应全面落实两国领导人共识,共同维护东海稳定与安宁,把东海建设成

---

① 《中国政府与非洲联盟签署共建"一带一路"合作规划》,国家发展改革委,2020 年 12 月 16 日,https://www.ndrc.gov.cn/fzggw/jgsj/kfs/sjdt/202012/t20201216_1252970.html,2020 年 12 月 30 日登录。

② 《科伦坡港口城项目介绍》,商务部,2021 年 1 月 4 日,http://lk.mofcom.gov.cn/article/jmxw/202101/20210103028366.shtml,2021 年 3 月 30 日登录。

③ 《中越举行北部湾湾口外海域工作组第十三轮磋商和海上共同开发磋商工作组第十轮磋商》,外交部,2020 年 9 月 10 日,https://www.fmprc.gov.cn/web/wjdt_674879/sjxw_674887/t1813755.shtml,2020 年 11 月 28 日登录。

④ 《中越海警开展北部湾海域联合巡航》,国防部,http://www.mod.gov.cn/action/2020-12-25/content_4876010.htm,2021 年 5 月 10 日登录。

为和平、合作、友好之海。①

中韩通过渔业执法工作会谈机制来维护中韩渔业协定水域作业秩序。根据会谈机制的共识，中韩于 2020 年首次开展中韩渔业协定暂定措施水域（PMZ）联合巡航，有助于增进中韩海警间相互了解，深化双方合作。下一步，中韩海警将进一步加强海上执法合作，共同维护中韩渔业协定暂定措施水域正常渔业生产秩序。②

中国与东盟国家全面有效落实《南海各方行为宣言》（以下简称《宣言》），稳步推进"南海行为准则"（以下简称"准则"）磋商。2020 年 9 月，中国和东盟国家举行落实《宣言》联合工作组特别会议。各方就全面有效落实《宣言》、加强海上务实合作以及"准则"磋商等议题坦诚、深入交换意见。在新冠肺炎疫情形势下，继续推进落实《宣言》进程和"准则"磋商，有助于增强地区国家间互信和信心，也有助于各方共同维护南海和平与稳定。③

中国与东盟在伙伴关系发展中也高度重视海洋合作。2020 年 11 月 12 日，第 23 次中国-东盟（10+1）领导人会议发表的《落实中国-东盟面向和平与繁荣的战略伙伴关系联合宣言的行动计划（2021—2025）》，在政治与安全、经济和社会人文合作上，都强调了海洋合作的重要性。④

（二）周边海洋存在着重大变数和不确定因素

2020 年周边海洋局势总体稳定可控，得益于中国与周边沿海国的积极对话和管控分歧，同时，也存在着变数和不确定因素。美国不断加大围堵中国的力度，周边海洋成为美国地缘战略博弈的主要场所。2020 年，美国发布所谓的"南海问题声明"，直接介入南海领土主权和海洋权益争端。美国还继续派遣航空母舰等军舰，包括多批次轰炸机和双航母编队进入南海，拉拢其军事盟国在南海开展联合军事演习等活动，强化在南海的军事存在。美国等域外势力在南海的军事挑衅活动，制造南海紧张局势，破坏中国与东盟国家通过对话与合作构建南海和平稳定秩序所做的共同努力，为推进其"印太战略"制造借口。

此外，2020 年，周边海洋还存在着其他不确定因素，主要体现为周边国家继续采

① 《中日举行海洋事务高级别磋商团长会谈》，外交部，2020 年 7 月 31 日，https：//www.fmprc.gov.cn/web/wjdt_674879/sjxw_674887/t1802860.shtml，2020 年 11 月 28 日登录。

② 《中韩海警首次开展中韩渔业协定暂定措施水域联合巡航》，新华网，2020 年 11 月 12 日，http：//www.xinhuanet.com/world/2020-11/12/c_1126731678.htm，2020 年 11 月 28 日登录。

③ 《落实〈南海各方行为宣言〉联合工作组特别视频会成功举行》，外交部，2020 年 9 月 3 日，https：//www.fmprc.gov.cn/web/wjdt_674879/sjxw_674887/t1811830.shtml，2020 年 11 月 28 日登录。

④ 《落实中国-东盟面向和平与繁荣的战略伙伴关系联合宣言的行动计划（2021—2025）》，外交部，2020 年 11 月 12 日，https：//www.fmprc.gov.cn/web/zyxw/t1831837.shtml，2020 年 11 月 18 日登录。

取多种形式的单边行动，强化其立场主张，否定中国岛礁主权和海洋权益，有激化海洋争端的风险。

三、我国持续推进陆海统筹，不断取得新成效

2020 年，在新发展理念的指引下，海洋领域各项工作以促进海洋资源节约集约利用、加强海洋生态环境保护修复为主线，大力推动海洋经济高质量发展，为加快建设海洋强国、推进海洋治理能力现代化打下良好基础。

（一）新政策举措助推陆海统筹发展

为积极应对新冠肺炎疫情，2020 年我国出台许多新政策举措，实施陆海统筹战略，协调推进疫情防控与海洋事业发展，并将涉海政策纳入国家综合性重大政策中。国务院相关部门和沿海地方积极践行陆海统筹战略部署，涉海政策与环境治理体系、西部大开发、中国特色社会主义先行示范区等国家重大政策相互融合。

在习近平总书记系列重要讲话精神以及中央相关政策文件的指引下，自然资源部等相关部门和沿海地方政府先后出台了多项统筹疫情防控和海洋事业发展的政策举措，扶持海洋渔业和海运业等涉海企业复工复产，加强沿海自贸区、自贸港建设，海洋经济高质量发展稳步前行。

海洋经济高质量发展与海洋生态文明建设并举，这一政策倾向在涉海经济政策文件中日益突出。海岸带生态保护和修复以及海洋渔业资源保护等政策举措不断出台，司法、财政等政策措施也为海洋生态文明建设的加快发展提供有力保障。

（二）海洋治理日益精细化

2020 年，中央有关部门和沿海省市克服新冠肺炎疫情影响，积极践行五大发展理念，促进海洋资源节约集约利用，积极助力海洋经济发展，加强海洋生态环境保护修复，扎实开展海洋观测监测和调查、海洋灾害预警和防灾减灾等工作。

在促进海洋资源节约集约利用方面，持续加强违法填海用海监管，加大围填海项目整治力度。各级自然资源主管部门继续坚持"早发现、早制止、严查处"，综合运用多种监管手段开展高频率的监管工作，大规模违法填海活动得到有效遏制。自然资源部对 2017 年国家海洋督察海南省整改情况开展专项督察，巩固国家海洋督察成效。颁发全国首批海域及海上建（构）筑物一体登记不动产权证书，并启动我国海域、无居民海岛自然资源统一确权登记试点工作。不断推动海域立体化精细化管理，探索设立海域分层使用权，支持深圳先行先试海域使用权立体分层设权。加强远洋渔业监督管

理，实施新版《远洋渔业管理规定》。为保护公海鱿鱼资源，我国首次在西南大西洋公海相关海域试行为期三个月的自主休渔。[①]

在加强海洋生态保护修复方面，国家发展改革委、自然资源部会同有关部门编制发布《全国重要生态系统保护和修复重大工程总体规划（2021—2035 年）》，科学布局全国重要生态系统保护和修复重大工程，优化生态安全屏障体系。规划提出海岸带生态保护和修复重大工程，要求推进"蓝色海湾"整治，开展退围还海还滩、岸线岸滩修复、河口海湾生态修复、红树林、珊瑚礁、柽柳等典型海洋生态系统保护和修复。此外，自然资源部积极推动海岸带保护修复工程技术标准体系建设，发布实施 21 项海岸带保护修复工程技术标准。

（三）海洋纳入国土空间规划体系

海洋空间规划是以生态系统方法为基础的综合性海洋管理手段，旨在更有效地保护和利用海洋资源与海洋空间，平衡海洋开发利用需求与海洋生态环境保护之间的关系。

2020 年，与国土空间规划同步推进的《全国海岸带综合保护与利用规划》编制工作取得重大进展，为在国土空间规划大框架下建立和完善海洋空间规划奠定了基础。近年来，"多规合一"开展国土空间规划编制和实施工作稳步推进。海洋空间规划是我国国土空间规划体系建设的重要内容，国土空间规划体系特别强调注重陆海统筹，以国土空间规划为基础，以海岸带专项规划作为切入点，探索将海洋国土融入自然资源大框架下的空间规划模式，实现陆海国土空间统筹管理的全域覆盖。

（四）海洋法治建设取得新进展

2020 年度，中国涉及海洋事务的立法、执法及司法工作取得显著进展，海洋法治建设不断推进。2020 年 5 月通过的《中华人民共和国民法典》中关于产权制度、生态环境损害责任等方面的规定，为相关部门履行涉海资源和生态环境保护等管理职责提供了法律依据和重要的制度保障，同时也对相关部门依法行政提出了更高、更加严格的要求。

2020 年 6 月，全国人大常委会发布 2020 年度立法工作计划[②]，其中涉海的包括制定《海南自由贸易港法》和修改《中华人民共和国海上交通安全法》。2020 年 7 月，

---

① 《我国首次公海自主休渔 7 月 1 日起实施》，农业农村部，2020 年 7 月 1 日，http://www.moa.gov.cn/xw/zwdt/202007/t20200701_6347629.htm，2020 年 12 月 31 日登录。

② 《全国人大常委会 2020 年度立法工作计划》，中国人大网，2020 年 6 月 20 日，http://www.npc.gov.cn/npc/c30834/202006/b46fd4cbdbbb4b8faa9487da9e76e5f6.shtml，2020 年 7 月 7 日登录。

国务院办公厅印发了《国务院 2020 年立法工作计划》①，拟提请全国人大常委会审议《中华人民共和国海上交通安全法》修订草案。自然资源部公布了《自然资源部 2020 年立法工作计划》②，其中包括研究起草《国土空间开发保护法》，推进"南极法"立法，研究修改《铺设海底电缆管道管理规定》，积极开展自然资源资产保护、自然资源权属争议处理、海岸带管理、涉外海洋科学研究管理、深海海底资源勘探开发许可等涉海立法研究工作。

2020 年 6 月修订的《中华人民共和国人民武装警察法》，明确"人民武装警察部队执行海上维权执法任务，由法律另行规定"③。2020 年 11 月全国人大常委会公布了《中华人民共和国海警法（草案）》并公开征求意见。④ 2021 年 1 月 22 日，第十三届全国人民代表大会常务委员会第二十五次会议通过《中华人民共和国海警法》。⑤《中华人民共和国海警法》的出台，为我国海警机构执行海上维权执法任务提供坚实的法律依据。

此外，通过法律监督和涉海司法等方式，中国涉海法律法规不断得到落实，行政机关全面依法履职的主动性和积极性得到加强，海洋综合治理效能得以充分发挥。

四、海洋经济发展平稳，海洋科技创新引领作用增大

2020 年，受新冠肺炎疫情影响，部分海洋产业下行压力较大，其中影响最大的是滨海旅游业、海洋交通运输业，但从总体上看，我国海洋经济发展依然保持良好的增长势头。在新冠肺炎疫情的"大考"中，面对当前国际需求乏力、风险增大的新形势，海洋经济在国内国际双循环新发展格局中发挥了重要的支撑作用。海洋科技创新取得长足进步，对海洋经济高质量发展的引领支撑作用明显提升。

---

① 《国务院办公厅关于印发国务院 2020 年立法工作计划的通知》（国办发〔2020〕18 号），中国政府网，ht-tp：//www.gov.cn/zhengce/content/2020-07/08/content5525117.htm，2020 年 7 月 18 日登录。

② 《自然资源部办公厅关于印发〈自然资源部 2020 年立法工作计划〉的通知》（自然资办函〔2020〕974 号），自然资源部，http：//gi.mnr.gov.cn/202006/t20200604_2524522.html，2020 年 7 月 7 日登录。

③ 《中华人民共和国人民武装警察法》，第 47 条，中国人大网，http：//www.npc.gov.cn/npc/c30834/202006/2a45f544fcfb49a39fb8d0824ec5e9c7.shtml，2021 年 5 月 11 日登录。

④ 《海警法（草案）征求意见》，搜狐网，2020 年 11 月 5 日，https：//www.sohu.com/a/429714317_120065720，2020 年 12 月 19 日登录。

⑤ 《中华人民共和国海警法》，中国人大网，2021 年 01 月 22 日，http：//www.npc.gov.cn/npc/c30834/202101/ec50f62e31a6434bb6682d435a906045.shtml，2021 年 1 月 24 日登录。

（一）我国海洋经济发展总体平稳

2020 年，中国海洋经济发展面临巨大考验。新冠肺炎疫情对涉海企业造成严重影响。许多企业面临着运营资金压力、贷款偿还压力、物流运输不畅、企业及人员复工难，以及对未来市场预期改变等困境。一些重要涉海项目开工也受到不同程度的影响。6 月以后，随着复工复产的持续，海洋经济增速走出低谷。2020 年，在做好新冠肺炎疫情防控的同时，中国在海洋油气勘探开发、油气生产和产能建设等方面成果丰硕。1 月以来，国内新增探明石油和天然气地质储量大幅增加。①

海洋金融领域亮点突出。2020 年，兴业银行独立承销的青岛水务集团 2020 年度第一期绿色中期票据（蓝色债券）成功发行，发行规模 3 亿元，期限 3 年，募集资金用于海水淡化项目建设，成为我国境内首单蓝色债券，也是全球非金融企业发行的首单蓝色债券。在海洋保险方面，沿海地区进行了大胆探索，取得实质性的进展。福建省渔业互保协会在平潭综合实验区与莆田南日镇渔业养殖海域开展赤潮指数保险，同时联合中国太平洋保险公司福建分公司于 2020 年 7 月正式推出国内渔业领域首款"保价格"的保险——大黄鱼价格指数保险。该险种为缓解 2020 年突发新冠肺炎疫情给养殖户造成的销售困扰提供了有力保障。

（二）海洋科技创新取得长足进步

2020 年，我国多项海洋科学研究成果达到国际先进水平，特别是在物理海洋学、海洋生物学和大洋地质研究领域取得突破性进展。在全球海洋碳循环、海洋水动力机制、厄尔尼诺现象、海洋生物光合作用机制、海洋生物基因组学、南大洋硫循环以及深海反气旋帽观测等方面取得国际学术界认可的突破性成果，发现并命名了多种海洋生物新物种。

在国家创新驱动战略和科技兴海战略的指引下，我国在深水、绿色、安全的海洋高技术领域取得突破，在推动海洋经济转型升级过程中急需的核心技术和关键共性技术方面取得新进展，成为推动新时代海洋经济高质量发展的重要引擎和建设海洋强国的重要支撑力量。

目前，中国已基本实现浅水油气装备的自主设计建造，"奋斗者"号全海深载人潜水器在"地球第四极"马里亚纳海沟成功坐底，创造了中国载人深潜10 909米新纪录。多项海工船舶已形成品牌，深海装备制造取得了突破性进展，部分装备已处于国际领

① 《中国海油桶油成本创近 10 年新低》，新浪网，2020 年 8 月 10 日，https://finance.sina.com.cn/roll/2020-08-10/doc-iivhvpwy0227355.shtml，2021 年 1 月 28 日登录。

先水平。全海深自主遥控潜水器"海斗一号"成功海试，在高精度深度探测、声学探测与定位、高清视频传输等方面，创造了中国潜水器领域多项第一。2020 年还成功发射多颗海洋遥感卫星，开展了第 36 次南极科学考察和第 11 次北极科学考察及大洋科学考察，获得了极地大洋海域大量的地质、生物、深海水体样品、数据资料和高清海底视频资料。

2020 年无疑是充满挑战且成果丰硕的一年。中国实现了全面建成小康社会的既定目标，海洋事业取得一系列成就。2021 年是中国共产党建党 100 周年和"十四五"的开局之年，我国将立足从全面建成小康社会开始走向社会主义现代化国家新发展阶段，不断突破海上困局，寻求变局开新局；坚持创新、绿色、协调、开放、共享新发展理念，不断提升海洋科技创新能力，促进海洋资源科学高效节约利用，加强海洋生态环境保护和修复，实现海洋经济高质量发展；构建国内国际双循环大格局，继续积极参与全球海洋治理，推动"一带一路"建设，构建平等协商、合作共赢的海洋命运共同体。

Overview of the Ocean Situation in 2020

The end of the year 2020 signaled China's completion of building a moderately prosperous society in all aspects as well as being the final year of the 13th Five-Year Plan. Under the guidance of Xi Jinping Thought on Socialism with Chinese Characteristics for a New Era, China overcame various difficulties and challenges and made important progress in marine undertakings. China continued to promote land and sea development in a coordinated way and issued many new policies to support the resumption of work and production of sea-related industries to cope with and mitigate the adverse effects of the novel coronavirus pneumonia (COVID-19) pandemic. The overall situation of marine ecological environment stabilized and improved. The construction of marine ecological civilization continued to advance. The marine economy maintained a growth trend and the leading role of marine technology innovation continues to increase. The international cooperation in the marine field also continued to advance and China actively participated in global ocean governance.

The global COVID-19 pandemic brought new uncertainties to the transformation process of global ocean order. Influenced by the COVID-19 pandemic, many international negotiations and conferences in the marine field were cancelled or postponed. International academic exchanges were impeded by varying degrees. However, with the help of internet technology, global ocean governance continued to be promoted. In 2020, a new mode of global ocean governance emerged with more and more international consultations and academic conferences shifted from traditional face-to-face talks and exchanges to online video conferences.

In recent years, a trend of "anti-globalization" has emerged in the international economy and other fields. What is different from it is that the momentum of globalization in the marine field is still strong. It has always been the consensus of the international community to boost dialogue and cooperation as well as maintain the peace and stability of the world's oceans. The mainstream voice strongly proves that the building of "a maritime community with a shared future" proposed by General Secretary Xi Jinping is an initiative in line with the trend of the times.The ocean is an important field that helps support world peace and stability, openness and sharing as well as sustainable development.

I. Global ocean governance continued to move forward despite the COVID−19 pandemic

In 2020, the international community continued to carry out dialogue and cooperation to consult on the establishment of many new rules and new institutional designs in key areas such as climate change, marine ecological environment protection, marine pollution prevention and control, marine biodiversity conservation and sustainable utilization, marine science and technology, international seabed area and polar governance.

1. The international community continued to pay attention to major ocean issues

The related international and regional organizations continued to pay attention to such major issues as climate change and seawater acidification, marine pollution prevention, biodiversity protection, marine scientific research, etc. In 2020, Resolution 75/39 of the 75th UN General Assembly on Oceans and the Law of the Sea encouraged all countries and competent international organizations to cooperate on ocean acidification observation and research, to reduce ocean acidification and its impact on coral reefs and other rare marine habitats. Annex Ⅵ of the International Convention for the Prevention of Pollution from Ships came into force in January 2020. The sulphur content of any fuel oil used on board ships shall not exceed 0. 5%, which was expected to reduce the sulfur dioxide emission of ships by 77%. In accordance with Resolution 72/73 of the General Assembly of the United Nations, the international program for the United Nations Decade of Ocean Science for Sustainable Development(2021—2030) was launched on January 1, 2021. The United Nations will play a leading role in supporting countries to intensify marine scientific research, to strengthen sustainable ocean management and accelerate the implementation of the 2030 Agenda for Sustainable Development. In addition, "Report on the work of the Ad Hoc Working Group of the Whole on the Regular Process for Global Reporting and Assessment of the State of the Marine Environment, including Socioeconomic Aspects" and "Summary of the second world ocean assessment" were officially released, which pointed out that climate change and human activities had caused continuous pressure on the marine environment. Affected by the global COVID−19 pandemic, the 15th meeting of the Conference of the Parties (COP 15) to the Convention on Biological Diversity (CBD), originally scheduled to be held in May 2020 in Kunming, China, was postponed to October 2021. They will hold consultations on the "Post−2020 Global Biodiversity Framework" and the key objectives of marine ecological protection.

2. The BBNJ consultation process progressed online

Affected by the COVID-19 pandemic, the 4th Meeting of the Intergovernmental Conference on Biodiversity Beyond National Jurisdiction (BBNJ) originally scheduled to be held in March 2020, was postponed to August 2021. During the inter-sessional period, countries will discuss online about marine genetic resources (including benefit sharing), area-based management tools (including marine protected areas) and environmental impact assessment (EIA). On the design of marine genetic resources system, there are still major differences between developing countries and developed countries and no substantial progress has been made. Developing countries required monitoring the whole process of utilization of marine genetic resources, including acquisition, research, development and utilization and mandatory sharing of monetary benefits. Developed countries advocated convenient access to marine genetic resources and are only willing to discuss non-monetary benefit sharing. Regional area-based management tools, including marine protected areas and EIA have entered into the stage of negotiation on the text of provisions of the system but there were heated discussions on key issues among countries. Area-based management tools had formed a relatively complete framework system of "from selection to management". However, there were still major differences in balancing the relationship between conservation and sustainable utilization, whether coastal States could have a special legal status in "adjacent areas", the consultation, evaluation and decision-making procedures of proposals, and the relationship with other organizations such as the International Seabed Authority, the International Maritime Organization and the Regional Fisheries Management Organization. The consensus that EIA should be "state led and national decision-making" was gradually expanding but there were still different opinions on the system design of "internationalization" of EIA procedure.

3. Marine protected areas became one of the most important issues in global ocean governance

Expanding ocean space has always been one of the important means and goals of ocean competition and it is particularly important in shaping the marine geopolitical pattern. The high seas occupy 64% of the earth's surface area, which is an important space to realize human sustainable development. In recent years, the establishment of marine protected areas in areas beyond national jurisdiction, especially in the high seas, has become a matter of great concern to all parties. This issue has been discussed in different international negotiations and consultations such as the negotiation of the BBNJ agreement, the formulation of regional environmental management plan for the international seabed area, the goal setting of the global biodiversity framework and the establishment of Antarctic marine protected areas. In other words, if one of the above-mentioned international negotiations or consultations makes new progress on the issue of the establishment of protected areas on the high seas, it will have a significant impact on other areas. For example, if the EU's political goal of protecting 30% of the ocean by 2030 (Goal 3030) is reached under the framework of the Convention on Biological Diversity, it will have a significant impact on other relevant international negotiations. In May 2020, the European Commission issued the "EU Biodiversity Strategy for 2030—Bringing nature back into our lives", the setting of the "Goal 3030" and the new BBNJ agreement, as well as the proposal for the establishment of marine protected areas in the Weddell Sea and Southeast Antarctica were listed as important topics. In December 2020, the European Commission issued the New EU-US Agenda for Global Change, planning to build a new order of global ocean governance on a transatlantic and global scale jointly led by EU and the United States, in which the "Goal 3030" and the establishment of marine protected areas in the Antarctica were the priorities.

4. Formulation of the Regulations on Exploitation of Mineral Resources in the International Seabed Area (the "Area") continued to be advanced in an orderly manner

Despite the impact of COVID-19 pandemic, the negotiation process for the Regulations on Exploitation of Mineral Resources in the Area (the Exploitation Regulations) continued to be advanced. The International Seabed Authority (ISA or the Authority) continued to promote the formulation of the Exploitation Regulations by convening annual sessions, holding relevant seminars and inviting stakeholders to submit written comments. During the first part of the 26th session of the Authority, the Council of the Authority continued to review part of "the Draft Exploitation Regulations" and decided to establish an informal working group on the protection and preservation of the marine environment, an informal working group on inspection, compliance and enforcement, and an informal working group on institutional matters, which will work on related topics and complex issues to promote the discussion and deliberation of the "Draft

Exploitation Regulations".①The Legal and Technical Commission of the Authority considered and revised the draft text of Annex Ⅵ, Health and Safety Plan and Maritime Security Plan to the Draft Exploitation Regulations prepared by the Secretariat.② Positive progress was also achieved in the formulation of relevant standards and guidelines associated with the Exploitation Regulations. In August 2020, the Authority released three draft standards and guidelines, namely, "Draft Guideline on the Preparation and Assessment of an Application for the Approval of a Plan of Work for Exploitation", "Draft Standard and Guidelines on the Development and Application of Environmental Management Systems" and "Draft Standard and Guidelines on the Form and Calculation of an Environmental Performance Guarantee", for stakeholder consultation.③

5. New challenges and opportunities co-existed in the governance of the North and South Poles

Due to the impact of the COVID-19 pandemic, the process of Antarctic governance has been affected to some extent. The Antarctic Treaty Consultative Meeting (ATCM), originally scheduled to be held in Finland in May 2020, was cancelled. In addition, the meeting of the Scientific Committee on Antarctic Research (SCAR) and Council of Managers of National Antarctic Programs (COMNAP), originally scheduled to be held in Australia in July 2020, was cancelled because of the COVID-19 pandemic.④In order to cope with the adverse effects of the cancellation of the meeting, the consultative countries conducted inter-sessional discussions and consultations via online forums. So as to avoid placing an excessive burden on the meeting in Paris, France this year, it was agreed to allow parties, observers and experts to submit documents and reports during the inter-sessional period for consideration before the next meeting.⑤The Antarctic Treaty Secretariat also continued to receive submissions from countries dur-

---

① ISA, Decision of the Council concerning working methods to advance discussions on the draft regulations for exploitation of mineral resources in the Area. ISBA/26/C/11 (2020.Annex, Paragraphs 1-3).

② ISA, Draft regulation 30 and draft annex Ⅵ to the draft regulations for exploitation of mineral resources in the Area ISBA/26/C/17(2020), Annex.

③ Three draft standards and guidelines issued by the Authority for comments. See https://www.isa.org.jm/stakeholder-consultations-draft-standards-and-guidelines-support-implementation-draft-regulations, accessed on Jan. 30, 2021.

④ Antarctic Treaty Secretariat, Cancellation of SCAR COMNAP 2020 Hobart Meetings, https://www.ats.aq/devph/en/news/177, accessed on Nov. 25, 2020.

⑤ Antarctic Treaty Secretariat, Next steps following cancellation of ATCM XLIII-CEP XXIII in Finland, https://www.ats.aq/devph/en/news/179, accessed on Dec. 15, 2020.

ing the inter-sessional period of the Antarctic Treaty.[1]In October 2020, the annual meeting of the Commission for the Conservation of Antarctic Marine Living Resources (CCAMLR) was held online.[2]The meeting reached broad consensus in the political and scientific fields, but failed to reach an agreement on the establishment of marine protected areas in Antarctica. Three proposals to establish new marine protected areas (MPAs) in East Antarctica, the Western Antarctic Peninsula and the Weddell Sea was not approved.

New challenges and opportunities co-exist in Arctic governance. Arctic affairs are "securitized" by individual countries. In recent years, the United States issued Arctic strategies, taking the Arctic as a strategic point against China and Russia. Actually, the Arctic natural ecological environment is undergoing rapid changes and the need for cross regional cooperation in dealing with climate change and ecological environment protection is becoming more and more urgent. Maritime issues and cooperation have become the top issues on the agenda of the Arctic Council.[3]In September 2020, the Arctic Council set up a new ocean cooperation plan to ensure the maintenance and promotion of cooperation in Arctic Ocean Affairs.[4] In October 2020, the Arctic Council's working group on the Protection of the Arctic Marine Environment (PAME) released its second Arctic Shipping Status Report and focused on the use of heavy fuel oil (HFO) for ships in the Arctic region in 2019. According to the definition of International Maritime Organization (IMO) Polar Code, 10% of the ships operated in Arctic waters still used HFO as fuel.[5]

6. New progress was made in the construction of the 21st - Century Maritime Silk Road

The COVID - 19 pandemic brought new challenges to jointly building "the Belt and Road". However, the integration and alignment of "the Belt and Road" with the development strategies of countries and regions along the route was in the common interests of all parties and

---

[1] Antarctic Treaty Secretariat, Submission of intersessional papers, https://www. ats. aq/devph/en/news/180, accessed on Nov. 15, 2020.

[2] CCAMLR-39 Report, Report of the Thirty-ninth Meeting of the Commission, https://www.ccamlr.org/en/system/files/e-cc-39-prelim-v1.2.pdf, accessed on Dec. 15, 2020.

[3] The Arctic Council, Cooperation and Consensus, https://arctic-council.org/en/news/cooperation-and-consensus/, accessed on Dec. 15, 2020.

[4] The Arctic Council, The Road Towards Enhanced Marine Coordination. In The Arctic Council, https://arctic-council.org/en/news/the-road-towards-enhanced-marine-coordination-in-the-arctic-council/, accessed on Dec. 15, 2020.

[5] The Arctic Council, Report On Heavy Fuel Oil In The Arctic Launched, https://arctic-council.org/en/news/report-on-heavy-fuel-oil-in-the-arctic/, accessed on Dec. 15, 2020.

showed strong resilience. China signed 202 cooperation documents for jointly building "the Belt and Road" with 138 countries and 31 international organizations by the end of 2020.[1]All kinds of construction projects progressed in an orderly manner. For example, the first-phase hydraulic engineering of the Colombo Port City project was fully completed, the city infrastructure and gardening projects started with steady progress. The land deeds for the first-phase land use were all obtained, and investment attraction and secondary development of the project had begun.[2]In December 2020, China and the African Union (AU) signed the "Cooperation Plan on Jointly Building of the Belt and Road Initiative". This was the first "the Belt and Road" planning cooperation document signed by China and a regional international organization. It promoted the in-depth docking of the initiative with "The African Union's Agenda 2063", where port infrastructure would become an important part of cooperation.

II. The surrounding situation was generally stable and under control with uncertainties

In 2020, China and its neighboring countries continued to promote dialogue and consultation, and the surrounding situation was relatively stable and under control. However, uncertainties still existed. Neighboring countries continued to act unilaterally; the United States continued to draw up its military allies to increase its military presence in the South China Sea; the COVID-19 pandemic hindered the development of maritime cooperation between China and its neighboring countries. China continued to face the strategic encirclement and security threats of extraterritorial forces in the surrounding seas and the challenge of unilateral actions by neighboring countries in the disputed waters.

1. Positive results were achieved in the consultation and cooperation on maritime affairs between China and its neighboring countries

China has always been actively promoting the mechanism consultation on maritime affairs with neighboring countries as well as the joint construction of maritime order in the surrounding

---

① Cooperation plan on "the Belt and Road" signed by the Chinese government and the African Union. https://www.ndrc.gov.cn/fzggw/jgsj/kfs/sjdt/202012/t20201216_1252970.html. , the National Development and Reform Commission, accessed on Dec. 30, 2020.

② Introduction to Colombo port city project, Ministry of Commerce, January 4, 2021, http://lk.mofcom.gov.cn/article/jmxw/202101/20210103028366.shtml. , accessed on Mar. 30, 2021.

seas with neighboring countries, injecting new energy into maintaining peace and stability in the region. In order to implement the "Agreement on Basic Principles Guiding the Settlement of Maritime Issues Between China and Vietnam", China and Vietnam continue to carry out consultations in an orderly manner. As of 2020, the Working Group for the Sea Area beyond the Mouth of the Beibu Gulf held 13 rounds of consultations and the Working Group for Consultation on Joint Maritime Development held 10 rounds of consultations.[1] The joint fishery inspection in the Beibu Gulf Common Fishing Zone between China and Vietnam played an important role in promoting exchanges and cooperation between the maritime law enforcement agencies of the two countries in maintaining the order of fishery production in the Beibu Gulf. From 2006 to December 2020, the maritime law enforcement departments of China and Vietnam have carried out 20 joint cruises in the Beibu Gulf.[2]

Through mechanisms such as the high-level consultation on ocean affairs and other communication platforms, China and Japan have actively engaged in dialogues to constructively manage differences. In July 2020, talks between the heads of the delegation of the China-Japan high level consultation on ocean affairs had a frank and in-depth exchange of views on the sea-related issues, emphasizing that the consensus reached between the leaders of the two countries should be fully implemented to jointly maintain the stability and tranquility of the East China Sea and build the East China Sea into a sea of peace, cooperation and friendship.[3]

China and ROK have maintained the order of operations in the waters designated by the China-ROK fishing agreement through the fishery law enforcement negotiation mechanism. According to the consensus of the negotiation mechanism, China, ROK Coast Guards carry out joint patrols in Provisional Measures Zone (PMZ) under the "China-ROK Fishery Agreement" for the first time in 2020, which was helpful to enhance mutual understanding and deepen cooperation between China and ROK Coast Guards. In the next step, the Coast Guards of China and ROK will further strengthen maritime law enforcement cooperation, and jointly maintain

---

[1] China and Vietnam held the 13th round of consultations of the Working Group for the Sea Area beyond the Mouth of the Beibu Gulf and the 10th round of consultations of the Working Group for Consultation on Joint Maritime Development, Ministry of Foreign Affairs, Sep. 10, 2020, https://www.fmprc.gov.cn/web/wjdt_674879/sjxw_674887/t1813755.shtml, accessed on Nov. 28, 2020.

[2] China and Vietnam Coast Guards carried out joint cruises in the Beibu Gulf, China's Defense Ministry, http://www.mod.gov.cn/action/2020-12/25/content_4876010.htm, accessed on May 10, 2021.

[3] China and Japan held talks between the heads of the delegation of High Level Consultations on Ocean Affairs, Ministry of Foreign Affairs, July. 31, 2020, https://www.fmprc.gov.cn/web/wjdt_674879/sjxw_674887/t1802860.shtml, accessed on Nov. 28, 2020.

the normal fishery production order in the waters under the Interim Measures of the China-ROK fisheries agreement.[1]

China and the ASEAN countries have fully and effectively implemented the "Declaration on the Conduct of Parties in the South China Sea" (DOC) and have steadily promoted the consultation on the Code of Conduct in the South China Sea (the Code). In September 2020, China and the ASEAN countries held a special meeting of the Joint Working Group on the Implementation of the DOC. All parties exchanged views on issues such as comprehensive and effective implementation of the DOC, improving maritime practical cooperation and consultation on the Guidelines. During this COVID-19 pandemic, it is helpful for the parties to continuingly promote the implementation of the DOC process and Guidelines consultations, build mutual trust and confidence among countries in the region, and jointly maintain peace and stability in the South China Sea.[2]

China and ASEAN have also attached great importance to maritime cooperation in the development of their partnership. The "Plan of Action to Implement the Joint Declaration on China-ASEAN Strategic Partnership for Peace and Prosperity (2021—2025)" was adopted by the 23rd China-ASEAN (10+1) leaders' meeting on November 12, 2020, stressed the importance of maritime cooperation in political and security, economic, social and cultural cooperation.[3]

2.Significant variables and uncertainties still exist in the surrounding seas

In 2020, the surrounding maritime situation was generally stable and controllable due to the active dialogue and constructive management of differences between China and neighboring coastal countries. However, at the same time, there were also variables and uncertainties. The United States continued to increase its efforts to contain China, and the surrounding oceans and seas had become the main place for the US geostrategic game. In 2020, the United States is-

---

① The Chinese coast guard authority has joined hands with its counterpart in the Republic of Korea (ROK) for the first ever joint patrol in designated waters under a China-ROK fishing agreement, Xinhua website, Nov. 12, 2020, http://www.xinhuanet.com/world/2020-11/12/c_1126731678.htm, accessed on Nov. 28, 2020.

② The special video conference of the Joint Working Group on the Implementation of the Declaration on the Conduct of Parties in the South China Sea was successfully held. Ministry of Foreign Affairs, Sep. 3, 2020, https://www.fmprc.gov.cn/web/wjdt_674879/sjxw_674887/t1811830.shtml, accessed on Nov. 28, 2020.

③ Plan of Action to Implement the Joint Declaration on China-ASEAN Strategic Partnership for Peace and Prosperity (2021—2025), Ministry of Foreign Affairs, Nov. 12, 2020, https://www.fmprc.gov.cn/web/zyxw/t1831837.shtml, accessed on Nov. 18, 2020.

sued a Statement on South China Sea, directly intervened in disputes over territorial sovereignty and maritime rights in the South China Sea. The United States continued to send aircraft carriers and warships, including multiple batches of bombers and double carrier formations into the South China Sea. The United States also wooed its military allies to carry out joint military exercises and other military activities in the South China Sea, strengthening its military presence in the South China Sea. The military provocative activities of the United States and other extraterritorial forces in the South China Sea created tension in the South China Sea. This included undermining the joint efforts made by China and the ASEAN countries in building a peaceful and stable order in the South China Sea through dialogue and cooperation, and making excuses for pushing their "Indo-Pacific Strategy".

In addition, in 2020, there were also other uncertain factors in the surrounding seas, which were reflected at the risk of intensifying maritime disputes when the neighboring countries continued to take various forms of unilateral actions, reinforced their stand, denied China's sovereignty over islands and reefs and maritime rights and interests.

III. China continued to promote land and sea coordination, and achieved new results

In 2020, under the guidance of the new development concept, all China's work in the marine field focused on promoting the economical and intensive utilization of marine resources, strengthening the protection and restoration of marine ecological environment, vigorously promoting the high-quality development of marine economy. This helped to lay a good foundation for accelerating the construction of a strong maritime country and promoted the modernization of marine governance capacity.

1. New policies and measures boosted the coordinated development of land and sea

In order to respond positively to the COVID-19 pandemic, in 2020, China promulgated many new policy initiatives, implemented the strategy of land and sea coordination, coordinated the promotion of pandemic prevention and control, the development of the marine undertakings and incorporated the sea-related policy into the comprehensive national policy. The relevant departments of the State Council and coastal localities actively implemented the strategic plan of land and sea integration and the sea-related policies were integrated with the major national policies such as the environmental governance system, the western development plan, and the pilot demonstration area of socialism with Chinese characteristics.

Under the guidance of General Secretary Xi Jinping's series of important speeches and the relevant central policies, the Ministry of Natural Resources and other relevant departments and coastal local governments successively introduced a number of policy initiatives to co-ordinate the prevention and control of the pandemic and the development of the marine undertakings, to support the sea-related enterprises such as marine fisheries and ocean shipping industries to resume normal work and production, and to step up the construction of the coastal free-trade zones and free-trade ports. All these efforts helped a steady progress of high-quality development of the marine economy.

There was an prominent policy-making tendency to emphasize both the high-quality development of marine economy and the construction of marine ecological civilization to advance at the same time. The policy measures such as coastal zone ecological protection and restoration, marine fishery resources protection and others were introduced. Judicial, financial and other policies and measures also provided a strong guarantee for the accelerated development of marine ecological civilization construction.

2. Ocean governance became more refined

In 2020, the relevant departments of the central government and coastal provinces and cities overcame the impact of the COVID-19 pandemic. They actively practiced the five development concepts, promoted the economical and intensive utilization of marine resources, actively assisted the development of marine economy, increased the protection and restoration of marine ecological environment and solidly carried out marine observation, monitoring and investigation, marine disaster early warning, and disaster prevention and mitigation.

In relation to promoting the economical and intensive use of marine resources, the supervision of illegal reclamation and use of sea continued to be scaled up and the rectification of sea reclamation projects was intensified. The departments in charge of natural resources at all levels continued to adhere to the principle of "early detection, timely response, strict investigation and punishment", comprehensively used various regulatory means to carry out high-frequency regulatory work and effectively curbed large-scale illegal reclamation activities. The Ministry of Natural Resources carried out special supervision of the rectification of Hainan Province in 2017 to consolidate the effectiveness of National Marine Inspectorate. The first batch of real estate certificates for the integrated registration of sea areas and offshore buildings (structures) were issued in China and started the pilot work of unified registration of natural resources in

China's sea areas and uninhabited islands. The three-dimensional and refined management of sea areas were further promoted, exploring the establishment of hierarchical use rights of sea areas with Shenzhen as the first city applying the three-dimensional hierarchical use rights of sea areas. The supervision and administration of pelagic fisheries were increased and the new version of the "Provisions for the Administration of Pelagic Fishery" was implemented. To protect the squid resources in the high seas, China tried to implement a three-month voluntary fishing ban in the high seas of the Southwest Atlantic Ocean for the first time.[1]

In relation to cementing the protection and restoration of marine ecology, the National Development and Reform Commission and the Ministry of Natural Resources, in conjunction with relevant departments, compiled and released the Master Plan for the Major Projects for the Protection and Restoration of National Key Ecosystems (2021—2035), scientifically arranged major national ecological system protection and restoration projects and optimized the ecological security barrier system. The plan proposed major projects for ecological protection and restoration of coastal zones and called for the promotion of "Blue Bay" renovation, carried out returning reclaimed land to sea and beaches, restoration of shorelines and tidal flats, restoration of estuarine ecological environment and typical marine ecosystems such as mangroves, coral reefs and tamarisk. In addition, the Ministry of Natural Resources actively promoted the construction of a technical standards system for coastal zone protection and restoration engineering as well as issued and implemented 21 engineering and technical standards for coastal zone protection and restoration.

3. The sea became a part of the national land and space planning system

Marine space planning is an integrated marine management tool based on ecosystem approach, which aims to protect and utilize marine resources and marine space more effectively, balance the relationship between the demand of marine development and the utilization and protection of marine ecological environment.

In 2020, significant progress was made in the preparation of the National Plan for Integrated Protection and Utilization of the Coastal Zones. It was synchronous with the national land and space planning system, laid a foundation for the establishment and improvement of marine space planning under the framework of the national land and space planning. In recent

[1] China's first voluntary high seas fishing ban will be implemented on July 1, Ministry of Agriculture and Rural Areas, Jul. 1, 2020, http://www.moa.gov.cn/xw/zwdt/202007/t20200701_6347629.htm. accessed on Dec. 31, 2020.

years, the concept of "integrating various types of plans into a single master plan" was carried out and the compilation and implementation of national land and space planning was steadily promoted. Marine space planning has been an important part of the construction of China's national land and space planning system. The national land and space planning system particularly emphasizes the overall planning of the terrestrial land and sea. Based on the national land and space planning and taking special planning of coastal zone as a breakthrough point, it explored the mode of integrating maritime space into the spatial planning under the large framework of natural resources, so as to realize the overall coverage of coordinated management of terrestrial and maritime space.

4. New progress was made in the construction of the maritime legal system

In 2020, significant progress was made in China's legislation, law enforcement and judicial work related to maritime affairs and the construction of maritime rule of law was continuously promoted. The provisions of the property rights system and the responsibility for damage to the ecological environment in the Civil Code of the People's Republic of China passed in May 2020 provided legal basis and important institutional guarantee for the relevant departments to perform the management responsibilities of sea-related resources and ecological environment protection, and at the same time, put forward higher and stricter requirements for the relevant departments to administer according to law.

In June 2020, the Standing Committee of the National People's Congress released the Legislative Work Plan for 2020, [1] which involved the formulation of the Hainan Free Trade Port Law and the revision of the Maritime Traffic Safety Law of the People's Republic of China. In July 2020, the General Office of the State Council issued the Legislative Work Plan for 2020, [2] in which it proposed to the Standing Committee of the National People's Congress to review the draft amendment of the Maritime Traffic Safety Law. The Ministry of Natural Resources announced its Legislative Work Plan for 2020, [3] which included researching and drafting the law

---

[1] The legislative work plan 2020 of the NPC Standing Committee, the website of the National People's Congress of China, Jun. 20, 2020, http://www.npc.gov.cn/npc/c30834/202006/b46fd4cbdbbb4b8faa9487da9e76e5f6.shtml, accessed on Jul. 7, 2020.

[2] Notice of the General Office of the State Council on issuing the Legislative Work Plan 2020 of the State Council, government website, http://www.gov.cn/zhengce/content/2020-07/08/content_5525117.htm, accessed on Jul. 18, 2020.

[3] Notice of the General Office of the Ministry of Natural Resources on Issuing the Legislative Work Plan of the Ministry of Natural Resources in 2020, Ministry of Natural Resources, http://gi.mnr.gov.cn/202006/t20200604 2524522. html, accessed on Jul. 7, 2020.

of the territorial space development and protection, promoting the legislation of the Antarctic Law, researching and revising the Provisions Governing the Laying of Submarine Cables and Pipelines, and actively carrying out researches on the sea-related legislation such as, the protection of the assets of natural resources, the settlement of disputes over the ownership of natural resources, the management of coastal zones, the management of Foreign-related marine scientific research and the licensing of exploration and exploitation of the resources in the deep seabed.

Law of the People's Republic of China on the People's Armed Police, revised in June 2020, specified that relevant performance of tasks of maritime right safeguarding and law enforcement shall be separately prescribed by the law.[1] In November 2020, the Standing Committee of the National People's Congress promulgated the Coast Guard Law of the People's Republic of China (Draft) and solicited opinions publicly.[2] On January 22, 2021, the 25th Meeting of the Standing Committee of the 13th National People's Congress passed the Coast Guard Law of the People's Republic of China.[3] The promulgation of the Coast Guard Law of the People's Republic of China provided a solid legal basis for China's maritime police agencies to carry out tasks for the protection of maritime rights and law enforcement.

In addition, through legal supervision and sea-related justice, China's sea-related laws and regulations were continuously implemented, the initiative and enthusiasm of the administrative organs to perform their duties in accordance with the law were strengthened, and the efficiency of integrated maritime governance was brought into full play.

IV. The development of marine economy was stable, and the leading role of marine science and technology innovation was increased

In 2020, affected by the COVID-19 pandemic, some marine industries faced greater downward pressure. Coastal tourism and marine transportation were the most affected. However,

---

① Law of the People's Republic of China on the People's Armed Police, Article 47, the Website of the National People's Congress of China, http://www.npc.gov.cn/npc/c30834/202006/2a45f544fcfb49a39fb8d0824ec5e9c7.shtml, accessed on May 11, 2021.

② Coast Guard Law of the People's Republic of China (draft, for soliciting opinions), sohu.com, Nov. 5, 2020, https://www.sohu.com/a/429714317_120065720, accessed on Dec. 19, 2020.

③ Coast Guard Law of the People's Republic of China, the website of the National People's Congress, Jan. 22, 2021, http://www.npc.gov.cn/npc/c30834/202101/ec50f62e31a6434bb6682d435a906045.shtml, accessed on Jan. 24, 2021.

on the whole, China's marine economic development still maintained a good growth momentum. In the "big test" of the COVID-19 pandemic, facing the current situation of weak international demand and increasing risks, marine economy played an important supporting role in the new domestic and international "dual circulation" development pattern. Considerable progress was achieved in marine science and technological innovation and its leading and supporting role in the high-quality development of marine economy was significantly improved.

1. The development of China's marine economy was generally stable

In 2020, China's marine economic development faced a huge challenge. The outbreak of COVID-19 pandemic severely affected the sea-related enterprises. Many enterprises faced difficulties such as capital pressure of operation, loan repayment pressure, poor logistics and transportation, difficulty for enterprises and personnel to resume normal work and changes of expectation in future market. The commencement of some important sea-related projects was also affected to varying degrees. After June, with the continuous resumption of work and production, the growth rate of marine economy managed to stabilize. In 2020, while doing a good job in COVID-19 pandemic prevention and control, China made fruitful achievements in offshore oil and gas exploration and development, oil and gas production and production capacity construction. Since January 2020, China's newly added proved oil and gas reserves have increased significantly.[1]

The marine financial sector was outstanding. In 2020, the first phase green medium-term notes (blue bonds) independently underwritten by Industrial Bank were successfully issued with a scale of 300 million yuan and a term of 3 years. The funds raised were used for the construction of seawater desalination projects, becoming the first blue bond in China issued by non-financial enterprises in the world. In terms of marine insurance, the coastal areas made bold exploration and substantial progress. Fujian Fisheries Mutual Insurance Association launched red tide index insurance in Pingtan Comprehensive Experimental Zone and Nanri town of Putian, and at the same time, together with Fujian Branch of China Pacific Insurance Co. Ltd., officially launched the first "guaranteed price" insurance in the domestic fishery field in July 2020, the large yellow croaker price index insurance. This type of insurance provided a strong guarantee for the mariculture farmers to overcome their difficulties caused by the

---

[1] The cost of CNOOC hit a new low in the past 10 years, Sina.com, Aug. 10, 2020, https://finance.sina.com.cn/roll/2020-08-10/doc-iivhvpwy0227355.shtml, accessed on Jan. 28, 2021.

COVID-19 pandemic in 2020.

2. Great progress was made in marine science and technological innovation

In 2020, many marine scientific research achievements in China reached the international advanced level, especially in the fields of physical oceanography, marine biology and marine geology. There were breakthrough achievements recognized by international academic circles in global ocean carbon cycle, ocean hydrodynamic mechanism, El Nino phenomenon, photosynthesis mechanism of marine organisms, marine biological genomics, sulfur cycle of Southern Ocean and deep-sea anticyclone cap observation. A variety of new species of marine life were also discovered and named.

Under the guidance of the national strategy of innovation-driven development and the strategy of invigorating the marine undertakings through science and technology, China had breakthroughs in the field of deep-water, green and safe marine high technology. There was also new progress in core technology and key generic technology urgently needed in the process of promoting the transformation and upgrading of marine economy. It became an important engine for promoting the high-quality development of marine economy in the new era and an important supporting force for building a strong maritime country.

Currently, China has created its own independent design and construction of shallow water oil and gas equipment. The all-sea-depth manned submersible "Fendouzhe" (the Striver) has successfully sat at the bottom of the "Fourth Pole of the Earth"—Mariana Trench, setting a new record in China for its manned deep-sea dive reaching 10 909 meters. Lots of marine vessels have been developed into brands; breakthroughs have been recorded in deep-sea equipment manufacturing with some of them at the international leading level. The full-sea-depth autonomous remote-controlled submersible "Haidou No. 1" has succeeded in sea trials. It has created many records in the field of Chinese submersibles in high-precision depth detection, acoustic detection and positioning as well as high-definition video transmission. In 2020, many ocean remote sensing satellites were successfully launched and the 36th Antarctic scientific expedition, the 11th Arctic scientific expedition and the ocean scientific expedition were carried out. Substantial geological, biological, deep-sea water samples, data and high-definition under-sea video data were also obtained from the polar oceans.

The year 2020 was undoubtedly a challenging and fruitful year. China achieved the established goal of building a moderately prosperous society in all aspects and made a series of achievements in its marine undertakings. 2021 is the 100th anniversary of the founding of the

Communist Party of China and the first year of the 14th Five-Year Plan. China will stand itself on the new development stage from a moderately prosperous society in all aspects to a modern socialist country, with breakthroughs in maritime dilemmas, seeking changes and opening new horizons; adhering to the new development concept of innovation, green, coordination, opening-up and sharing, continuously improving its marine scientific and technological innovation capabilities, promoting scientific, efficient and economical use of marine resources, scaling up marine ecological protection and restoration, achieving high – quality marine economic development, strengthening marine ecological protection and restoration, achieving high-quality marine economic development. China will also build a domestic and international "dual circulation" development pattern, continue to actively participate in global ocean governance, promote building "the Belt and Road Initiative" and a maritime community with shared future through equal consultation and win-win cooperation.

第一部分

海洋事业统筹与规划管理

第一章 中国的海洋政策

2020 年，是关键之年，也是非常之年，既是中国共产党领导人民打赢脱贫攻坚战、全面建成小康社会的决胜之年和"十三五"规划的收官之年，也是全球新冠肺炎疫情肆虐之年，但中国彰显制度优势，风景这边独好。面对错综复杂的国际形势、艰巨繁重的国内改革发展稳定任务，特别是新冠肺炎疫情的严重冲击，以习近平同志为核心的党中央团结带领全党全国各族人民迎难而上，有效应对一系列风险挑战，统筹推进疫情防控和经济社会发展。在相关政策举措的引领下，我国的海洋强国建设平稳推进，海洋经济高质量发展稳步向前，海洋生态文明建设持续推进。

一、相关政策平稳推进海洋强国建设

面对肆虐全球的新冠肺炎疫情，我国持续出台政策举措，统筹推进疫情防控与海洋事业发展，加快深化陆海统筹，并将涉海政策有机融入其他领域的国家重大政策之中。

（一）疫情防控与海洋事业统筹推进

2020 年突如其来的新冠肺炎疫情，是百年来全球发生的最严重的传染病大流行，是中华人民共和国成立以来我国遭遇的传播速度最快、感染范围最广、防控难度最大的重大突发公共卫生事件。这次疫情不可避免地会对我国的经济社会造成较大冲击。2020 年 2 月，习近平总书记在统筹推进新冠肺炎疫情防控和经济社会发展工作部署会议上强调，继续毫不放松抓紧抓实抓细各项防控工作，统筹做好疫情防控和经济社会发展工作，并指出我国经济长期向好的基本面没有改变，疫情的冲击是短期的、总体上是可控的。习近平总书记就有序复工复产提出 8 点要求。第一，落实分区分级精准复工复产。第二，加大宏观政策调节力度。第三，全面强化稳就业举措。第四，坚决完成脱贫攻坚任务。第五，推动企业复工复产。第六，不失时机抓好春季农业生产。第七，切实保障基本民生。第八，稳住外贸外资基本盘。① 围绕统筹疫情防控和经济社

---

① 《习近平出席统筹推进新冠肺炎疫情防控和经济社会发展工作部署会议并发表重要讲话》，中国政府网，2020 年 2 月 23 日，http://www.gov.cn/xinwen/2020-02/23/content_5482453.htm，2020 年 11 月 9 日登录。

会发展，2020 年入春以来，党中央、国务院出台了一系列政策文件，包括《中央应对新型冠状病毒感染肺炎疫情工作领导小组关于在有效防控疫情的同时积极有序推进复工复产的指导意见》《国务院办公厅关于进一步精简审批优化服务精准稳妥推进企业复工复产的通知》等，旨在疫情防控常态化下加快恢复生产生活秩序、积极有序推进复工复产。

在习近平总书记重要讲话精神以及中央相关政策文件的指引下，自然资源部、农业农村部、交通运输部等相关部门在相应的职责范围内，积极出台一些统筹疫情防控和海洋事业发展的政策举措。例如，为进一步加强远洋渔船新冠肺炎疫情防控，防范输入性疫情，统筹抓好疫情防控和远洋渔业生产工作，2020 年 3 月，《农业农村部办公厅关于进一步加强远洋渔船新冠肺炎疫情防控的紧急通知》明确提出，要高度重视远洋渔船疫情防控工作，严格落实远洋渔船疫情防控措施，切实防范远洋渔船发生输入性疫情，统筹做好疫情防控和远洋渔业生产。① 为切实维护国际航行船舶在船船员身体健康，防止新冠肺炎疫情通过国际航行船舶船员跨境传播，2020 年 9 月，《交通运输部、海关总署、外交部关于加强国际航行船舶船员疫情防控的公告》明确要求，所有拟来华的国际航行船舶在来华前一港口或地点和来华到港前 14 日内更换船员的，换班登船船员应在上船前 3 天内完成新冠肺炎核酸检测，并持新冠肺炎核酸检测阴性证明上船。②

天津、山东、浙江、福建、广西等一些沿海地方纷纷出台政策举措，积极应对疫情，帮助涉海企业渡过难关，统筹疫情防控和海洋事业发展。天津市出台支持渔业发展相关补助政策，计划投入财政资金 1500 余万元，助力渔业复工复产，丰富水产品市场供给。③ 山东省海洋局发布的《关于统筹推进新冠肺炎疫情防控和海洋经济高质量发展的十条措施的通知》明确提出，要求加快推进重大项目用海手续审批等服务工作，帮助涉海企业解决遇到的困难和问题。④ 浙江省委办公厅、省政府办公厅印发的《关于抓好当前"三农"领域疫情防控 全力恢复农业生产保障市场供应的通知》明确提

① 《农业农村部办公厅关于进一步加强远洋渔船新冠肺炎疫情防控的紧急通知》（农办渔〔2020〕7 号），中国政府网，http://www.gov.cn/zhengce/zhengceku/2020-03/12/content_5490187.htm，2020 年 11 月 12 日登录。

② 《交通运输部、海关总署、外交部关于加强国际航行船舶船员疫情防控的公告》（交通运输部公告 2020 第 78 号），中国政府网，http://www.gov.cn/zhengce/zhengceku/2020-09/25/content_5547020.htm，2020 年 11 月 12 日登录。

③ 《市财政支持渔业复工复产 保供丰富水产品》，天津市财政局，2020 年 4 月 10 日，http://cz.tj.gov.cn/xwdt/gzdt/202008/t20200803_3334480.html，2020 年 11 月 12 日登录。

④ 《山东省海洋局印发关于统筹推进新冠肺炎疫情防控和海洋经济高质量发展的十条措施的通知》，山东省海洋局，2020 年 2 月 28 日，http://hyj.shandong.gov.cn/xwzx/sjdt/202002/t20200228_2594035.html，2020 年 11 月 12 日登录。

出，加快推进渔业绿色发展。严格排查海洋捕捞作业渔民，按照"船适航、人适任、保安全"要求，加快海洋捕捞渔船出海生产，保障水产品供应。因疫情影响面临暂时性生产经营困难的国内海洋捕捞企业，可以申请办理暂缓缴纳渔业资源增殖保护费，补缴时间可在疫情解除后 3 个月内完成。提前发放渔业油价市县部分补贴，解决渔民当前生产经营困难。① 《福建省海洋与渔业局关于应对新型冠状病毒感染的肺炎疫情促进海洋与渔业持续发展的十条措施的通知》明确提出，保障水产品有效供给，支持海洋与渔业企业共渡难关，促进海洋与渔业稳定健康发展。② 《广西壮族自治区海洋局关于印发支持打赢疫情防控阻击战促进经济平稳运行若干措施的通知》明确提出，促进项目用海供给和用海项目开工建设，加强重大项目用海用岛服务指导，实行"不见面"受理审批服务，改进评审、论证和验收方式，调减优化审批程序，缓解涉海企业资金压力。③

（二）陆海统筹持续引领海洋强国建设

党的十九大报告提出："坚持陆海统筹，加快建设海洋强国。"这不仅吹响了建设海洋强国的冲锋号角，还指明了落实战略部署的工作方向。按照"坚持陆海统筹"的战略部署，海洋事业纳入自然资源的统一管理。2020 年以来，陆海统筹的战略方针深化落实，海洋领域的各项改革持续推进，自然资源管理职能的重构正在实现"化学反应"。

"陆海统筹"是中共中央和国务院政策文件中的高频词。中共中央办公厅、国务院办公厅 2020 年 3 月印发的《关于构建现代环境治理体系的指导意见》明确提出，要强化监测能力建设，加快构建陆海统筹、天地一体、上下协同、信息共享的生态环境监测网络，实现环境质量、污染源和生态状况监测全覆盖。④ 中共中央办公厅、国务院办公厅 2020 年 10 月印发的《深圳建设中国特色社会主义先行示范区综合改革试点实施

---

① 《浙江出台 15 条 力保"三农"领域疫情防控和农产品保供》，浙江省人民政府，2020 年 2 月 14 日，http：//www.zj.gov.cn/art/2020/2/14/art_1552948_41918078.html，2020 年 11 月 12 日登录。

② 《福建省海洋与渔业局关于应对新型冠状病毒感染的肺炎疫情促进海洋与渔业持续发展的十条措施的通知》（闽海渔〔2020〕9 号），福建省海洋与渔业局，http：//hyyyj.fujian.gov.cn/zfxxgkzl/zfxxgkml/zcfg_310/gfxwj/202002/t20200221_5200643.htm，2020 年 11 月 12 日登录。

③ 《广西壮族自治区海洋局关于印发支持打赢疫情防控阻击战促进经济平稳运行若干措施的通知》（桂海发〔2020〕2 号），广西壮族自治区海洋局，http：//hyj.gxzf.gov.cn/zwgk_66846/tzgg/t4065138.shtml，2020 年 11 月 12 日登录。

④ 《中共中央办公厅 国务院办公厅印发〈关于构建现代环境治理体系的指导意见〉》，中国政府网，2020 年 3 月 3 日，http：//www.gov.cn/zhengce/2020-03/03/content_5486380.htm，2020 年 11 月 10 日登录。

方案（2020—2025 年）》明确提出，要推动完善陆海统筹的海洋生态环境保护修复机制。① 2020 年 11 月发布的《中共中央关于制定国民经济和社会发展第十四个五年规划和二〇三五年远景目标的建议》明确提出，坚持陆海统筹，发展海洋经济，建设海洋强国。继续开展污染防治行动，建立地上地下、陆海统筹的生态环境治理制度。②

　　陆海统筹思想在国务院相关部门的多份政策文件中得到体现。为提升自然资源治理效能，促进科学技术进步，加强自然资源标准化工作，2020 年 6 月，自然资源部印发了《自然资源标准化管理办法》，全面支撑自然资源管理需求，坚持问题导向和结果导向，坚持把促进科技进步、技术融合与成果转化作为价值取向。该办法按总则、组织机构与职责分工、标准计划、制修订和审批发布、标准实施监督与复审、标准化对外合作交流 6 个版块阐述，明确了自然资源标准化工作目标、管理机制、工作程序、监督方式等规范要求，可作为自然资源标准化工作的基本遵循。③ 该办法整合了原国土、海洋、测绘三部门有关标准化管理制度，并明确规定，依据自然资源部职责，加强自然资源调查、监测、评价评估、确权登记、保护、资产管理和合理开发利用，国土空间规划、用途管制、生态修复，海洋和地质防灾减灾等业务，以及土地、地质矿产、海洋、测绘地理信息等领域的标准化工作。④

　　为规范自然资源统计管理工作，建立健全统计数据质量控制体系，提高自然资源统计数据的真实性，发挥统计在自然资源管理中的重要基础性作用，2020 年 7 月，自然资源部印发了《自然资源统计工作管理办法》，明确将海洋事业纳入自然资源的统一管理之中。该办法全文共 16 条，明确了自然资源统计的适用范围、管理体制、主要任务、机构职责、获取方式等多项内容。该办法指出，自然资源统计的主要任务是对土地、矿产、森林、草原、湿地、水、海域海岛等自然资源以及海洋经济、地质勘查、地质灾害、测绘地理信息、自然资源督察、行政管理等开展统计调查和统计分析，提供统计数据，实施统计监督。⑤

---

　　① 《中共中央办公厅 国务院办公厅印发〈深圳建设中国特色社会主义先行示范区综合改革试点实施方案（2020—2025 年）〉》，中国政府网，2020 年 10 月 11 日，http://www.gov.cn/zhengce/2020 - 10/11/content_5550408.htm，2020 年 11 月 11 日登录。

　　② 《中共中央关于制定国民经济和社会发展第十四个五年规划和二〇三五年远景目标的建议》，中国政府网，2020 年 11 月 3 日，http://www.gov.cn/zhengce/2020-11/03/content_5556991.htm，2020 年 11 月 11 日登录。

　　③ 《部科技发展司主要负责人解读〈自然资源标准化管理办法〉》，自然资源部，2020 年 7 月 17 日，http://www.mnr.gov.cn/dt/ywbb/202007/t20200717_2533238.html，2020 年 11 月 10 日登录。

　　④ 《自然资源部关于印发〈自然资源标准化管理办法〉的通知》（自然资发〔2020〕100 号），自然资源部，http://f.mnr.gov.cn/202007/t20200716_2533030.html，2020 年 11 月 10 日登录。

　　⑤ 《自然资源部关于印发〈自然资源统计工作管理办法〉的通知》（自然资发〔2020〕111 号），自然资源部，http://f.mnr.gov.cn/202007/t20200715_2532793.html，2020 年 11 月 10 日登录。

为深入贯彻习近平生态文明思想，2020年6月，国家发展改革委、自然资源部联合印发《全国重要生态系统保护和修复重大工程总体规划（2021—2035年）》。规划践行"陆海统筹"的战略部署，是当前和今后一段时期推进全国重要生态系统保护和修复重大工程的指导性规划，是编制和实施有关重大工程建设规划的主要依据。规划明确提出，到2035年，通过大力实施重要生态系统保护和修复重大工程，全面加强生态保护和修复工作，全国森林、草原、荒漠、河湖、湿地、海洋等自然生态系统状况实现根本好转，生态系统质量明显改善，生态服务功能显著提高，生态稳定性明显增强，自然生态系统基本实现良性循环，国家生态安全屏障体系基本建成，优质生态产品供给能力基本满足人民群众需求，人与自然和谐共生的美丽画卷基本绘就。[1]

一些地方性涉海政策或法律文件将陆海统筹确立为指导原则。2020年5月1日开始施行的《深圳经济特区海域使用管理条例》明确规定，海域使用坚持保护优先、合理开发、陆海统筹、统一规划和节约集约利用原则，实现生态效益、经济效益和社会效益有机统一。[2] 2020年9月1日开始施行的《广西北部湾经济区条例》也明确规定，北部湾经济区开放开发坚持以人为本、科学发展，开放合作、互利共赢，市场导向、有序开发，科学布局、优势互补，陆海统筹、绿色发展的原则。[3]

（三）涉海政策与其他重大政策相融合

我国的海洋政策，不仅体现在海洋或自然资源领域的单行政策文件之中，还与环境治理体系、西部大开发、中国特色社会主义先行示范区等其他领域国家重大政策相互融合。中共中央办公厅、国务院办公厅2020年3月印发的《关于构建现代环境治理体系的指导意见》明确提出，要健全环境治理法律法规政策体系，完善法律法规，制定修订固体废物污染防治、长江保护、海洋环境保护、生态环境监测、环境影响评价、清洁生产、循环经济等方面的法律法规。[4]

2020年5月，《中共中央 国务院关于新时代推进西部大开发形成新格局的指导意见》明确提出，以共建"一带一路"为引领，加大西部开放力度，包括强化开放大通

---

① 《国家发展改革委 自然资源部关于印发〈全国重要生态系统保护和修复重大工程总体规划（2021—2035年）〉的通知》（发改农经〔2020〕837号），中国政府网，http://www.gov.cn/zhengce/zhengceku/2020-06/12/content_5518982.htm，2020年11月11日登录。

② 《深圳经济特区海域使用管理条例》，深圳市人大常委会，http://www.szrd.gov.cn/szrd_zlda/szrd_zlda_flfg/flfg_szfg/202001/t20200119_18986408.htm，2020年11月11日登录。

③ 《广西北部湾经济区条例》，广西人大，https://www.gxrd.gov.cn/html/art169342.html，2020年11月12日登录。

④ 《中共中央办公厅 国务院办公厅印发〈关于构建现代环境治理体系的指导意见〉》，中国政府网，2020年3月3日，http://www.gov.cn/zhengce/2020-03/03/content_5486380.htm，2020年11月10日登录。

道建设，完善北部湾港口建设，打造具有国际竞争力的港口群，加快培育现代海洋产业，积极发展向海经济。[①]

2020 年 11 月发布的《中共中央关于制定国民经济和社会发展第十四个五年规划和二〇三五年远景目标的建议》明确提出，实施西部陆海新通道等重大工程，推进沿边沿江沿海交通等一批强基础、增功能、利长远的重大项目建设。[②]

中共中央办公厅、国务院办公厅 2020 年 10 月印发的《深圳建设中国特色社会主义先行示范区综合改革试点实施方案（2020—2025 年）》明确提出：要探索完善国际船舶登记制度，赋予深圳国际航行船舶保税加油许可权，进一步放开保税燃料油供应市场；推动完善陆海统筹的海洋生态环境保护修复机制，实行环境污染强制责任保险制度，探索建立入海排污口分类管理制度；按照相关法律法规，探索按照海域的水面、水体、海床、底土分别设立使用权，促进空间合理开发利用；探索优化用地用林用海"统一收文、统一办理、统一发文"审批机制，推动自然资源使用审批全链条融合。[③]

2020 年 11 月，《最高人民法院关于支持和保障深圳建设中国特色社会主义先行示范区的意见》明确提出："服务全球海洋中心城市建设。加强海事审判工作，实施海事审判精品战略，推进国际海事司法中心建设。加强海洋自然资源与生态环境损害赔偿纠纷案件审判。探索完善航运业务开放、国际船舶登记、沿海捎带、船舶融资租赁等新类型案件审理规则。加大深港物流服务一体化、港口航运智能化建设等方面海事审判资源和调研力量投入。加强与前海海事法律咨询、海事仲裁等法律服务机构的工作衔接，支持深圳国际仲裁院海事仲裁中心建设，打造多元化国际海事法律服务中心。加强国际海事司法交流，支持举办国际性海事会议，积极参与国际海事规则制定，提升海事审判工作国际影响力，打造国际海事纠纷争议解决优选地。"[④]

二、政策举措巩固海洋经济高质量发展

习近平总书记多次强调，海洋是高质量发展战略要地。近年来，我国海洋经济总

① 《中共中央 国务院关于新时代推进西部大开发形成新格局的指导意见》，中国政府网，2020 年 5 月 17 日，http://www.gov.cn/zhengce/2020-05/17/content_5512456.htm，2020 年 11 月 10 日登录。

② 《中共中央关于制定国民经济和社会发展第十四个五年规划和二〇三五年远景目标的建议》，中国政府网，2020 年 11 月 3 日，http://www.gov.cn/zhengce/2020-11/03/content_5556991.htm，2020 年 11 月 11 日登录。

③ 《中共中央办公厅 国务院办公厅印发〈深圳建设中国特色社会主义先行示范区综合改革试点实施方案（2020—2025 年）〉》，中国政府网，2020 年 10 月 11 日，http://www.gov.cn/zhengce/2020-10/11/content_5550408.htm，2020 年 11 月 11 日登录。

④ 《最高人民法院关于支持和保障深圳建设中国特色社会主义先行示范区的意见》（法发〔2020〕39 号），最高人民法院，http://www.court.gov.cn/fabu-xiangqing-269501.html，2020 年 11 月 11 日登录。

量稳步增长，经济结构持续优化，产业发展水平继续提高，内生动力持续增强，稳增长、促改革、调结构、惠民生取得显著成效，海洋经济发展质量稳步提升，为海洋强国建设提供有力支撑。2020 年，突如其来的新冠肺炎疫情等因素对海洋经济造成巨大冲击，海洋经济总量有所下降，出现 2001 年有统计数据以来的首次负增长。[1] 面对疫情，党中央、国务院及时加大宏观政策应对力度。国务院总理李克强在 2020 年《政府工作报告》中提出，要"实施扩大内需战略，推动经济发展方式加快转变"，并强调要"加快落实区域发展战略""发展海洋经济"。[2] 2020 年 11 月发布的《中共中央关于制定国民经济和社会发展第十四个五年规划和二〇三五年远景目标的建议》再次明确提出要"发展海洋经济"，并将海洋装备等产业列为需要大力发展的战略性新兴产业。[3] 有关部门和沿海地方政府出台推迟缴纳海域使用金、提高供水补贴和用电优惠、加大财政奖励等一系列政策举措，助力海洋产业企稳回升，海洋经济发展逐季恢复。在坚持做好疫情防控工作的同时，中央和沿海地方还围绕海洋渔业、海运业、自贸区与自贸港等方面出台一系列政策文件，助力海洋经济结构持续优化，进一步巩固海洋经济高质量发展的态势。

（一）促进海洋渔业高质量发展

境外新冠肺炎疫情持续蔓延，对我国远洋渔船的生产作业和船员健康造成较大威胁。我国远洋渔船作业分布广泛，涉及国家多，船员来源广，船上人员密集，与外方接触频繁，疫情防控任务艰巨复杂。2020 年 3 月，《农业农村部办公厅关于进一步加强远洋渔船新冠肺炎疫情防控的紧急通知》提出，加强远洋渔船新冠肺炎疫情防控，防范输入性疫情，统筹抓好疫情防控和远洋渔业生产工作。[4] 海洋捕捞渔船和沿海渔港既是沿海渔民赖以生存的重要生产工具和生产场所，也是海洋捕捞业监管的重点。为准确掌握当前我国海洋捕捞渔船、沿海渔港基本情况，2020 年 5 月，农业农村部出台了《农业农村部关于开展全国海洋捕捞渔船和沿海渔港核查工作的通知》，并制定了《2020 年全国海洋捕捞渔船核查工作方案》和《2020 年全国沿海渔港核查工作方案》。通知及其相关工作方案的出台，有利于"及早谋划'十四五'管理思路，助力渔船渔

---

① 《海洋经济稳健复苏，高质量发展态势不断巩固——〈2020 年中国海洋经济统计公报〉解读》，自然资源部，2021 年 3 月 31 日，http://www.mnr.gov.cn/dt/ywbb/202103/t20210331_2618721.html，2021 年 4 月 1 日登录。

② 《政府工作报告——2020 年 5 月 22 日在第十三届全国人民代表大会第三次会议上》，中国政府网，2020 年 5 月 29 日，http://www.gov.cn/premier/2020-05/29/content_5516072.htm，2020 年 11 月 10 日登录。

③ 《中共中央关于制定国民经济和社会发展第十四个五年规划和二〇三五年远景目标的建议》，中国政府网，2020 年 11 月 3 日，http://www.gov.cn/zhengce/2020-11/03/content_5556991.htm，2020 年 11 月 11 日登录。

④ 《农业农村部办公厅关于进一步加强远洋渔船新冠肺炎疫情防控的紧急通知》（农办渔〔2020〕7 号），中国政府网，http://www.gov.cn/zhengce/zhengceku/2020-03/12/content_5490187.htm，2020 年 11 月 12 日登录。

港综合管理改革"①。

山东、福建等沿海地方也积极出台政策举措，促进海洋渔业高质量发展。2020 年 2 月，山东省海洋局等六部门联合印发了《关于促进海洋渔业高质量发展的意见》，全文共 18 条，包括总体要求、加强海洋渔业资源和生态环境保护、加快构建现代海洋渔业产业体系、提高海洋渔业设施和装备水平、提高海洋渔业组织化程度和管理水平、强化保障措施和加强组织领导七个部分。意见坚持生态优先，增殖、养殖、捕捞、加工、休闲渔业相结合，坚持减量增收、提质增效，加快推进海洋渔业治理体系和治理能力现代化，建设山东半岛现代渔业经济区。② 意见的出台，对解决山东省海洋渔业发展方式粗放、设施装备条件较差及海洋休闲渔业、海洋牧场和远洋渔业发展中面临的新情况、新问题提供了强有力的制度保障，对加快推进山东省海洋渔业治理体系和治理能力现代化，促进海洋渔业高质量发展具有重要作用。

为加快补齐渔港建设短板，改善渔业基础设施，提升防灾减灾能力，推动海洋与渔业高质量发展，2020 年 2 月，《福建省人民政府关于进一步加快渔港建设的若干意见》提出 13 条政策举措，旨在完善渔港布局和功能，加快渔港建设，提升服务能力。③此外，山东省还在全国率先制定《渔港安全管理规范》和《渔船安全操作规范》两项海洋渔业安全地方标准，保障渔业安全生产。④

（二）推进海运业高质量发展

党中央、国务院高度重视海运业的发展。2014 年，《国务院关于促进海运业健康发展的若干意见》印发，将海运业发展上升为国家战略。⑤ 党的十八大以来，习近平总书记先后多次对海运业的发展作出重要指示。2018 年 11 月，习近平总书记视频连线上海洋山港时强调"经济强国必定是海洋强国、航运强国"。2019 年 1 月，习近平总书记视察天津港时强调"经济要发展，国家要强大，交通特别是海运首先要强起来"。2019 年 9 月，中共中央、国务院印发了《交通强国建设纲要》，为新时代海运业高质量发展

---

① 《农业农村部关于开展全国海洋捕捞渔船和沿海渔港核查工作的通知》（农渔发〔2020〕13 号），中国政府网，http：//www.gov.cn/zhengce/zhengceku/2020-05/28/content_5515471.htm，2020 年 11 月 11 日登录。

② 《关于促进海洋渔业高质量发展的意见》（鲁海发〔2020〕2 号），山东省海洋局，http：//hyj.shandong.gov.cn/zwgk/jfwj/202002/t20200225_2583838.html，2020 年 11 月 11 日登录。

③ 《福建省人民政府关于进一步加快渔港建设的若干意见》（闽政〔2020〕2 号），福建省海洋与渔业局，http：//hyyyj.fujian.gov.cn/xxgk/fgwj/202003/t20200304_5208446.htm，2020 年 11 月 12 日登录。

④ 《山东在全国率先制定两项海洋渔业安全地方标准》，中国网，2020 年 11 月 5 日，http：//ocean.china.com.cn/2020-11/05/content_76879794.htm，2020 年 11 月 12 日登录。

⑤ 《国务院关于促进海运业健康发展的若干意见》（国发〔2014〕32 号），中国政府网，http：//www.gov.cn/zhengce/content/2014-09/03/content_9062.htm，2020 年 11 月 12 日登录。

指明了方向。

为推动海运业高质量发展，指导我国海运业更长远发展，2020 年 2 月，《交通运输部 发展改革委 工业和信息化部 财政部 商务部 海关总署 税务总局关于大力推进海运业高质量发展的指导意见》提出，到 2025 年，基本建成海运业高质量发展体系，服务品质和安全绿色智能发展水平明显提高，综合竞争力、创新能力显著增强，参与国际海运治理能力明显提升。到 2035 年，全面建成海运业高质量发展体系，绿色智能水平和综合竞争力居世界前列，安全发展水平和服务保障能力达到世界先进水平，基本实现海运治理体系和治理能力现代化，在交通强国建设中当好先行。到 2050 年，海运业发展水平位居世界前列，全面实现海运治理体系和治理能力现代化，全面服务社会主义现代化强国建设和人民美好生活需要。①

为依法保护具有国际市场竞争力的航运产业发展，上海海事司法机关还出台司法政策，为自贸试验区航运产业的发展保驾护航。2020 年 1 月发布的《上海海事法院服务保障中国（上海）自由贸易试验区临港新片区建设的实施意见》提出，要依法保障高能级全球航运枢纽建设、航运金融产业发展、跨境物流电商兴起和长三角区域一体化建设，服务长三角区域世界级港口群建设，妥善解决港航企业在合作领域可能发生的相关纠纷。②

（三）推动自贸区与自贸港建设

建设自由贸易试验区（以下简称"自贸区"）与自由贸易港（以下简称"自贸港"），是党中央在新时代推进改革开放的一项战略举措，在我国改革开放进程中具有里程碑意义，在一定程度上为海洋经济高质量发展提供持续、强大的动力。2020 年 11 月发布的《中共中央关于制定国民经济和社会发展第十四个五年规划和二〇三五年远景目标的建议》明确提出，完善自由贸易试验区布局，赋予其更大改革自主权，稳步推进海南自由贸易港建设，建设对外开放新高地。③

2018 年 4 月，《中共中央 国务院关于支持海南全面深化改革开放的指导意见》发布。根据指导意见，首先在海南全境建设自贸区，赋予其现行自贸区试点政策，然后

① 《交通运输部 发展改革委 工业和信息化部 财政部 商务部 海关总署 税务总局关于大力推进海运业高质量发展的指导意见》（交水发〔2020〕18 号），中国政府网，http://www.gov.cn/zhengce/zhengceku/2020-02/03/content_5474228.htm，2020 年 11 月 11 日登录。

② 《上海海事法院服务保障中国（上海）自由贸易试验区临港新片区建设的实施意见》，上海海事法院，2020 年 1 月 9 日，https://shhsfy.gov.cn/hsfyytwx/hsfyytwx/fyjj1538/gfxwj1469/2020/01/09/09b080ba6f26aac3016f8998c0590274.html?tm=1602657929095，2020 年 11 月 11 日登录。

③ 《中共中央关于制定国民经济和社会发展第十四个五年规划和二〇三五年远景目标的建议》，中国政府网，2020 年 11 月 3 日，http://www.gov.cn/zhengce/2020-11/03/content_5556991.htm，2020 年 11 月 11 日登录。

再探索实行符合海南发展定位的自贸港政策。① 2018 年 10 月，国务院批复同意设立中国（海南）自贸区并印发了《中国（海南）自由贸易试验区总体方案》。② 2020 年 6 月，中共中央、国务院印发了《海南自由贸易港建设总体方案》。总体方案提出，要完善海洋服务基础设施，积极发展海洋物流、海洋旅游、海洋信息服务、海洋工程咨询、涉海金融、涉海商务等，构建具有国际竞争力的海洋服务体系。③

2017 年 3 月，国务院印发了《中国（浙江）自由贸易试验区总体方案》。④ 2020 年 3 月，国务院批复同意了《关于支持中国（浙江）自由贸易试验区油气全产业链开放发展的若干措施》，为浙江自贸试验区进一步赋权，助力油气、航运等行业的高质量发展。⑤ 2020 年 9 月，国务院印发《中国（浙江）自由贸易试验区扩展区域方案》。根据这一方案，浙江自贸区应前瞻布局智能复合材料、海洋新材料等新兴领域，加快海水淡化与综合利用、海洋可再生能源等新兴领域自主研发、中试转化、装备定型，积极推动产业规模化发展。⑥

上海海事司法机关还出台司法政策，为自贸区临港新片区的建设保驾护航。2020 年 1 月，上海海事法院发布《上海海事法院服务保障中国（上海）自由贸易试验区临港新片区建设的实施意见》。⑦ 实施意见共提出 25 项政策举措，重点聚焦新片区更高水平对外开放，将国务院《中国（上海）自由贸易试验区临港新片区总体方案》中与海事司法有关的内容进行全面梳理，转化落实为一一对标的服务保障措施条文，并加大了营造自贸区优质航运营商环境的内涵比重。

---

① 《中共中央 国务院关于支持海南全面深化改革开放的指导意见》，中国政府网，2018 年 4 月 14 日，http：//www. gov. cn/zhengce/2018-04/14/content_5282456. htm，2020 年 11 月 10 日登录。

② 《国务院关于印发中国（海南）自由贸易试验区总体方案的通知》（国发〔2018〕34 号），中国政府网，http：//www. gov. cn/zhengce/content/2018-10/16/content_5331180. htm，2020 年 11 月 10 日登录。

③ 《中共中央 国务院印发〈海南自由贸易港建设总体方案〉》，中国政府网，2020 年 6 月 1 日，http：//www. gov. cn/zhengce/2020-06/01/content_5516608. htm，2020 年 11 月 10 日登录。

④ 《国务院关于印发中国（浙江）自由贸易试验区总体方案的通知》（国发〔2017〕16 号），中国政府网，http：//www. gov. cn/zhengce/content/2017-03/31/content_5182288. htm，2020 年 11 月 10 日登录。

⑤ 《国务院关于支持中国（浙江）自由贸易试验区油气全产业链开放发展若干措施的批复》（国函〔2020〕32 号），中国政府网，http：//www. gov. cn/zhengce/content/2020-03/31/content_5497400. htm，2020 年 11 月 10 日登录。

⑥ 《国务院关于印发北京、湖南、安徽自由贸易试验区总体方案及浙江自由贸易试验区扩展区域方案的通知》（国发〔2020〕10 号），中国政府网，http：//www. gov. cn/zhengce/content/2020-09/21/content_5544926. htm，2020 年 11 月 10 日登录。

⑦ 《上海海事法院服务保障中国（上海）自由贸易试验区临港新片区建设的实施意见》，上海海事法院，2020 年 1 月 9 日，https：//shhsfy. gov. cn/hsfyytwx/hsfyytwx/fyjj1538/gfxwj1469/2020/01/09/09b080ba6f26aac3016f8998c0590274. html？tm=1602657929095，2020 年 11 月 11 日登录。

三、政策举措助力海洋生态文明建设

2019 年 11 月发布的《中共中央关于坚持和完善中国特色社会主义制度推进国家治理体系和治理能力现代化若干重大问题的决定》指出，生态文明建设是关系中华民族永续发展的千年大计。[①] 2020 年 11 月发布的《中共中央关于制定国民经济和社会发展第十四个五年规划和二〇三五年远景目标的建议》明确将"生态文明建设实现新进步"列为"十四五"时期经济社会发展主要目标。在海洋领域，习近平总书记在多个场合表达了对海洋生态文明建设的高度关切。2019 年 4 月，习近平总书记在青岛指出："我们要像对待生命一样关爱海洋。中国全面参与联合国框架内海洋治理机制和相关规则制定与实施，落实海洋可持续发展目标。"[②] 2019 年 10 月，习近平总书记致信祝贺"2019 中国海洋经济博览会"开幕并再次强调："要高度重视海洋生态文明建设，加强海洋环境污染防治，保护海洋生物多样性，实现海洋资源有序开发利用，为子孙后代留下一片碧海蓝天。"[③] 2020 年 11 月，《中共中央关于制定国民经济和社会发展第十四个五年规划和二〇三五年远景目标的建议》明确提出，要提高海洋资源、矿产资源开发保护水平。[④]

海洋经济高质量发展，离不开海洋生态文明建设。2020 年出台的多份涉海经济政策文件体现了两者之间的平衡关系。国务院 2020 年 3 月批复同意的《关于支持中国（浙江）自由贸易试验区油气全产业链开放发展的若干措施》明确提出，要加强海洋生态文明建设[⑤]。根据这一批复，浙江省人民政府要承担主体责任，以质量改善为目标、以风险防控为底线，切实加强海洋生态环境保护。把海洋生态文明建设纳入海洋开发总布局之中，坚持开发和保护并重、污染防治和生态修复并举，积极探索自贸区海洋绿色发展新模式，建立健全油气产业环境治理体系，提升溢油环境风险防范和应急处

[①] 《（受权发布）中共中央关于坚持和完善中国特色社会主义制度推进国家治理体系和治理能力现代化若干重大问题的决定》，新华网，2019 年 11 月 5 日，http：//www.xinhuanet.com/politics/2019-11/05/c_1125195786.htm，2020 年 11 月 12 日登录。

[②] 《习近平集体会见出席海军成立 70 周年多国海军活动外方代表团团长》，新华网，2019 年 4 月 23 日，http：//www.xinhuanet.com/politics/leaders/2019-04/23/c_1124404136.htm，2020 年 11 月 12 日登录。

[③] 《习近平：让世界各国人民共享海洋经济发展成果》，载《人民日报》（海外版），2019 年 10 月 16 日第 1 版。

[④] 《中共中央关于制定国民经济和社会发展第十四个五年规划和二〇三五年远景目标的建议》，中国政府网，2020 年 11 月 3 日，http：//www.gov.cn/zhengce/2020-11/03/content_5556991.htm，2020 年 11 月 11 日登录。

[⑤] 《国务院关于支持中国（浙江）自由贸易试验区油气全产业链开放发展若干措施的批复》（国函〔2020〕32 号），中国政府网，http：//www.gov.cn/zhengce/content/2020-03/31/content_5497400.htm，2020 年 11 月 10 日登录。

置等环境治理能力。① 中共中央、国务院 2020 年 6 月印发的《海南自由贸易港建设总体方案》也明确提出，要创新生态文明体制机制。②

（一）加大海岸带生态保护和修复

海岸带是自然生态环境与经济社会可持续发展的关键地带。海岸带区域是我国经济最发达、对外开放程度最高、人口最密集的区域，是实施海洋强国战略的主要区域，也是保护沿海地区生态安全的重要屏障。2020 年 6 月，国家发展改革委、自然资源部联合印发《全国重要生态系统保护和修复重大工程总体规划（2021—2035 年）》，明确将海岸带列为重点区域，并提出了海岸带生态保护和修复的六大重点工程，包括粤港澳大湾区生物多样性保护、海南岛重要生态系统保护和修复、黄渤海生态保护和修复、长江三角洲重要河口区生态保护和修复、海峡西岸重点海湾河口生态保护和修复及北部湾滨海湿地生态系统保护和修复。③

浙江等沿海地方也出台了一些关于海岸带、海岸线保护与修复的政策举措。浙江省政府办公厅 2020 年 6 月发布的《浙江省近岸海域水污染防治攻坚三年行动计划》明确提出，建设沿岸生态缓冲带，实施海岸线保护与整治修复行动，统筹各类海洋资源开发活动，强化滨海湿地保护。④ 浙江省政府办公厅 2020 年 6 月发布的《浙江省生态海岸带建设方案》明确提出，到 2025 年，初步建成生态显著改善、交通网络畅通、滨海风情彰显、人气活力充足、特色文化浓郁、美丽经济繁荣、智慧化水平凸显的生态海岸带，基本贯通公路绿道系统，基本完成海洋湿地、重要水源地、防护林（含红树林）等生态建设与海塘修复、环境治理，基本建成 3~5 条先行岸段，成为浙江省滨海品质生活共享新空间；到 2035 年，全面建成绿色生态廊道、客流交通廊道、历史文化廊道、休闲旅游廊道、美丽经济廊道"五廊合一"的生态海岸带，成为长三角地区滨海品质生活共享的大空间、展示现代美丽湾区的大窗口，成为世界一流的沿湾观光旅

① 《国务院关于支持中国（浙江）自由贸易试验区油气全产业链开放发展的若干措施的批复》（国函〔2020〕32 号），中国政府网，http://www.gov.cn/zhengce/content/2020-03/31/content_5497400.htm，2020 年 11 月 10 日登录。

② 《中共中央 国务院印发海南自由贸易港建设总体方案》，中国政府网，2020 年 6 月 1 日，http://www.gov.cn/zhengce/2020-06/01/content_5516608.htm，2020 年 11 月 10 日登录。

③ 《国家发展改革委 自然资源部关于印发〈全国重要生态系统保护和修复重大工程总体规划（2021—2035年）〉的通知》（发改农经〔2020〕837 号），中国政府网，http://www.gov.cn/zhengce/zhengceku/2020-06/12/content_5518982.htm，2020 年 11 月 11 日登录。

④ 《浙江省人民政府办公厅关于〈浙江省近岸海域水污染防治攻坚三年行动计划〉的通知》（浙政办发〔2020〕26 号），浙江省人民政府，http://www.zj.gov.cn/art/2020/6/8/art_1229019365_608215.html，2020 年 11 月 12 日登录。

游休闲风情带。①

（二）加强海洋渔业资源保护

国务院 2020 年 3 月批复同意的《关于支持中国（浙江）自由贸易试验区油气全产业链开放发展的若干措施》明确提出，要加强海洋渔业资源保护，实现健康可持续发展。②

山东、浙江等沿海地方也积极出台政策举措，保护海洋渔业资源。山东省海洋局等六部门 2020 年 2 月联合印发的《关于促进海洋渔业高质量发展的意见》明确提出，加强海洋渔业资源和生态环境保护，大力实施渔业资源修复工程，加强海洋渔业水域生态环境保护。③浙江省政府办公厅 2020 年 6 月发布的《浙江省近岸海域水污染防治攻坚三年行动计划》也明确提出，强化海洋生物资源养护，深入实施浙江渔场修复振兴行动，严格控制海洋捕捞强度。④

为加强公海鱿鱼资源的科学养护，促进鱿鱼资源长期可持续利用和我国远洋渔业可持续发展，2020 年 6 月，农业农村部发布了《农业农村部关于加强公海鱿鱼资源养护促进我国远洋渔业可持续发展的通知》。通知要求自 2020 年起，所有中国籍远洋渔船，每年的特定时期，在西南大西洋和东太平洋的指定公海海域，统一实行自主休渔。⑤

（三）增强政策举措的协同性

为取得最大的政策效应，司法机关、财政部门也积极出台协同性政策措施，以推动海洋生态文明建设。例如，为充分发挥审判职能作用，依法支持深圳建设中国特色社会主义先行示范区，2020 年 11 月，最高人民法院结合人民法院工作实际，发布了《最高人民法院关于支持和保障深圳建设中国特色社会主义先行示范区的意见》。意见

---

① 《浙江省人民政府办公厅关于〈浙江省生态海岸带建设方案〉的通知》（浙政办发〔2020〕31 号），浙江省人民政府，http://www.zj.gov.cn/art/2020/7/2/art_1229019365_1216123.html，2020 年 11 月 12 日登录。

② 《国务院关于支持中国（浙江）自由贸易试验区油气全产业链开放发展若干措施的批复》（国函〔2020〕32 号），中国政府网，http://www.gov.cn/zhengce/content/2020-03/31/content_5497400.htm，2020 年 11 月 10 日登录。

③ 《关于促进海洋渔业高质量发展的意见》（鲁海发〔2020〕2 号），山东省海洋局，http://hyj.shandong.gov.cn/zwgk/jfwj/202002/t20200225_2583838.html，2020 年 11 月 11 日登录。

④ 《浙江省人民政府办公厅关于〈浙江省近岸海域水污染防治攻坚三年行动计划〉的通知》（浙政办发〔2020〕26 号），浙江省人民政府，http://www.zj.gov.cn/art/2020/6/8/art_1229019365_608215.html，2020 年 11 月 12 日登录。

⑤ 《农业农村部关于加强公海鱿鱼资源养护促进我国远洋渔业可持续发展的通知》（农渔发〔2020〕16 号），中国政府网，http://www.gov.cn/zhengce/zhengceku/2020-06/03/content_5516936.htm，2020 年 11 月 11 日登录。

明确提出，要服务全球海洋中心城市建设，加强海洋自然资源与生态环境损害赔偿纠纷案件审判。①

为充分发挥海洋环境资源司法保护职能，2020 年 11 月，广州海事法院、海口海事法院、北海海事法院共同签署了《"北部湾—琼州海峡"海洋环境资源司法保护合作协议》，共建共享海洋环保司法合作平台。根据协议，三家法院将通过建立定期会商机制、日常联络机制、协作联动机制、资源共享机制、协同调研机制、人才培养交流机制等举措，加强海洋环境资源保护领域的工作交流，打造"北部湾—琼州海峡"海洋环境资源保护"朋友圈"。②

为加强和规范海洋生态保护修复资金管理，2020 年 4 月，财政部印发《海洋生态保护修复资金管理办法》，对修复资金的管理和使用原则、实施期限及分配方法等作出具体规定，旨在提高资金使用效益，促进海洋生态文明建设和海域的合理开发、可持续利用。③

四、小结

在相关政策举措的引领下，我国新冠肺炎疫情防控与海洋强国建设统筹推进，"陆海统筹"的战略部署持续深化，涉海政策与其他领域国家重大政策相互融合。中央和沿海地方在坚持做好疫情防控工作的同时，围绕海洋渔业、海运业、自贸区与自贸港建设等方面出台了一系列政策举措，推动蓝色产业有序复工复产，海洋经济高质量发展稳步前行。海洋经济高质量发展与海洋生态文明建设并举，这一政策倾向在涉海经济政策文件中日益突出。海岸带生态保护和修复以及海洋渔业资源保护政策举措不断出炉，司法、财政等政策措施为海洋生态文明建设的加快发展提供有力保障。

---

① 《最高人民法院关于支持和保障深圳建设中国特色社会主义先行示范区的意见》（法发〔2020〕39 号），最高人民法院，http：//www. court. gov. cn/fabu-xiangqing-269501. html，2020 年 11 月 11 日登录。

② 《广州海事法院、海口海事法院、北海海事法院签署"北部湾—琼州海峡"海洋环境资源司法保护合作协议 共建共享海洋环保司法合作平台》，海口海事法院，2020 年 11 月 5 日，http：//hsfy. hicourt. gov. cn/preview/article？articleId＝0a40eb8d－58a3－4165－b859－d1a4d50e2de7&&colArticleId＝1e8e4e42－c95f－4506－8416－8a34ef7c8777&&siteId＝9234dd90－5c67－4a30－b212－cb6262d80a9c，2020 年 11 月 11 日登录。

③ 《财政部关于印发〈海洋生态保护修复资金管理办法〉的通知》（财资环〔2020〕24 号），中国政府网，http：//www. gov. cn/xinwen/2020-05/20/content_5513221. htm，2020 年 11 月 11 日登录。

第二章 中国的海洋管理

"十三五"时期，相关部门和沿海省份协调推进海洋资源保护利用，努力落实海洋强国建设任务，海洋资源节约集约利用不断加强，海洋经济发展保持稳中有进，海洋科技创新取得重要成果，海洋国际合作迈出新步伐。2020年，中国的海洋管理工作以习近平生态文明思想和建设海洋强国重要论述为统领，严守海洋生态底线，推动海洋经济高质量发展，在坚决遏制非法围填海活动、努力破解海洋生态重大难题、保护修复海洋生态系统等方面取得明显成效。

一、中国的海洋管理制度

海洋管理制度主要指政府部门规范海洋保护利用活动和调节各类海洋利益的规章或准则，是海洋管理的依据。2020年，各项海洋管理制度随着国家海洋保护利用形势和需求的变化而不断完善、调整或优化，并进一步明确自然资源领域中央与地方财政事权和支出责任。

（一）海洋资源保护利用制度

1. 海岸带保护利用制度

（1）海洋生态红线制度

海洋生态红线制度是指为维护海洋生态健康与生态安全，将重要海洋生态功能区、生态敏感区和生态脆弱区划定为重点管控区域并实施严格分类管控的制度安排。2016年，国家海洋局印发《关于全面建立实施海洋生态红线制度的意见》，并配套印发《海洋生态红线划定技术指南》，建立实施海洋生态红线制度，守住海洋生态安全根本底线。海洋生态红线划定的基本原则是保住底线、兼顾发展、分区划定、分类管理、从严管控；组织形式是国家指导监督、地方划定执行，由各沿海省（区、市）按照国家下达的指标和要求，划定红线并制定管控措施；管控指标包括海洋生态红线区面积、大陆自然岸线保有率、海岛自然岸线保有率、海水质量四项。

海洋生态红线制度在国家法律和政策中得到强化。《中华人民共和国海洋环境保护法》在2017年的修订中做出"在重点海洋生态功能区、生态环境敏感区和脆弱区等海域划定生态保护红线，实行严格保护"的原则性规定。《国务院关于加强滨海湿地保护严格管控围填海的通知》要求严守生态保护红线。对已经划定的海洋生态保护红线实施最严格的保护和监管，全面清理非法占用红线区域的围填海项目，确保海洋生态保护红线面积不减少、大陆自然岸线保有率标准不降低、海岛现有砂质岸线长度不缩短。① 截至目前，全国海洋生态红线划定已基本完成，全国30%的近岸海域和35%的大陆岸线纳入红线管控范围，筑牢了海洋生态环境保护防线。

（2）自然岸线保有率控制制度

为遏制围填海大量占用自然岸线、海岸生态空间大幅压缩的趋势，原国家海洋局于2017年制定实施《海岸线保护与利用管理办法》。该办法明确国家建立自然岸线保有率控制制度，确定到2020年全国大陆自然岸线保有率不低于35%的目标。沿海各级政府负责各自行政区域内海岸线保护与利用的监督管理，落实自然岸线保有率管控目标，建立自然岸线保有率管控目标责任制，合理确定考核指标，将自然岸线保护纳入沿海地方政府政绩考核。加强海岸线专项督察，组织开展对沿海地方各级政府海岸线保护与利用情况督察。② 《全国海洋经济发展"十三五"规划》将大陆自然岸线保有率不低于35%确定为一项约束性指标。《国务院关于加强滨海湿地保护严格管控围填海的通知》规定，除国家重大战略项目外，全面停止新增围填海，确保大陆自然岸线保有率标准不降低。

2. 海域海岛保护利用制度

（1）海域有偿使用制度

《中华人民共和国海域使用管理法》（以下简称《海域使用管理法》）确立了海域有偿使用制度，规定单位和个人使用海域，应当按照国务院的规定缴纳海域使用金。海域使用金应当按照国务院的规定上缴财政。根据不同的用海性质或者情形，海域使用金可以按照规定一次性缴纳或者按年度逐年缴纳。

（2）海洋功能区划制度

海洋功能区划制度由《海域使用管理法》确立，是开发利用海洋资源、保护海洋生态环境的法定依据。海洋功能区划根据海域区位、自然资源、环境条件和开发利用的要求，按照海洋功能标准，将海域划分为不同类型的功能区。自该制度实施以来，国务院于2002年和2012年两次批准实施国家级海洋功能区划，2012年批准实施的《全国海洋功能区划》有效期至2020年年底。

---

① 《国务院关于加强滨海湿地保护严格管控围填海的通知》（国发〔2018〕24号），中国政府网，http://www.gov.cn/zhengce/content/2018-07/25/content_5309058.htm，2021年3月1日登录。

② 《海岸线保护与利用管理办法》，2017年3月31日发布实施。

（3）海域使用权登记制度

海域使用权登记制度是《海域使用管理法》建立的三大基本制度之一，规定依法登记的海域使用权受法律保护。海域使用申请经依法批准后，国务院批准用海的，由国务院海洋行政主管部门登记造册，向海域使用申请人颁发海域使用权证书；地方人民政府批准用海的，由地方政府登记造册，向海域使用申请人颁发海域使用权证书。①

（4）海岛有偿使用制度

海岛有偿使用制度是指单位和个人利用无居民海岛，应当经国务院或者沿海省（区、市）人民政府依法批准，并按照有关规定缴纳无居民海岛使用金。② 未足额缴纳无居民海岛使用金的，海洋主管部门不得办理无居民海岛使用权证书。无居民海岛使用权出让最低价标准由国务院财政部门会同国务院海洋主管部门根据无居民海岛的等别、用岛类型和方式、离岸距离等因素，适当考虑生态补偿因素确定，并适时进行调整。无居民海岛使用权出让价款不得低于无居民海岛使用权出让最低价。③

（5）海岛保护规划制度

海岛保护规划是从事海岛保护利用活动的依据。全国海岛保护规划应当按照海岛的区位、自然资源、环境等自然属性及保护、利用状况，确定海岛分类保护的原则和可利用的无居民海岛，以及需要重点修复的海岛等。制定海岛保护规划应当遵循有利于保护和改善海岛及其周边海域生态系统，促进海岛经济社会可持续发展的原则。第一部《全国海岛保护规划》的期限为 2011—2020 年，是引导全社会保护和合理利用海岛资源的纲领性文件。

3. 海港和海上交通管理制度

（1）港口岸线使用管理制度

《港口岸线使用审批管理办法》规定，港口岸线的开发利用应当符合港口规划，坚持深水深用、节约高效、合理利用、有序开发的原则。④ 港口岸线分为港口深水岸线和非深水岸线。交通运输部主管全国的港口岸线工作，会同国家发展改革委具体实施对港口深水岸线的使用审批工作。需要使用港口岸线的建设项目，应当在报送项目申请报告或者可行性研究报告前，向港口所在地的港口行政管理部门提出港口岸线使用申请。港口岸线使用有效期不超过五十年。超过期限继续使用的，港口岸线使用人应当

---

① 《中华人民共和国海域使用管理法》，2001 年 10 月 27 日通过。

② 《中华人民共和国海岛保护法》，2009 年 12 月 26 日通过。

③ 《财政部 国家海洋局关于印发〈无居民海岛使用金征收使用管理办法〉的通知》（财综〔2010〕44 号），中国政府网，http：//www.gov.cn/gongbao/content/2010/content_1737217.htm，2021 年 3 月 2 日登录。

④ 《港口岸线使用审批管理办法》，2012 年 5 月 22 日公布，2018 年 5 月 3 日修订。

在期限届满三个月前向原批准机关提出申请。

（2）海上交通安全管理制度

海上交通安全管理主要依据《中华人民共和国海上交通安全法》建立六项法律制度：船员管理制度、货物与旅客运输安全管理制度、维护海洋权益有关法律制度、海上搜寻救助制度、交通事故调查处理制度、法律责任和行政强制法律制度。2020年9月，为履行相关国际条约规定义务，维护海上客货运输安全，国务院常务会议通过《中华人民共和国海上交通安全法（修订草案）》，决定将草案提请全国人大常委会审议。该修订草案从防范海上安全事故、强化海上交通管理、健全搜救和事故调查处理机制等方面作了完善，新增航运公司安全与防污染管理制度、船舶保安制度、海上交通资源规划制度、海上无线电通信保障制度、特定的外国籍船舶进出领海报告制度、海上渡口管理制度等。①

在外国籍船舶管理方面，相关法律规定，外国籍非军用船舶，未经主管机关批准，不得进入中华人民共和国的内水和港口。外国籍军用船舶，未经我国政府批准，不得进入我国领海。外国籍船舶进出我国港口或在港内航行、移泊以及靠离港外系泊点、装卸站等，必须由主管机关指派引航员引航。②

4. 海洋渔业管理制度

（1）渔业捕捞许可证制度

根据农业农村部制定的《渔业捕捞许可管理规定》，渔业捕捞许可证制度指在中国管辖水域从事渔业捕捞活动，以及中国籍渔船在公海从事渔业捕捞活动，应当经审批机关批准并领取渔业捕捞许可证，按照渔业捕捞许可证核定的作业类型、场所、时限、渔具数量和规格、捕捞品种等作业。对已实行捕捞限额管理的品种或水域，应当按照规定的捕捞限额作业。禁止在禁渔区、禁渔期、保护区从事渔业捕捞活动。海洋渔业捕捞许可证的使用期限为五年。③

（2）海洋渔业资源总量管理制度

海洋渔业资源总量管理制度指根据渔业资源状况控制全国年度海洋捕捞总产量。现阶段目标：到2020年，国内海洋捕捞总产量减少到1000万吨以内，与2015年相比，沿海各省减幅均不得低于23.6%，年度减幅原则上不低于5%；2020年后，将根据海洋

---

① 《我国将修法加强海上交通安全管理》，新华网，2020年9月23日，http://www.xinhuanet.com/2020-09/23/c_1126532693.htm，2020年12月16日登录。

② 《中华人民共和国海上交通安全法》，1983年9月2日通过，2016年11月7日修订。

③ 《渔业捕捞许可管理规定》，2019年1月1日实施，中国政府网，http://www.gov.cn/gongbao/content/2019/content_5368590.htm，2021年3月2日登录。

渔业资源评估情况和渔业生产实际，进一步确定调控目标，努力实现海洋捕捞总产量与海洋渔业资源承载能力相协调。

（3）海洋渔船"双控"制度

海洋渔船"双控"制度指通过压减海洋捕捞渔船船数和功率总量，逐步实现海洋捕捞强度与资源可捕量相适应，是坚持渔船投入和渔获产出双向控制中的重要一环。坚持并不断完善海洋渔船"双控"制度，重点压减老旧、木质渔船，特别是"双船底拖网、帆张网、三角虎网"等作业类型渔船，除淘汰旧船再建造和更新改造外，禁止新造、进口将在我国管辖水域进行渔业生产的渔船。[①]

（4）海洋伏季休渔制度

海洋伏季休渔制度是为保护中国周边海域鱼类等资源在夏季繁殖生长而采取的季节性禁捕措施，自 1995 年全面实施。实施过程中，渔业主管部门根据我国海洋渔业资源状况、保护管理和生态文明建设需要，多次对休渔制度进行调整完善。休渔范围、时间和作业类型不断扩大，目前海洋伏季休渔制度覆盖沿海 11 个省（区、市）和香港、澳门特别行政区，休渔时间为三个半月到四个半月。2020 年，拖网、张网作业的休渔时间为 5 月 1 日 12 时至 9 月 16 日 12 时，拖网、张网之外的其他所有作业类型的休渔时间为 5 月 1 日 12 时至 8 月 1 日 12 时。

（二）海洋生态环境保护制度

1. 海洋倾废管理制度

为严格控制向海洋倾倒废弃物，防止污染损害海洋环境，《中华人民共和国海洋倾废管理条例》建立了海洋倾废管理制度。需要向海洋倾倒废弃物的单位，应事先向主管部门提出申请，按规定的格式填报倾倒废弃物申请书，并附报废弃物特性和成分检验单。主管部门在接到申请书之日起两个月内予以审批，对同意倾倒者应发给废弃物倾倒许可证。任何单位和船舶、航空器、平台及其他载运工具，未依法经主管部门批准，不得向海洋倾倒废弃物。该条例规定，外国的废弃物不得运至中国管辖海域进行倾倒，包括弃置船舶、航空器、平台和其他海上人工构造物。在中国管辖海域以外倾倒废弃物，造成中国管辖海域污染损害的，主管部门可责令其限期治理，支付清除污染费，向受害方赔偿由此所造成的损失。[②]

---

① 《农业部关于进一步加强国内渔船管控 实施海洋渔业资源总量管理的通知》（农渔发〔2017〕2 号），农业农村部，http://www.moa.gov.cn/govpublic/YYJ/201701/t20170120_5460583.htm，2021 年 3 月 2 日登录。

② 《中华人民共和国海洋倾废管理条例》，1985 年 3 月 6 日国务院发布，2011 年第 1 次修订，2017 年第 2 次修订。

2. 重点海域排污总量控制制度

国家建立并实施重点海域排污总量控制制度，确定主要污染物排海总量控制指标，并对主要污染源分配排放控制数量。党和国家高度重视总量控制工作，《中共中央 国务院关于加快推进生态文明建设的意见》明确提出，"严格控制陆源污染物排海总量，建立并实施重点海域排污总量控制制度"。2018年1月，国家海洋局印发《关于率先在渤海等重点海域建立实施排污总量控制制度的意见》，配套印发《重点海域排污总量控制技术指南》，推动排污总量控制制度率先在渤海等污染问题突出、前期工作基础较好以及开展"湾长制"试点的重点海域实施，逐步在全国沿海全面实施。

（三）自然资源领域中央与地方财政事权和支出责任

为充分发挥中央和地方两个体制机制的积极性，优化政府间事权和财权划分，形成稳定的各级政府事权、支出责任和财力相适应的制度，促进自然资源的保护和合理利用，国务院办公厅于2020年6月印发《自然资源领域中央与地方财政事权和支出责任划分改革方案》。该方案从自然资源调查监测、自然资源产权管理、国土空间规划和用途管制、生态保护修复、自然资源安全、自然资源领域灾害防治等方面划分自然资源领域中央与地方财政事权和支出责任。该方案要求，要将适宜由地方更高一级政府承担的自然资源领域基本公共服务支出责任上移，避免基层政府承担过多支出责任。[①]

在自然资源调查监测方面，海域的基础性地质调查、海洋科学调查和勘测等事项，确认为中央财政事权，由中央承担支出责任。海域海岛调查、海洋生态预警监测等事项，确认为中央与地方共同财政事权，由中央与地方共同承担支出责任。

在自然资源产权管理方面，海洋经济发展和运行监测，确认为中央与地方共同财政事权，由中央与地方共同承担支出责任。

在国土空间规划和用途管制方面，各类海域保护线的划定，资源环境承载能力和国土空间开发适宜性评价等事项，确认为中央与地方共同财政事权，由中央与地方共同承担支出责任。

在生态保护修复方面，对生态安全具有重要保障作用、生态受益范围较广的海域海岸带和海岛修复，确认为中央与地方共同财政事权，由中央与地方共同承担支出责任。将生态受益范围地域性较强的海域海岸带和海岛修复、地方各级自然保护地建设与管理，确认为地方财政事权，由地方承担支出责任。

[①] 《国务院办公厅关于印发自然资源领域中央与地方财政事权和支出责任划分改革方案的通知》（国办发〔2020〕19号），中国政府网，http://www.gov.cn/zhengce/content/2020-07/10/content_5525614.htm，2020年11月26日登录。

在自然资源安全方面，将深远海和极地生态预警监测，中央政府直接行使所有权的海域、无居民海岛保护监管，海洋权益维护，自然资源领域国际合作和履约，公海、国际海底和极地相关国际事务管理等，确认为中央财政事权，由中央承担支出责任。中央政府委托地方政府代理行使所有权的海域、无居民海岛保护监管，确认为中央与地方共同财政事权，由中央与地方共同承担支出责任。

在自然资源领域灾害防治方面，我国管辖海域的海洋观测预报，国家全球海洋立体观测网的建设和运行维护，全球海平面变化及影响评估，参与重大海洋灾害应急处置等事项，确认为中央财政事权，由中央承担支出责任。地方行政区域毗邻海域的海洋观测预报、灾害预防、风险评估、隐患排查治理等，确认为地方财政事权，由地方承担支出责任。

二、中国的海洋管理实践

2020年，国家有关部门和沿海省（区、市）积极践行五大发展理念，促进海洋资源节约集约利用，加强海洋生态环境保护修复，积极助力海洋经济发展，扎实开展海洋观测监测和调查、海洋灾害预警报和防灾减灾等工作。

（一）海洋经济发展

1. 积极推动海洋经济复工复产

为推动海洋经济从新冠肺炎疫情影响中尽快复苏，山东等沿海省份出台支持政策，从加快行政审批、加快渔业补贴资金发放速度等多个方面做好海洋资源要素保障。山东省出台10条措施，统筹推进疫情防控和海洋经济发展，明确加快推进重大项目用海手续审批等服务工作。天津市支持稻渔综合种养、工厂化养殖循环水设备维护、远洋渔业企业运回自捕水产品。浙江省实施渔业企业缓缴渔业资源增殖保护费等政策并加快渔业补贴资金发放速度，建立了包含599家企业的全省水产企业保供名录，借力媒体渠道，促进产销对接。福建省海洋与渔业局出台应对疫情促进海洋与渔业持续发展十条措施，加大省级海洋产业发展示范县产业项目扶持力度，优化政务服务工作，加大渔业渔民风险保障力度。广西壮族自治区海洋局全力做好海洋资源要素保障，缓解涉海企业资金压力。①

---

① 鄂歆奕：《复工复产，海洋经济发展按下"快进键"》，载《中国自然资源报》，2020年5月6日。

2. 组织海砂资源市场化出让

砂石资源是重要国有自然资源，对基础设施建设和经济社会发展具有重要支撑和保障作用。为加强海砂开采用海监督管理，自然资源部于 2019 年印发《关于实施海砂采矿权和海域使用权"两权合一"招拍挂出让的通知》，通过委托的形式向全部沿海省份下放海砂开采"招拍挂"权限，同时要求"加强海砂开采事中事后监管"。为缓解海砂资源供应紧张局面，保障重大项目建设用砂需求，2020 年 5 月，广东省自然资源厅印发《广东省海砂开采三年行动计划（2020—2022 年）的通知》，提出自 2020 年起连续 3 年组织海砂资源市场化出让，每年向市场投放约 10 片海域 6000 万~7000 万立方米的海砂资源。该行动计划根据广东省海砂资源的分布情况，结合全省建设用砂需求，以保障国家重大项目海砂供应为重点，明确海砂开采年度目标、开采计划及任务分工，加强对沿海各市海砂开采海域使用权和采矿权打包市场化出让工作的指导。

3. 举办"2020 中国海洋经济博览会"

10 月 15 日，"2020 中国海洋经济博览会"（以下简称"海博会"）在深圳举行。海博会以习近平总书记致"2019 中国海洋经济博览会"贺信精神为指导，以"开放合作、共赢共享"为主题，自然资源部部长、国家自然资源总督察陆昊出席开幕式，自然资源部副部长、国家海洋局局长王宏和广东省人民政府副省长覃伟中分别致辞。海博会推出展会、系列论坛和多场投资洽谈等配套活动，得到政府部门、国内外涉海企业和学术界的广泛支持和关注。为克服新冠肺炎疫情影响，海博会还积极依托 VR、5G 等新兴技术，开启"云观展""云论坛""云展览"等线上通道。608 家国内外海洋领域龙头企业参展，展览面积达 6 万平方米，较 2019 年增加 63%；论坛数量 18 个，较 2019 年增加 50%，充分展现出海洋经济在新冠肺炎疫情挑战下所具有的强大发展韧性和潜力。[1]

（二）海岸带保护利用

滨海湿地具有重要生态功能，是近海生物重要栖息繁殖地和鸟类迁徙中转站。为加强滨海湿地保护，国务院于 2018 年 7 月印发《国务院关于加强滨海湿地保护 严格管控围填海的通知》，明确"除国家重大战略项目外，全面停止新增围填海项目审批"。党的十九届四中全会决定，除国家重大项目外，全面禁止围填海。2020 年 5 月，国家发展改革委印发《关于明确涉及围填海的国家重大项目范围的通知》（发改投资

---

[1]　孙安然、赵宁：《2020 中国海洋经济博览会在深圳举行》，载《中国自然资源报》，2020 年 10 月 17 日。

〔2020〕740 号），进一步明确涉及新增围填海的国家重大项目范围。

1. 坚持严格监管违法用海用岛

2020 年，各级自然资源主管部门继续坚持"早发现、早制止、严查处"，及时发现制止违法用海用岛的苗头倾向，移交涉嫌违法案件，坚决将违法用海用岛消除在萌芽状态。全国范围内未出现大规模违法用海用岛现象，发现并制止涉嫌违法填海 12处，涉及海域面积约 3.02 公顷；发现并制止涉嫌违法构筑物用海 95 处，涉及海域面积约 31.78 公顷；发现并制止涉嫌违法用岛 17 处，面积约 3 公顷。[①]

2. 加大围填海整治力度

2020 年，有关部门继续加大围填海项目整治力度。为全面贯彻落实党中央、国务院关于生态环境保护督察的决策部署，切实加大生态文明建设和生态环境保护工作力度，2020 年 10 月，海南省政府根据中央第三生态环境保护督察组督察报告有关要求，制订督察报告整改方案，决定拆除整治万宁日月湾人工岛月岛和海口葫芦岛等填海人工岛项目。[②] 海口市葫芦岛项目位于海口湾东部浅滩内，是海口市为充分开发利用热带滨海旅游资源，增强海口滨海旅游吸引力，于 2008 年提出的围填海造地项目，建造小型离岸人工岛屿，计划用于建设大剧院和海口湾标志性建筑——灯塔酒店。葫芦岛填海项目于 2011 年 9 月竣工验收后，截至 2020 年 9 月未进行二级开发。海口市生态环境局于 2020 年 10 月 14 日发布的《关于拟批准海口市葫芦岛项目重点整治工程环境影响报告书的公示》显示，整治工程将整体拆除葫芦岛（南北宽 471 米，东西长 994 米），总面积约 450 亩[③]，拆除至 −2.0 米标高，拆除土石方量 248 万立方米。拆除工程总投资 1.56 亿元，施工期约 8 个月。[④] 另外，广东省海洋综合执法总队办结广东惠州平海电厂超范围填海案，涉及超批准范围填海面积 16.39 公顷、罚款 1.72 亿元人民币。[⑤]

---

① 刘诗瑶：《自然资源部通报涉嫌违法用海用岛情况》，自然资源部，2021 年 2 月 9 日，http：//www. mnr. gov. cn/dt/mtsy/202102/t20210209_2611611. html，2021 年 4 月 2 日登录。

② 《海南省贯彻落实中央第三生态环境保护督察组督察报告整改方案》，海南省人民政府，2020 年 10 月 19 日，http：//www. hainan. gov. cn/hainan/5309/202010/7ad2123a1fa542759fbd798a27160f48. shtml，2020 年 11 月 12 日登录。

③ 亩为非法定计量单位，1 亩 ≈ 666.7 平方米。

④ 《关于拟批准海口市葫芦岛项目重点整治工程环境影响报告书的公示》，海口市生态环境局，2020 年 10 月 14 日，http：//sthb. haikou. gov. cn/xxgk/hpsp/sp/5ca1c6a4_a8e4_422a_b1b8_a5dea0cd8aa3. aspx，2020 年 11 月 12 日登录。

⑤ 《广东惠州平海电厂超范围填海被罚 1.72 亿元案办结》，中国新闻网，2020 年 4 月 2 日，http：//www. chinanews. com/sh/2020/04-02/9145601. shtml，2020 年 4 月 7 日登录。

3. 探索海岸线保护利用新路径

2020 年 4 月，广东省起草《广东省海岸线使用占补制度实施意见（试行）》，并向公众征求意见。该实施意见提出，拟全面实施海岸线占补制度和海岸线有偿使用制度。该制度主要内容包括：大陆自然岸线保有率低于或等于 35% 的地级以上市，项目建设需使用大陆海岸线和海岛岸线（以下简称"岸线"）的，按照占用自然岸线 1∶1.5 的比例、占用人工岸线 1∶0.8 的比例整治修复岸线，形成具有自然海岸形态特征和生态功能的岸线；实行多样化岸线占补模式。整治修复岸线可采取项目就地修复、本地市修复、跨地市修复等模式。[①]

（三）海域海岛保护利用

1. 探索海域使用权立体分层设权

为促进空间合理开发利用，国家和地方探索设立海域分层使用权。2020 年 10 月 11 日，中共中央办公厅、国务院办公厅印发《深圳建设中国特色社会主义先行示范区综合改革试点实施方案（2020—2025 年）》，支持深圳先行先试探索海域使用权立体分层设权。2019 年 4 月发布的《关于统筹推进自然资源资产产权制度改革的指导意见》，首次从中央层面提出"探索海域使用权立体分层设权"。此前，原国家海洋局于 2016 年 10 月印发《关于进一步规范海上风电用海管理的意见》，提出"鼓励实施海上风电项目与其他开发利用活动使用海域的分层立体开发，最大限度发挥海域资源效益。海上风电项目海底电缆穿越其他开发利用活动海域时，在符合《海底电缆管道保护规定》且利益相关者协调一致的前提下，可以探索分层确权管理，海底电缆应适当增加埋深，避免用海活动的相互影响"。上述政策文件肯定了海域空间管理从"平面化"向"立体化"转变的思路，有望带来整个海洋空间管理制度体系的调整与变革。[②]

2. 调整海域使用金征收标准

为科学划分海域级别、合理调整海域和海岛使用金、充分体现海洋资源的自然空间区域价值差异，2020 年 7 月，辽宁省根据《关于调整海域、无居民海岛使用金征收标准的通知》（2018 年印发）等相关要求印发通知，实施《辽宁省（除大连外）海域

---

① 《广东省海岸线使用占补制度实施意见（试行）发布》，海洋网，2020 年 4 月 26 日，http：//www.hellosea.net/News/7/75147.html，2020 年 11 月 26 日登录。

② 李彦平、李晨钰、刘大海：《海域立体分层使用的现实困境与制度完善》，载《海洋开发与管理》，2020 年第 9 期，第 3-8 页。

使用金征收标准》《辽宁省无居民海岛使用金征收标准》《辽宁省（除大连外）海域级别图》，对所管辖海域和无居民海岛（不含大连）进行定级，制定征收标准。本次海域使用金调整本着政策引导、生态用海，遵循规律、科学评估，综合平衡、调整适度的原则，坚持海域使用与资源环境承载能力相匹配，充分考虑海洋资源开发与生态环境保护管控要求，通过价格杠杆引导海域使用布局和结构调整，促进海域资源合理开发和可持续利用。调整后与国家标准相比，辽宁省13类用海方式所使用的Ⅰ级海域增幅在4.5%~6%，提高了用海生态门槛；Ⅱ级海域执行国家标准，增幅为零，不进行海域定级的10类用海方式的用海增幅为零，总体增幅为1.38%，与该省经济发展水平和需求相当。养殖用海征收标准由沿海市根据当地实际情况自行制定；无居民海岛使用金征收标准与国家标准一致。①

3. 开展海域自然资源统一确权登记试点工作

海域、无居民海岛确权登记是自然资源统一确权登记工作的重要内容。2020年，自然资源部办公厅印发实施《2020年度海域自然资源统一确权登记试点实施方案》。同年11月，海域、无居民海岛自然资源统一确权登记试点工作部署研讨会召开，标志着我国海域、无居民海岛自然资源统一确权登记试点工作启动。

（四）海洋渔业管理

1. 加强远洋渔业监督管理

为更好适应远洋渔业形势变化和要求，可持续利用海洋渔业资源，进一步加强远洋渔业监督管理，会同国际社会严厉打击非法、不报告和不受管制（IUU）渔业活动，农业农村部于2020年4月起实施新版《远洋渔业管理规定》（以下简称《规定》）。《规定》的主要修改体现在接轨国际管理规则、强化涉外安全管理、加大违规处罚力度等方面。《规定》明确禁止使用IUU渔船从事远洋渔业生产，禁止远洋渔船从事IUU渔业活动，禁止外国籍IUU渔船进入我国港口，充分体现我国打击IUU渔业活动的坚定立场。② 自2020年起，我国在西南大西洋、东太平洋等中国远洋渔船集中作业的重点渔场，实行公海鱿鱼渔业自主休渔。我国主动提出并自主实施休渔，是积极参与全球海洋治理、加强对本国渔船公海渔业活动监管的重要体现，对加强公海鱿鱼资源的

---

① 刘佳：《辽宁调整海域及无居民海岛使用金征收标准》，载《辽宁日报》，2020年7月29日。
② 《远洋渔业管理规定》，中华人民共和国农业农村部令，2020年第2号。

科学养护、促进鱿鱼资源长期可持续利用和我国远洋渔业可持续发展具有重要意义。[①]

2. 稳定周边渔业生产秩序

2020 年，有关部门继续加强涉外渔船管控，加强与韩国和越南等周边国家渔业交流合作，妥善应对和处置渔业纠纷，稳定周边渔业生产秩序。2020 年下半年，中韩渔业联合委员会第二十届年会以视频会议形式召开。双方就 2021 年两国专属经济区管理水域对方入渔安排、维护海上作业秩序以及渔业资源养护等重要问题进行深入磋商，最终达成共识并签署会议纪要。根据纪要，2021 年，双方各自许可对方国进入本国专属经济区管理水域作业的渔船数和捕捞配额基本维持稳定。双方将加强协定水域渔业生产监管，推动暂定措施水域资源养护和评估，开展海洋垃圾防治的交流与合作。[②] 辽宁省等沿海省市通过专项执法行动等措施，加强双边执法合作，严厉打击侵渔和非法捕捞、越界捕捞行为。辽宁省全年开展涉外渔业专项执法行动，加大与海警等部门的合作力度，加强源头治理和港口管理，强化涉朝、涉韩作业渔船管理，严查无证生产和越界捕捞等违法违规行为。2020 年年初，江苏省连云港市利用船位监控平台实施全天候监控海上渔船，发现靠近或未经许可进入韩国专属经济区管理水域作业的渔船，立即采取有效措施召回，严防违规越界捕捞生产。《中越北部湾渔业合作协定》于 2019 年 6 月 30 日到期。根据 2019 年 6 月 5 日中越发表的《〈中越北部湾渔业合作协定〉实施十五周年总结会联合声明》，在新的协议达成之前，双方继续执行该协定关于北部湾共同渔区渔船作业规模和管理机制的规定，有效期截至 2020 年 6 月 30 日。[③]

3. 积极开展深远海绿色养殖试验示范

2020 年 8 月 18 日，农业农村部渔业渔政管理局批复山东省青岛市建设全国首个国家深远海绿色养殖试验区。试验区位于南黄海海域，共分甲、乙两个区域，总面积553.6 平方千米，将重点以深远海大型智能化养殖渔场为载体，探索在深远海养殖重要领域和关键环节形成可复制、可推广的经验模式。青岛在开拓深远海养殖领域具有较好基础，建设了我国首个集远海养殖、能源供应、智能管护等功能于一体的大型智能网箱"深蓝 1 号"，实现年产优质海水鱼 1500 吨。目前，正积极推进全国首艘 10 万吨

---

① 《农业农村部关于加强公海鱿鱼资源养护促进我国远洋渔业可持续发展的通知》（农渔发〔2020〕16 号），中国政府网，http://www.gov.cn/zhengce/zhengceku/2020-06/03/content_5516936.htm，2020 年 12 月 31 日登录。

② 《中韩渔业联合委员会第二十届年会召开》，农业农村部，2020 年 11 月 9 日，http://www.moa.gov.cn/xw/zwdt/202011/t20201109_6356019.htm，2021 年 1 月 5 日登录。

③ 《农业农村部办公厅关于做好 2019—2020 年度北部湾共同渔区渔船作业安排的通知》，农业农村部，2020 年 1 月 10 日，http://www.moa.gov.cn/nybgb/2019/201911/202001/t20200110_6334731.htm，2020 年 12 月 31 日登录。

级智慧渔业大型移动式养殖工船建设,以远海优良水源培育高质名优海水鱼,预计建成后可年产大黄鱼等鱼类 3200 吨。

(五) 海洋生态环境保护修复

1. 科学布局全国海岸带生态保护和修复工作

2020 年 5 月,为科学布局全国重要生态系统保护和修复重大工程,优化生态安全屏障体系,国家发展改革委和自然资源部会同科技部、财政部、生态环境部等有关部门,编制发布《全国重要生态系统保护和修复重大工程总体规划 (2021—2035 年)》(以下简称《总体规划》)。《总体规划》提出到 2035 年推进森林、草原、荒漠、河流、湖泊、湿地、海洋等自然生态系统保护和修复工作的主要目标,以及统筹山水林田湖草一体化保护和修复的总体布局、重点任务、重大工程和政策举措。《总体规划》提出海岸带生态保护和修复重大工程,要求推进"蓝色海湾"整治,开展退围还海还滩、岸线岸滩修复、河口海湾生态修复、红树林、珊瑚礁、柽柳等典型海洋生态系统保护修复。"海岸带生态保护和修复重大工程"具体包括:粤港澳大湾区生物多样性保护、海南岛重要生态系统保护和修复、黄渤海生态保护和修复、长江三角洲重要河口区生态保护和修复、海峡西岸重点海湾河口生态保护和修复,以及北部湾滨海湿地生态系统保护和修复六项工程。[1]

2. 发布实施 21 项海岸带保护修复工程技术标准

为贯彻落实习近平总书记 2018 年 10 月在中央财经委员会第三次会议上关于大力提高我国自然灾害防治能力的重要指示精神,强化海岸带保护修复工程技术工作基础,填补现有海堤生态化、海岸带典型生态系统防潮御浪减灾功能评估等技术空白,规范海岸带生态系统调查评估、生态减灾修复、监管监测等技术环节,自然资源部推动海岸带保护修复工程技术标准体系建设,组织编制并发布实施 21 项技术标准。该标准中包括 10 项生态系统现状调查和评估技术方法、10 项生态系统修复技术方法和 1 项项目监管监测技术方法。[2]

---

[1] 《国家发展改革委 自然资源部关于印发〈全国重要生态系统保护和修复重大工程总体规划 (2021—2035 年)〉的通知》(发改农经〔2020〕837 号),自然资源部,http://gi.mnr.gov.cn/202006/t20200611_2525741.html,2021 年 1 月 9 日登录。

[2] 《21 项海岸带保护修复工程技术标准正式发布实施》,海洋网,2020 年 8 月 7 日,http://www.hellosea.net/News/10/2020-08-07/77691.html,2020 年 11 月 20 日登录。

（六）海洋防灾减灾

国家和地方自然资源（海洋）管理部门建立了海洋观测预报和防灾减灾体系，扎实开展海洋观测监测和调查、海洋灾害预警报和防灾减灾等工作。经过多年发展，已初步建成手段多样、范围和规模适当的全球海洋立体观测网，基本实现了对我国管辖海域海洋水文气象、生态等要素长期、连续、实时业务化观测，海洋观测范围已从我国管辖海域逐步向全球大洋和极地拓展。针对风暴潮、海冰、海浪、海洋生态灾害等形成了较成熟的预警预报业务体系，及时、准确发布海洋灾害预警报。高度关注海洋缺氧、酸化等与气候变化相关的问题，针对长江口、珠江口等典型缺氧区域开展定期监测。开展海洋灾情调查、海平面变化影响调查评估，每年发布《中国海洋灾害公报》和《中国海平面公报》。[①]

（七）海洋督察

海洋督察指有关部门根据中央授权，对地方政府落实党中央、国务院关于海洋的重大方针政策、决策部署及法律法规执行情况进行督察，是自然资源督察的重要组成。国家在自然资源部设立自然资源总督察办公室，负责完善国家自然资源督察制度，拟订自然资源督察相关政策和工作规则，并根据授权，承担对自然资源和国土空间规划等法律法规执行情况的监督检查工作。自然资源部海区局设立海洋督察室，根据国家自然资源总督察的统一部署、国家自然资源总督察办公室的统筹协调，对海区内地方政府执行党中央、国务院关于海洋自然资源和国土空间规划重大方针政策、决策部署及法律法规的情况进行督察。

2020 年 8 月，为检查海南省 2017 年国家海洋督察整改情况，巩固国家海洋督察成效，促进海南生态文明建设，自然资源部开展国家海洋督察海南省整改情况专项督察。专项督察的主要任务包括：对照党中央新发展理念，立足自然资源"两统一"职责，深入检查海南省在海洋领域的贯彻落实情况；对照 2017 年国家海洋督察围填海专项督察指出的问题和海南省的整改方案，深入检查海南省整改落实情况。[②] 专项督察对于促进海南省海洋治理体系和治理能力现代化，守住自由贸易港生态底线，贯彻落实习近平生态文明思想具有重要意义。

---

① 《关于政协十三届全国委员会第三次会议第 0861 号（资源环境类 081 号）提案答复的函》，（自然资协提复字〔2020〕58 号）自然资源部，http://gi.mnr.gov.cn/202010/t20201030_2580744.html，2020 年 11 月 24 日登录。

② 《国家海洋督察海南省整改情况专项督察召开动员会》，自然资源部，2020 年 8 月 20 日，http://www.mnr.gov.cn/dt/ywbb/202008/t20200820_2543745.html，2020 年 8 月 20 日登录。

三、海洋执法

海洋执法是维护海洋资源开发秩序，保护海洋生态环境和维护国家海洋权益的有效方式和重要保障。2020年，中国海洋执法队伍加强执法能力建设，严格执法责任，加强与相关部门的统筹协调，维护国家各项海洋利益和权益。

（一）国家涉海执法队伍

1. 中国海警

中国海警隶属于中国人民武装警察部队，统一履行海上维权执法职责。目前，在沿海地区按照行政区划和任务区域，编设了相关海区分局和直属局，按属地和辖区设置省级海警局、市级海警局和海警工作站。根据2021年1月22日通过的《中华人民共和国海警法》，中国人民武装警察部队海警部队即海警机构，在中华人民共和国管辖海域及其上空开展海上维权执法活动，统一履行海上维权执法职责。海警机构的基本任务是开展海上安全保卫，维护海上治安秩序，打击海上走私、偷渡，在职责范围内对海洋资源开发利用、海洋生态环境保护、海洋渔业生产作业等活动进行监督检查，预防、制止和惩治海上违法犯罪活动。[1]

2020年，多地中国海警机构与相关部门建立执法协作机制，进一步深化海上执法力量协作配合，提高海上综合执法能力。海警机构与公检法机关和海关、渔政、海事、烟草等部门建立了执法协作配合机制，印发了与公安部、自然资源部、生态环境部、农业农村部、交通运输部、海关总署的协作配合办法。中国海警联合最高人民法院、最高人民检察院印发《关于海上刑事案件管辖等有关问题的通知》，明确执法办案职责分工，建立刑事案件管辖与诉讼衔接机制。加快推动与地方涉海部门、检法机关建立协作配合机制，如威海海警局与威海海事局签订执法协作协议，防城港海警局与广西烟草打私总队签订《联合打击烟草走私协作机制》；温州海警局与温州海事局共同签订《温州海事局、温州海警局执法协作机制》等。[2]

---

① 《（受权发布）中华人民共和国海警法》，新华网，2021年1月23日，http：//www.xinhuanet.com/politics/2021-01/23/c_1127015293.htm，2021年1月24日登录。

② 《执法协作丨深化协作配合 全面提升依法治海能力》，中国海警局官方微博，2020年5月4日，https：//weibo.com/ttarticle/p/show? id=2309404500947370901581，2020年11月20日登录。

2. 中国海事

中国海事是海上交通执法监督队伍，履行水上交通安全监督管理、船舶及相关水上设施检验和登记、防止船舶污染和航海保障等执法职责。具体职责主要包括：负责统一管理水上交通安全和防止船舶污染，调查、处理水上交通事故、船舶污染事故及水上交通违法案件；负责外籍船舶出入境及在中国港口、水域的监督管理；负责船舶载运危险及其他货物的安全监督；负责禁航区、航道（路）、交通管制区、锚地和安全作业区等水域的划定；管理和发布全国航行警（通）告，办理国际航行警告系统中国国家协调人的工作；审批外国籍船舶临时进入中国非开放水域；管理沿海航标、无线电导航和水上安全通信；组织实施国际海事条约等。

2020 年 9 月 29 日，具有世界领先水平的万吨级海事巡逻船"海巡 09"轮，在广州成功下水。该轮集海事巡航和救助于一体，具备深远海综合指挥能力，将成为我国海上重要的巡航执法、应急协调指挥、海上防污染指挥动态执法平台，将在提升我国海事监管装备水平、保障海上交通安全和保护海洋环境等方面发挥重要作用。

（二）海洋执法活动

1. 开展定期维权巡航执法

2020 年，中国海警履行维护国家海洋权益职责，在我国管辖海域实施定期维权巡航执法，包括在钓鱼岛海域持续开展常态化维权巡航。有关资料显示，中国海警编队全年进入钓鱼岛领海范围内巡航 14 次。

表 2-1　2020 年中国海警进入钓鱼岛领海内巡航执法统计[①]

序号	时间	巡航编队
1	1 月 14 日	中国海警 2502 舰艇编队
2	2 月 5 日	中国海警 2501 舰艇编队

---

① 根据中国海警局官方微博公开发布的信息整理。

序号	时间	巡航编队
3	2月13日	中国海警2501舰艇编队
4	3月20日	中国海警2502舰艇编队
5	4月8日	中国海警2502舰艇编队
6	4月17日	中国海警2501舰艇编队
7	5月8日	中国海警2501舰艇编队
8	6月8日	中国海警1302舰艇编队
9	6月22日	中国海警2502舰艇编队
10	7月14日	中国海警2502舰艇编队
11	8月9日	中国海警1302舰艇编队
12	8月17日	中国海警2301舰艇编队
13	11月6日	中国海警2301舰艇编队
14	12月9日	中国海警2502舰艇编队

2. 查处越南渔船在中国西沙群岛海域的侵渔活动

2020年4月2日凌晨，越渔船QNG90617TS号非法进入中国西沙群岛海域进行侵渔活动，中国海警4301舰依法对其进行警告驱离。越渔船拒不驶离，并多次做出危险动作，撞到海警4301舰后沉没，全部8名船员被中国海警救起。越渔船船员对非法进入中国管辖海域作业和实施危险驾驶行为供认不讳。中国海警局通过中越海警联络窗口向越方通报，并提出严正交涉，现场将越沉没渔船上的8名人员移交越方，将其驱离西沙毗连区。①

3. 海洋生态环境保护专项执法行动

2020年，中国海警局会同自然资源部、生态环境部、交通运输部联合开展"碧海""海盾"等海洋生态环境保护专项执法行动。近年来，我国加快推进海洋生态文明

---

① 中国海警局官方微博，2020年4月3日，https：//weibo.com/6586732953/IBElLk6fr？from=page_1001066586732953_profile&wvr=6&mod=weibotime&type=comment，2020年11月26日登录。

建设，加大海上执法监管力度，海洋生态环境保护取得积极成效，但盗采海砂、非法倾废、破坏湿地等问题依然比较突出。专项执法行动坚持全域覆盖、全程监管，主要围绕海洋（海岸）工程建设、海洋石油勘探开发、海洋废弃物倾倒、船舶及其有关作业活动、海砂开采运输、海洋自然保护地、陆源污染物排放、典型海洋生态系统八个领域开展全面监督管理，综合运用陆岸巡查、海上巡航和遥感监测等手段，查处破获海洋资源环境类案件900余起，严厉打击了违法犯罪活动。[1]

4. 开展"亮剑2020"海洋伏季休渔专项执法行动

自2020年5月1日起，中国海警局和农业农村部联合开展"亮剑2020"海洋伏季休渔专项执法行动。"亮剑2020"海洋伏季休渔专项执法行动，以港口渔船监管、海上巡航检查、"三无"渔船整治、涉外渔船管控、重点区域执法监管、专项捕捞行为监管六个方面为重点，综合运用源头管控、船位监控、港内巡查、海上巡航、集中打击等手段，全时管控、全域覆盖，全面加强渔船渔港监控监管，严厉打击各类违法犯罪活动。[2]

5. 开展"深海卫士2020"国际海底光缆管护专项执法行动

为进一步强化国际海底光缆管护执法工作，确保国际通信顺畅，在开展常态巡航管护的基础上，2020年4月，中国海警局开展"深海卫士2020"国际海底光缆管护专项执法行动。在专项行动中，中国海警局聚焦重点海域，科学布防、整体联动、精准打击、快查快办，及时查处在海缆保护范围内从事挖砂、钻探、打桩、抛锚、拖锚、底拖捕捞、张网作业或其他可能破坏海底光缆安全的作业行为。[3]

（三）海洋执法合作与交流

1. 中国海警舰艇首次访问菲律宾

2020年1月14日，中国海警5204舰抵达菲律宾马尼拉港，开始对菲律宾进行首次友好访问。中菲海警人员互登舰艇参观交流，并举行中菲海警海上合作联合委员会

---

① 《2020年度海洋资源环境领域海上执法典型案例》，"中国海警"公众号，2021年1月30日发布，2021年2月2日登录。

② 《中国海警局与农业农村部联合开展"亮剑2020"海洋伏季休渔专项执法行动》，中国海警局官方微博，2020年4月29日，https：//weibo.com/u/6586732953？is_all＝1，2020年11月15日登录。

③ 《中国海警局开展"深海卫士2020"国际海底光缆管护专项执法行动》，中国海警局官方微博，2020年4月24日，https：//weibo.com/u/6586732953？is_all＝1，2020年11月15日登录。

第三次会议。双方总结中菲海警海上合作联合委员会成立以来的成果和经验，商讨继续加强在打击海上跨国犯罪和海上缉毒、海上搜救、人道主义救援等重点领域的合作。此外，双方还开展了海上联合搜救及灭火演练等一系列活动。中国海警 5204 舰还向塔阿尔火山喷发受灾民众捐赠了大米、面粉、食用油、自热食品等。

2. 中越海警开展北部湾联合检查

为推动双边海上执法务实合作、共同维护北部湾渔业生产秩序，2020 年，中越海警于 4 月和 12 月开展两次北部湾联合巡航。行动中，中越海警舰船编队按既定方案和航线开展巡航，对途经该海域的两国渔船进行观察记录，对渔船民开展宣传教育，维护海上生产作业秩序。中越海警舰船编队 2020 年累计巡航 110.5 小时、航程 1008 海里，观察记录我国渔船 23 艘次、越南渔船 44 艘次。[①] 中越北部湾共同渔区渔业联合检查自 2006 年启动以来，累计开展了 20 次联合巡航行动，在促进两国海上执法机构交流合作、维护北部湾渔业生产秩序方面发挥了重要作用。

四、小结

党的十九大做出"坚持陆海统筹，加快建设海洋强国"的部署，党的十九届五中全会进一步提出"坚持陆海统筹，发展海洋经济，加快建设海洋强国"，并强调要加快构建以国内大循环为主体、国内国际双循环相互促进的新发展格局。2020 年，中国的海洋管理工作在自然资源治理体系中，以节约集约利用海洋资源、保护修复海洋生态环境为主线，坚决遏制非法围填海活动，努力破解海洋生态重大难题，推动海洋经济持续健康发展。《中华人民共和国国民经济和社会发展第十四个五年规划和 2035 年远景目标纲要》提出要"建设现代海洋产业体系""打造可持续海洋生态环境""深度参与全球海洋治理"。在新发展格局构建中，海洋必将发挥国内外资本、资源能源和贸易的纽带等重要作用，促进区域协调发展，助力实现第二个百年奋斗目标。

---

① 《中越海警开展 2020 年第一次北部湾共同渔区渔业联合检查》，中国海警局官方微博，2020 年 4 月 24 日，https：//weibo.com/u/6586732953？profile_ftype=1&is_ori=1#_0，2020 年 11 月 15 日登录。《中越海警开展北部湾海域联合巡航》，新华网，2020 年 12 月 25 日，http：//m.xinhuanet.com/2020-12/25/c_1126907335.htm，2021 年 1 月 12 日登录。

第三章　海洋空间规划

规划是某一特定领域全面长远的发展愿景，是融合多要素的，针对整体性、长期性、基本性问题的未来行动方案。国土空间规划是对一定区域国土空间开发保护在空间和时间上作出的安排，包括总体规划、详细规划和相关专项规划。国家、省、市（县）编制国土空间总体规划，各地结合实际编制乡镇国土空间规划。相关专项规划是指在特定区域（流域）、特定领域，为体现特定功能，对空间开发保护利用作出的专门安排，是涉及空间利用的专项规划。国土空间总体规划是详细规划的依据、相关专项规划的基础；相关专项规划要相互协同，并与详细规划做好衔接。① 国土空间规划是国家空间发展的指南、可持续发展的空间蓝图，是各类开发保护建设活动的基本依据。我国管辖海域是国土的重要组成，应将陆地和海洋当作一个有机整体去构建国土空间规划体系。以海岸带专项规划作为陆海统筹的切入点，探索将海洋国土融入自然资源大框架下的空间规划模式，实现陆海国土空间统筹管理的全域覆盖，是构建和完善国土空间规划体系的重要任务之一。②

一、国外海洋空间规划概况与共性特征

海洋空间规划是以生态系统方法为基础的综合性海洋管理新措施，欧洲国家广泛制定实施海洋空间规划。海洋空间规划是我国新国土空间规划体系建设的重要内容，随着国土空间规划体系全面构建并逐步完善，海洋空间规划体系建设也被提上议事日程。

（一）海洋空间规划的概念与内涵

海洋空间规划起源于国际社会建设海洋保护区的需要，是将空间规划概念应用到海洋管理中，在借鉴空间规划理论和实践经验的基础上，经过不断探索而诞生的。随着用海需求的增加，用海矛盾和海洋生态环境恶化等问题凸显，越来越多的国家开始

---

① 《中共中央 国务院关于建立国土空间规划体系并监督实施的若干意见》，中国政府网，2019年5月23日，http：//www. gov. cn/zhengce/2019-05/23/content_5394187. htm，2021年1月20日登录。
② 本章梳理总结国外海洋空间规划做法与经验，在对中国以往海洋规划进行回顾的基础上，主要针对目前国土空间规划大框架下的海洋空间规划构建工作现状进行客观描述。

关注海洋空间规划。虽然各国对海洋空间规划的界定不同，但是海洋空间规划在本质上都是分析和调整海洋区域内人类活动的公共管理过程，以期实现海洋环境的生态、经济及社会目标。

学界对空间规划的概念和内涵进行了研究探讨。20 世纪 90 年代，欧洲空间规划制度概要提出空间规划是主要由公共部门使用的影响未来活动空间分布的方法，它的目的是创造一个更合理的土地利用和功能关系的领土组织，平衡保护环境和发展两个需求，以达成社会和经济发展的总目标。空间规划是社会经济、文化和生态政策的地理表达，通过空间组织形式把分散于地理空间的资源和要素联系起来，将时间发展序列投影在地域空间上，实现人口、资源、发展和环境的整合。海洋空间规划是对海洋空间进行管理的规划，是国家或地区为平衡海洋环境和经济社会发展而对海洋空间保护和利用结构进行调整和合理布局的管理决策，是从时间与空间上合理组织人类用海活动，强调体现海洋可持续发展的理念。

海洋空间规划最初的理论依据主要是生态学相关理论，在此基础上，通过管理实践提出了空间类型管理、多目标导向管理、基于生态系统的管理等海洋空间规划理论。有研究认为，海洋空间规划以生态系统为基础对人类海洋活动进行管理，是对人类利用海洋做出的综合的、有远见的、统一的决策规划过程。海洋空间规划强调空间特性和时间过程在海域使用中的重要性，是立体式的海洋管理。通过政治法律途径，根据利用形式来分析和划分"海洋三维空间"，最终达到预期的生态、经济及社会目标。基于学者们对海洋空间规划的研究，从科学术语定义看，海洋空间规划是以动态演化着的海洋空间为基础，以探讨海域的特征和规律为依托，协调人与海洋空间之间的关系，对海洋空间的演化提出各种层次的策略，并付诸实施和进行管理的过程性活动。① 海洋空间规划旨在寻求从海洋空间上合理组织人类用海活动，突出海域多宜性和立体利用，寻求可持续发展下平衡的区域发展和健康的海洋环境，强调现实冲突的协调。

2006 年，联合国教科文组织召开了第一届海洋空间规划国际研讨会，提出"应用基于生态系统的方法制定海洋空间规划"的观点，指出海洋空间规划的基本思想是应用生态系统的方式管理和规范海洋开发行为，保护生态环境，以保障生态系统支持社会经济发展的能力，同时考虑社会、经济和生态目标，为海域利用制定战略框架。2009 年，联合国教科文组织政府间海洋学委员会（Intergovernmental Oceanographic Commission，IOC）发布了海洋空间规划的技术框架（Marine Space Planning，A Step By Step Approach）。2017 年，在法国巴黎召开的第二届海洋空间规划国际论坛确定了海洋空间

---

① 方春洪、刘堃等：《生态文明建设下海洋空间规划体系的构建研究》，载《海洋开发与管理》，2017 年第 12 期，第 89-93 页。

规划发展的路线图,得到各沿海国的积极响应。2019 年 2 月,IOC 和欧盟启动了"全球海洋空间规划"项目(MSPglobal)。这个为期三年的项目旨在优化海洋空间规划,通过设立新型全球海洋空间规划(MSP)指导方针来改善跨境和跨界合作,以避免冲突并改善人类海上活动的管理,促进跨界海洋空间规划的发展。① 跨界海洋空间规划已逐渐成为各国海洋领域合作的新趋势,"所有人都将成为'全球海洋空间规划'的最终受益者"②。2020 年 7 月,自然资源部第一海洋研究所张志卫博士当选联合国环境规划署海洋空间规划顾问,将协助东亚海协作体开展东亚 9 个成员国的海洋空间规划实施背景评估,促进国家和地区制定基于生态系统的海洋空间规划政策,提出相关行动建议。③

(二) 国外研究与实践

近年来,越来越多的国家开始关注和重视海洋空间规划,但由于自然资源禀赋及国家发展阶段不同、政治体制及行政管理体系各异,规划体系模式差异较大。随着各国海域管理实践的不断加深,海洋空间规划管理政策逐步完善并日趋成熟。

1. 欧盟

欧盟是海洋空间规划的先行者,先后制定政策、法律来推进和保障这一制度的有效实施。2007 年,欧盟成员国达成《海洋综合政策蓝皮书》,将海洋空间规划定位为"海洋地区和沿海地区持续发展的基础工具",提出"综合海洋空间规划"(Integrated Marine Space Planning,IMSP)概念。2008 年,欧盟委员会发布《海洋空间规划路线图》,以促进海洋空间规划的发展和完善。2014 年,欧盟通过"空间规划法案",旨在推进欧盟及其成员国的海洋空间规划。法案要求,成员国在制定规划时应全面考虑现有人类活动、陆地和海洋的互动以及最有效的管理方案,加强与其他成员国的协调。在欧盟的立法实践中,海洋空间规划是一个包括海洋管理资料收集、涉海利益相关者

---

① 《新"全球海洋空间规划"项目即将启动》,搜狐网,2019 年 2 月 9 日,https://www.sohu.com/a/293859837_726570,2020 年 10 月 12 日登录。

② 《全球海洋空间规划项目启动:为世界铺平可持续蓝色经济之路》,UNESCO,2019 年 2 月 14 日,https://zh.unesco.org/news/quan-qiu-hai-yang-kong-jian-gui-hua-xiang-mu-qi-dong-wei-shi-jie-pu-ping-ke-chi-xu-lan-se-jing,2021 年 2 月 2 日登录。

③ 《海洋一所科学家当选联合国环境规划署海洋空间规划顾问》,自然资源部,2020 年 7 月 21 日,http://www.mnr.gov.cn/dt/hy/202007/t20200721_2533809.html,2020 年 7 月 21 日登录。

参与协商制定，以及贯彻、实施、评估和修订等阶段的管理流程。①

欧盟各国积极推行海洋空间规划，利用海洋空间规划手段，推动本国的海洋开发利用管理工作。荷兰、比利时、德国和英国等先后完成海域利用规划和领海区划计划。为了有效实施海洋空间规划，2008 年，英国政府发布《英国海洋管理、保护与使用法》（简称《英国海洋法》）②，其中重要内容之一是为英国所有管辖海区引进新的海洋空间规划体系，并成立了"海洋管理组织"来专门负责海洋空间规划的编制。荷兰制订的"北海 2015 海洋综合管理计划"，运用了欧盟委员会倡导的海洋空间规划管理手段。

2. 美国

美国俄勒冈州从 1991 年开始编制领海区域海洋空间规划，即最初的《俄勒冈领海计划》，负责该计划制订的海洋政策咨询委员会由多方利益相关者构成，在海洋空间规划的制定过程中，充分考虑了多种利益和需求。③ 2008—2013 年，历经 5 年时间的不断完善，《俄勒冈领海计划》修订后增加了新的"第 5 部分"。目前实施的是第二代海洋空间规划，目标是保护海洋生物和重要的海洋生物栖息地，使其免受可再生能源开发可能产生的不利影响。

新英格兰地区是美国在海洋空间规划上取得最大进展的地区，在 2016 年年底前编制完成了区域海洋规划——《美国东北部海洋规划》（Northeast Ocean Plan）。这个规划范围从美国新英格兰的海岸线延伸到专属经济区（200 海里）的边界，在内容上跨越人类活动、文化资源和生态系统，将海洋资源和活动主要分为 10 种类型。《美国东北部海洋规划》制定了明确的实施框架，并配套一些细化的管理措施，覆盖数据搜集、管理措施及具体操作等全部过程。该规划的主要特点包括，更加关注海洋和沿海生态系统健康，注重政府间协调监管，加强与非政府利益相关方的协调，实行定期跟踪评估，建立东北海洋数据信息网站进行决策支持，通过基线数据评估沿海和海洋资源的空间分布和地位，重视对规划实施的监测、公众反馈和定期调整，评估人类活动对于海洋生态空间的影响。

---

① Directive 2014/89/EU of the European Parliament and of the Council of 23 July 2014 Establishing a Framework for Maritime Spatial Planning，2014-08-28，https：//eur-lex. europa. eu/legal-content/EN/TXT/？uri=uriserv：OJ. L_. 2014. 257. 01. 0135. 01. ENG%20，2020 年 12 月 30 日登录。

② 李景光、阎季惠：《英国海洋事业的新篇章——谈 2009 年〈英国海洋法〉》，载《海洋开发与管理》，2010 年 2 期，第 87-91 页。

③ 滕欣、赵奇威：《美国俄勒冈州海洋空间规划实施现状》，载《中国海洋报》，2018 年 10 月 30 日第 4 版。

3. 英国

英国首先通过立法确立海洋空间规划制度。2009 年 11 月，经由英国王室正式批准施行的《海洋与海岸带准入法》（The Marine and Coastal）确立制度、设立机构，并开展相关实践。英国利用海洋空间规划调整和分配海洋资源与空间利用，并在实施层面将海洋空间规划作为发放用海许可证的主要依据之一。

英国海洋空间规划的范围覆盖近海与远海区域，并且近海与远海规划同时进行。以英格兰东部海洋空间规划项目为例，陆地规划的边界一般延伸至平均大潮低潮线，而海洋空间规划的陆向边界是从平均大潮高潮线开始。英格兰陆地空间规划和海洋空间规划在海岸带区域存在重叠，重叠区域的规划以及具体项目审批由陆地规划机构和海洋管理机构协调合作，实施陆海统筹。

英国海洋空间规划编制所依据的主要数据和信息包括五类。第一类是海洋政策文件。《海洋政策声明》（Marine Policy Statement）是英国海洋开发利用与保护的总纲领，是所有海洋空间规划制定的依据。海洋空间规划就是将《海洋政策声明》中设定的总目标与原则、各海洋行业的发展要求，以及海洋环境保护要求在不同海域进行细化和落实。第二类数据来源于政府和学术机构对英国自然生态系统和海洋环境的研究报告以及海洋数据库，诸如 2011 年的《英国国家生态系统评估》以及 2008 年建立的海洋环境数据和信息网（MEDIN）等。第三类数据来自利益相关者，包括一些非政府机构、慈善团体、行业协会、涉海企业等，尤其是关于人类用海活动的信息数据。第四类数据来自其他政府部门和相关海洋管理机构，如英国联合自然委员会（JNCC）提供了各类海洋保护区的数据信息，英国皇家地产（CE）提供了海上风能、波浪能，以及潜在碳捕获和储存区域的相关信息数据等。第五类数据来源于与海洋相关的陆地规划文件，还必须考虑到地方规划机构已编制的管理海洋、海岸带区域或资源的相关规划。另外，还有委托其他科研机构专门为海洋空间规划的制定开展的新研究，以补充数据的空缺部分。

4. 比利时

比利时是较早编制和实施海洋空间规划的国家之一，2003 年首次编制了北海比利时部分空间规划——《北海总体计划》，规划了相关海洋活动。2012 年，比利时皇家法令规定设立咨询委员会，在北海比利时区域开展海洋空间规划。2014 年，比利时皇家法令批准了北海比利时区域海洋空间规划，这是比利时的第二轮海洋空间规划。

比利时海洋空间规划由联邦的海洋环境管理部门编制和实施。北海比利时区域海洋空间规划从环境、安全、经济、文化、社会和科学方面提出了具体目标。规划主要包括四部分内容：一是海域的空间分析，界定了比利时海域的适用法律，分析空间位置，描述比利时海域的物理特征、自然环境条件、用海活动、用海冲突概况以及开展海洋空间规划的政策背景；二是规划的愿景、目标、指标和政策选择，提出规划的整体愿景和空间结构愿景，制定了具体目标和指标，以及用海者和用海活动空间管理的政策；三是实施海洋空间规划的行动；四是海洋空间规划的图件。

比利时海洋空间规划考虑到用海活动的兼容、海陆相互作用问题，并重视利益相关者参与，将海洋空间规划的协商分为部门协商、公众协商和国际磋商三个层次，规划制定过程中，比利时与荷兰、法国、英国进行了充分的跨界协商。[①]

5. 韩国

2018 年 4 月，韩国海洋水产部颁布《韩国海洋空间规划与管理法》，对海洋空间规划的编制与实施、海洋空间的可持续利用与开发等事项进行了较为全面的规定。该法主要内容包括五部分：第一章总则，包括目的、各用语定义、基本原则、国家职责等；第二章海洋空间规划的制定，包括海洋空间基本规划的制定与公示、海洋空间管理规划的制定与公示、海洋空间管理地方委员会、与其他规划的关系、海洋空间规划的执行等；第三章海洋用途区的划分与管理，包括海洋用途区的划分，海洋空间特性评价，海洋用途区的管理，海洋空间适合性协商、协商程序、协商内容的实施等；第四章海洋空间信息管理，包括信息的收集与调查、海洋空间信息系统构建、海洋空间规划专业评估机构的指定等；第五章补则，包括促进科研项目和国际合作等内容。

根据《韩国海洋空间规划与管理法》中海洋规划管理体制，"海洋空间规划"分为"海洋空间基本规划"与"海洋空间管理规划"两类。其中：海洋空间基本规划由韩国海洋水产部负责组织编制；海洋空间管理规划由海洋水产部或沿海地方政府组织编制。韩国每 10 年制定一次海洋空间规划。规划实施 5 年后，海洋水产部开展规划实施评估，审核规划的可行性和合理性并提出修改建议。[②]

（三）国外海洋空间规划的共性特征

海洋空间规划是海洋管理的重要工具，多个沿海国已逐步形成基于各自国情、适应海洋行政管理体制的海洋空间规划体系，取得了比较丰富的成果和成功经验，表现出一些共性特征。

第一，海洋空间规划是一个具有前瞻性和指导性的管理和保护海洋资源环境的战

① 滕欣、赵奇威：《比利时海洋空间规划的进展与特点》，载《中国海洋报》，2018 年 9 月 4 日第 4 版。
② 王晶、张志卫、金银焕等：《韩国〈海洋空间规划与管理法〉概况及对我国的启示》，载《海洋开发与管理》，2019 年第 3 期，第 10—16 页。

略计划。开展海洋空间规划工作,既要注重构建海洋空间规划的理论基础,也需重视建立海洋空间规划的实施框架和技术方法。从欧盟海洋空间规划的运行来看,强调海洋空间资源的生态性、综合性、地理性、适应性、战略性、预见性及参与性,完善法律制度和政策支持,是取得成功的重要因素和保障。①

第二,信息资料是海洋空间规划编制的前提和基础。持续开展海洋科学研究与数据收集工作,通过专项研究,对已有数据和信息进行收集、整理和利用,同时建设信息平台,获取、掌握和共享最新数据,以解决海洋空间规划编制信息不足的问题。

第三,注重利益相关者参与。构建协调机制和公众参与制度,引导利益相关者和普通公众在海洋空间规划编制之初便开始参与,持续参与规划编制全过程,并在海洋空间规划实施、评估、修订与监测阶段都参与其中。

第四,重视陆海统筹。除了根据生物地理学、海洋学以及生态系统来确定海洋管理边界外,还要综合考虑社会、经济和管理等因素。同时,将已制定的陆地规划文件作为编制海洋空间规划的重要信息来源,统筹兼顾编制海洋空间规划,以避免海洋空间规划在实施过程中与其他规划出现矛盾或冲突。

二、中国海洋规划的发展

海洋规划是随着国家海洋事业和海洋经济的发展需要而逐步发展和完善起来的,在过去的几十年中,海洋功能区划、海洋主体功能区规划、海岛保护规划以及其他涉海专项规划在海洋管理中发挥了重要作用,为构建海洋空间规划体系奠定了重要基础。

(一) 海洋规划发展历程

中国海洋资源的开发利用与综合治理经历了由弱到强、由无序无度到有序有效的发展过程,海洋规划作为海洋治理的重要工具,每个制定与应用阶段都与当时的时代背景密切相关,从而具有不同的时代特点。

20世纪50—80年代末,海洋事业与海洋规划在探索中前进,海洋规划侧重于对海洋科学研究工作的安排和部署。海洋规划虽多局限于科技领域,但已纳入国家宏观管理范畴。1988年国务院机构改革,确定国家海洋局是国务院管理海洋事务的职能部门,海洋管理的内容也从过去的组织科研调查拓展到海域使用、环境保护和维护权益等多

---

① 王慧、王慧子:《欧盟海洋空间规划法制及其启示》,载《江苏大学学报(社会科学版)》,2019年第3期,第53-58页。

个领域，海洋规划开始步入快速发展轨道。①

2001 年，中国制定《中华人民共和国海域使用管理法》。海洋功能区划作为《中华人民共和国海域使用管理法》和《中华人民共和国海洋环境保护法》两部法律共同确立的一项基本制度，是中国海洋空间开发、控制和综合管理的整体性、基础性、约束性文件，成为编制地方各级海洋功能区划及各级各类涉海政策、规划，开展海域管理、海洋环境保护等海洋管理工作的重要依据。1989 年以来，已经开展了三轮海洋功能区划编制工作，建立了国家、省、市（县）三级规划体系。

21 世纪是海洋世纪，海洋政策与规划引领我国海洋事业迅速发展。2008 年国务院批准了《国家海洋事业发展规划纲要》，这是中华人民共和国成立以来制定实施的首个海洋领域总体规划。2011 年 3 月发布的《中华人民共和国国民经济和社会发展第十二个五年规划纲要》，首次以单独成章的形式提出了"推进海洋经济发展"的战略要求，海洋工作被提到国民经济和社会发展的重要位置，纳入国家宏观决策范畴。这一时期，国务院印发或批复了各类海洋专项规划和地方海洋规划，标志着海洋规划纳入了国家重点领域专项规划范畴。

党的十八大以后，海洋事业发展进入新阶段。2015 年 8 月 1 日，国务院印发了《全国海洋主体功能区规划》，作为推进形成海洋主体功能区布局的基本依据。2016 年，《中华人民共和国国民经济和社会发展第十三个五年规划纲要》将"拓展蓝色经济空间"作为推动区域协调发展的重要举措，并对海洋经济发展、海洋资源环境保护和维护海洋权益提出了明确要求。

围绕着国家"十三五"规划的总体部署，海洋领域编制出台了一系列专项规划，涉及海洋资源、海洋经济、海洋科技、海洋生态环境保护等方面，主要包括：《全国海岛保护工作"十三五"规划》《全国海洋经济发展"十三五"规划》《渔港升级改造和整治维护规划》《全国海水利用工作"十三五"规划》《海洋可再生能源发展"十三五"规划》《"十三五"全国远洋渔业发展规划（2016—2020 年）》《全国海洋生态环境保护规划（2017—2020 年）》《全国生态岛礁工程"十三五"规划》《全国海洋观测网规划（2014—2020 年）》《全国科技兴海规划（2016—2020 年）》《"十三五"海洋领域科技创新专项规划》《海洋观测预报和防灾减灾"十三五"规划》《全国海洋计量"十三五"发展规划》《全国海洋标准化"十三五"发展规划》等。这些规划规范和引领了海洋工作各领域的全面发展。同时，在《自然资源科技创新发展规划纲要》《"十三五"生物产业发展规划》等专项规划中，也对海洋领域的发展提出了明确的目

---

① 刘佳、李双建：《我国海洋规划历程及完善规划发展研究初探》，载《海洋开发与管理》，2011 年第 5 期，第 8—10 页。

标和任务要求。

为推动沿海地方经济发展和海洋资源保护，广东、山东等沿海省份积极编制和出台了相关规划，部署陆海统筹协调发展。

（二）海洋空间规划①工作基础

为协调用海矛盾，规范海域使用秩序，我国制定实施海洋主体功能区规划、海洋功能区划和海岸带保护和利用规划等，在海洋资源开发与海洋空间治理中发挥了重要作用。

目前已有的海洋空间类规划主要包括：《全国海洋主体功能区规划》《全国海洋功能区划（2011—2020年）》《全国海岛保护规划》《全国海岸带综合保护与利用规划》以及《全国沿海港口布局规划》等涉海专项规划，规划内容均涉及空间的布局与安排，均具有不同层面的法律效力。这些规划为构建新时期海洋空间规划体系奠定了相应基础。

海洋功能区划依据《中华人民共和国海域使用管理法》和《中华人民共和国海洋环境保护法》组织编制和实施，在内容上以安排海洋开发保护的空间布局为主。1989年和1998年，国家海洋行政主管部门开展了小比例尺和大比例尺海洋功能区划工作。2012年，国务院批准实施《全国海洋功能区划（2011—2020年）》，对我国管辖海域未来10年的开发利用和环境保护做出全面部署和安排，形成以维护海洋基本功能为核心思想、以海域用途管制为表现形式、以功能区管理要求为执行依据的海洋功能区划体系。

作为主体功能区规划在海洋的延伸，2015年8月1日，国务院印发了《全国海洋主体功能区规划》，该规划以县域海域空间为基本单元，确定海域主体功能，并按照主体功能定位调整完善区域政策和绩效评价，实行分类分区指导和管理，构筑科学、合理、高效的海洋国土空间开发格局。

2016年修订的《中华人民共和国海洋环境保护法》明确要求，国家在重点海洋生态功能区、生态环境敏感区和脆弱区等海域划定生态保护红线，实行严格保护。海洋生态红线是依据海洋自然属性以及资源和环境特点，划定对维护国家和区域生态安全及经济社会可持续发展具有关键作用的重要海洋生态功能区、海洋生态敏感区/脆弱区并实施严格保护，旨在为区域海洋生态保护与生态建设、优化区域开发与产业布局提供合理边界。我国已基本实现全面建立海洋生态红线制度的目标，目前，继续完善海洋生态保护红线制度，并逐步在全海域实施。

---

① 目前尚无官方发布标注为"海洋空间规划"的资料，此提法主要基于学术研究成果，仅供参考。

近年来，各类空间规划中涉海内容不断增加，如何协调各类规划的关系，构建国土空间大框架下的符合新时代要求的海洋空间规划，形成科学的海洋空间治理体系，是海洋生态文明建设和海洋强国建设面临的重大课题。

三、海洋空间规划体系的建立健全

党的十九大确定"开启全面建设社会主义现代化国家新征程"。如何构建符合时代要求的国土空间规划体系，将海洋国土融入国土空间规划体系进行整体谋划，成为当前加快建设海洋强国的一项紧迫任务。

（一）时代背景和政策依据

《生态文明体制改革总体方案》提出，要构建"以空间规划为基础……以空间治理和空间结构优化为主要内容，全国统一、相互衔接、分级管理的空间规划体系"。2018年9月20日，中央全面深化改革委员会第四次会议审议通过了《关于统一规划体系更好发挥国家发展规划战略导向作用的意见》，强调要加快统一规划体系建设，更好发挥国家发展规划的战略导向作用。2019年5月23日发布的《中共中央 国务院关于建立国土空间规划体系并监督实施的若干意见》，明确各级国土空间总体规划编制重点及审批程序。2019年7月24日，中央全面深化改革委员会第九次会议审议通过《关于在国土空间规划中统筹划定落实三条控制线的指导意见》，将三条控制线作为调整经济结构、规划产业发展、推进城镇化不可逾越的红线。同年11月5日，党的十九届四中全会通过的《中共中央关于坚持和完善中国特色社会主义制度、推进国家治理体系和治理能力现代化若干重大问题的决定》要求，"加快建立健全国土空间规划和用途统筹协调管控制度，统筹划定落实生态保护红线、永久基本农田、城镇开发边界等空间管控边界以及各类海域保护线，完善主体功能区制度"。这些纲领性文件为建立全国统一、责权清晰、科学高效的国土空间规划体系，整体谋划新时代国土空间开发保护格局提供了依据。

国土空间规划为国家发展规划落地实施提供空间保障，是国家可持续发展的空间蓝图，是各类开发保护建设活动的基本依据。建立国土空间规划体系并监督实施，将主体功能区规划、土地利用规划、城乡规划等空间规划融合为统一的国土空间规划，实现"多规合一"，强化国土空间规划对各专项规划的指导约束作用是党中央、国务院做出的重大部署。"国土空间规划"已经入法。2019年修订的《中华人民共和国土地管理法》第18条规定：经依法批准的国土空间规划是各类开发、保护、建设活动的基本依据。

　　海洋空间规划是国土空间规划体系的有机构成，在促进资源可持续利用、优化海域利用、协调解决人类利用与自然环境、使用者之间冲突上具有重要作用，对我国海洋事业发展和海洋空间治理具有指导作用。我国海洋领域各类专项规划的经验为新时期海洋空间规划体系的构建奠定了基础。未来亟须在国土空间规划思路和框架下开展海洋领域的"多规合一"工作，建立和完善符合时代要求的海洋空间规划体系。

（二）国土空间规划工作进展

　　编制实施"多规合一"的国土空间规划，是国土空间规划体系的整体重构。为落实《关于建立国土空间规划体系并监督实施的若干意见》，2019年5月28日，自然资源部印发《关于全面开展国土空间规划工作的通知》（自然资发〔2019〕87号），全面启动国土空间规划编制审批和实施管理工作，并要求各地不再新编和报批主体功能区规划、土地利用总体规划、城镇体系规划、城市（镇）总体规划、海洋功能区划等。今后工作中，主体功能区规划、土地利用总体规划、城乡规划、海洋功能区划等统称为"国土空间规划"。

　　为有序推进国土空间规划工作，自然资源部正在牵头组织编制我国第一部"多规合一"的《全国国土空间规划纲要（2020—2035年）》，作为全国国土空间保护、开发、利用、修复的政策和总纲，对全国国土空间做出全局安排。新的国土空间规划将在"多规合一"的基础上，整体谋划新时代国土空间开发保护格局，初步形成五个层次、三个类别、四个体系的总体框架，将功能区建设、土地利用规划、城乡规划、海洋功能区建设纳入新的国土空间规划。在空间规划编制内容上，实行陆海统筹，兼顾地上、地下和一切要素，体现国土空间规划编制的全面性。[1]

　　为规范市县国土空间规划编制工作，2019年10月，自然资源部正式发布《市县国土空间总体规划编制指南》，规定了市（地）级和县级国土空间总体规划的定位、任务、编制要求等主要内容。为推进省级国土空间规划编制，提高规划编制针对性、科学性和可操作性，2020年1月17日，自然资源部办公厅印发《省级国土空间规划编制指南》（试行），明确了省级国土空间规划的定位、编制原则、规划范围和期限、编制主体和程序、管控内容和要求等，为各省（区、市）规划编制提供了依据。

　　2020年5月22日，为贯彻落实党中央国务院关于建立国土空间规划体系并监督实施的重大决策部署，依法依规编制规划，自然资源部办公厅发布《关于加强国土

---

[1]　杨继生：《我国新时代国土空间规划的建设与展望》，载《城镇建设》，2019年第16期，http://www.chinaqking.com/yc/2019/1986066.html，2019年10月28日登录。

空间规划监督管理的通知》（自然资办发〔2020〕27 号）①，从规范规划编制审批、严格规划许可、健全规划全周期管理、加强干部队伍建设等方面，进一步明确和强调了国土空间规划监督管理要求，为国土空间规划相关法规出台前的过渡期做好规划监督管理提供了工作指引。该通知坚持问题导向，维护规划的严肃性和权威性态度坚决，实行终身负责制、立足长远、面向实施，强调规划工作纪律清晰明确、利于执行。②

《中共中央 国务院关于全面加强生态环境保护坚决打好污染防治攻坚战的意见》提出要坚持保护优先，落实生态保护红线、环境质量底线、资源利用上线硬约束，制定生态环境准入清单。从 2020 年 4 月起，第一批"三线一单"省（区、市）的生态环境分区管控方案陆续发布，"三线一单"积累的技术、数据和成果将成为编制国土空间规划不可或缺的基础，为各省（区、市）国土空间规划等提供重要依据。

2020 年 6 月，自然资源部办公厅印发《自然资源部 2020 年立法工作计划》，作为论证储备类项目，《国土空间规划管理办法》列入其中，以明确国土空间规划编制审批要求。该管理办法属于自然资源部部门规章，由自然资源部国土空间规划局负责起草工作。同时还有《国土空间开发保护法》，以建立统筹协调的国土空间保护、开发、利用、修复、治理等法律制度，由自然资源部法规司牵头起草。该立法工作计划还提到，自然资源部将配合立法机关推进《国土空间规划法》立法工作。③

"十四五"时期是我国推动实现第二个百年奋斗目标、全面建设美丽中国的起步阶段。各级各类"十四五"规划是国家治理体系的重要组成部分，在构建国土空间规划的同时，各相关领域的"十四五"规划编制工作也在持续推进中。

（三）海洋空间规划工作进展

近年来，在国家大政方针的引领下，围绕坚持陆海统筹，与国土空间总体规划同步推进的《全国海岸带综合保护利用规划》（海岸带专项规划）编制工作取得一定进展，积累的经验为在国土空间规划大框架下建立和完善海洋空间规划体系奠定了基础。

---

① 自然资源部办公厅：《自然资源部办公厅关于加强国土空间规划监督管理的通知》，自然资源部，2020 年 5 月 22 日，http://gi.mnr.gov.cn/202005/t20200526_2521189.html，2020 年 10 月 11 日登录。

② 杨浚：《坚决维护规划的严肃性和权威性——〈自然资源部办公厅关于加强国土空间规划监督管理的通知〉解读》，自然资源部，http://gi.mnr.gov.cn/202006/t20200605_2524965.html，2020 年 8 月 1 日登录。

③ 自然资源部办公厅：《自然资源部办公厅关于印发〈自然资源部 2020 年立法工作计划〉的通知》（自然资办函〔2020〕974 号），自然资源部，http://gi.mnr.gov.cn/202006/t20200604_2524522.html，2020 年 12 月 31 日登录。

1. 组织编制全国海岸带综合保护与利用规划

《中共中央国务院关于建立国土空间规划体系并监督实施的若干意见》明确了新时期国土空间规划的总体框架、编制要求等，并明确提出开展海岸带、自然保护地等专项规划的编制，为后续国土空间规划编制中的涉海内容指明了方向。中国沿海地区是世界上开发利用强度最大的海岸带区域之一。作为目前国土空间规划体系中的涉海专项规划，海岸带规划是海岸带地区实施国土空间用途管制的基础，是做好陆海统筹的重要抓手。

根据国土空间规划工作部署，2019 年，自然资源部牵头组织编制《全国海岸带综合保护利用规划》，并先行在浙江省开展试点。该规划重点考虑陆海统筹视角下的资源节约集约利用、生态环境保护和空间合理性的相对关系，为海岸带地区资源保护与利用、生态保护与修复、灾害防御等提供管理依据，为海岸带产业与滨海人居环境布局优化提供空间指引，为海岸带地区实施用途管制提供基础。[①]

2019 年，自然资源部将山东省确定为省级海岸带专项规划编制试点，自然资源部第一海洋研究所承担了该专项规划编制研究工作，在《山东省海岸带保护与利用规划》编制研究取得经验和进展的基础上，2020 年加快推进《山东省海岸带保护与利用规划编制导则》，探索海岸带专项规划与国土空间规划的关系。该导则是《山东省海岸带保护与利用规划》编制工作的重要先导环节，直接影响规划编制的科学性、合理性与规范性，是山东省自然资源厅督办的重点工作。[②]

按照自然资源管理对海域管理的要求，2020 年，自然资源部启动海洋"两空间内部一红线"（即海洋生态空间和海洋开发利用空间，海洋生态空间内划定海洋生态保护红线）试点工作，并在广东等省开展海洋"两空间内部一红线"试点，以推动国土空间规划体系下海洋国土空间规划及海岸带专项规划编制。山东省也积极推进海洋"两空间内部一红线"的划定工作，研究编制《青岛市海岸带及海域空间专项规划（2020—2035 年）》。

2020 年 6 月，国家发展改革委和自然资源部联合印发《全国重要生态系统保护和修复重大工程总体规划（2021—2035 年）》，该规划是推进全国重要生态系统保护和修复重大工程建设的总体设计，是编制和实施有关重大工程专项建设规划的重要依据。

---

① 《全国海岸带综合保护利用规划》，地理国情监测云平台，2019 年 11 月 6 日，http://www.dsac.cn/News/Detail/27442，2020 年 5 月 12 日登录。

② 蓝林观海：《海岸带规划最新进展！〈山东省海岸带保护与利用规划编制导则〉召开专家咨询会》，个人图书馆，2020 年 4 月 27 日，http://www.360doc.com/content/20/0427/04/33506793_908610378.shtml，2020 年 6 月 11 日登录。

海岸带是《全国重要生态系统保护和修复重大工程总体规划（2021—2035年）》布局的重点区域，"海岸带生态保护和修复重大工程建设规划"是九大专项规划之一，重点围绕海岸带生态系统保护和修复的主要对象开展七个方面的专题研究。①

目前，根据各专题研究存在的问题和不足，正进一步完善研究报告，聚焦规划需求，为保护和修复重点区域布局、规划目标的确定和重大工程布设等工作提供支撑。②

2. 构建完善海洋空间规划体系

《中共中央关于制定国民经济和社会发展第十四个五年规划和二〇三五年远景目标的建议》在"优化国土空间布局，推进区域协调发展和新型城镇化"一节中，明确提出"坚持陆海统筹，发展海洋经济，建设海洋强国"。"多规合一"和陆海统筹是我国空间规划体系改革的政策性要求。自然资源部指导和督促各地做好省级国土空间规划编制，要求省级国土空间规划编制过程中要加强陆海统筹，协调匹配陆地与海域功能。在推进全国国土空间规划纲要编制方面，要坚持以陆、海资源环境承载能力与国土空间开发适宜性评价为基础，逐级划定落实生态保护红线及各类海域保护线，研究提出陆、海生态保护红线分布建议，完善主体功能区制度，促进实现以生态优先、绿色发展为导向的高质量发展。作为推进陆海统筹的重要切入点，自然资源部加快研究编制《全国海岸带综合保护利用规划》，统筹海岸带陆海空间功能分区，优化海岸带利用空间布局，实施以生态系统为基础的海岸带综合管理，推动海岸带地区生态、社会、经济的协调发展。③

目前，我国已拥有较为扎实的海洋空间规划工作基础，包括相对完善的海洋空间规划法律法规制度保障，比较专业的海洋空间规划管理机构，较为丰富的海洋资源本底调查数据，易于推广实践的海洋空间规划技术方法以及基础雄厚的海洋专业技术人才队伍等。在"多规合一"的国土空间规划体系改革背景下，"十四五"期间海洋领域将以国家深化改革为契机，以满足人民对美好生活期盼的需求为核心，合理优化配置海域空间资源，把海洋生态红线、低碳绿色发展、以生态系统为基础的海洋综合管

---

① 《国家发展改革委 自然资源部关于印发〈全国重要生态系统保护和修复重大工程总体规划（2021—2035年）〉的通知》（发改农经〔2020〕837号），国家发展改革委，https：//www.ndrc.gov.cn/xxgk/zcfb/tz/202006/t20200611_1231112.html，2021年2月2日登录。

② 马志远、俞炜炜：《专家研讨海岸带建设规划明确问题不足聚焦规划需求》，自然资源部，2020年7月31日，http：//www.mnr.gov.cn/dt/hy/202007/t20200731_2535262.html，2020年10月21日登录。

③ 《自然资源部官方确认正构建五大"海洋体系" 关于政协十三届全国委员会第三次会议第0260号（资源环境类18号）提案答复的函》，搜狐网，2020年10月30日，https：//www.sohu.com/a/428474059_726570，2021年3月3日登录。

理等新理念、新思路、新格局融入海洋空间规划编制中。[①] 在国土空间规划体系构建中编制海洋空间规划，除了对现有各涉海规划内容以及相关法律和政策进行整合调整，还要强化规划编制、实施和监测的部门合作，不断完善海洋国土空间规划的公众参与制度，将公众与利益相关者的参与贯穿整个海洋空间规划编制和实施的过程中，同时应借助国土空间基础信息平台，建立和完善海洋自然科学和社会经济数据信息系统，并实现数据共享。

四、小结

海洋空间规划旨在更有效地组织海洋资源和海洋空间的利用，平衡海洋开发利用需求与海洋生态环境保护之间的关系。海洋空间规划是以生态系统为基础的综合性海洋管理手段，以欧洲为代表的诸多海洋国家重视制定和实施海洋空间规划。近年来，中国密集出台相关政策文件，要求"多规合一"开展国土空间规划编制和实施工作。国土空间规划体系特别强调注重陆海统筹，将陆地和海洋当作一个有机整体，以国土空间规划为基础，以海岸带专项规划作为切入点，探索将海洋国土融入自然资源大框架下的空间规划模式，实现陆海国土空间统筹管理的全域覆盖。"十四五"期间海洋空间规划的编制应以国家深化改革为契机，以满足人的需求为核心配置海域空间资源，把海洋生态红线、绿色低碳发展、以生态系统为基础的海洋综合管理等新理念、新思路、新格局融入其中。

---

① 王江涛：《我国海洋空间规划的"多规合一"对策》，载《规划改革》，2018年第4期，第24—27页。

第二部分
蓝色经济发展与科技创新

第四章 中国海洋经济

习近平总书记指出，海洋是高质量发展战略要地。"十三五"以来，各地、各部门坚持以习近平新时代中国特色社会主义思想为指导，贯彻落实党中央、国务院决策部署，共同推动我国海洋经济发展，取得积极成效。2016—2019 年，我国海洋经济规模持续扩大，海洋经济保持中高速增长，对国民经济贡献稳定。2020 年，受新冠肺炎疫情冲击和复杂国际环境的影响，我国海洋经济发展面临前所未有的挑战，海洋生产总值自 2001 年以来，首次出现负增长。在党中央的坚强领导下，沿海地方和涉海部门坚决推进海洋经济高质量发展，扎实做好海洋经济领域"六稳""六保"工作[1]，虽然海洋经济总量出现回落，但产业结构仍保持持续优化。除滨海旅游业受到疫情较大冲击，主要经济指标持续改善，绝大部分海洋产业稳步回升，表现出海洋经济发展的韧性与活力[1]，海洋经济高质量发展态势得到进一步巩固[2]。在疫情的"大考"中，面对当前国际需求乏力、风险增大的新形势，海洋经济在加快形成以国内大循环为主体、国内国际双循环相互促进的新发展格局中可发挥重要的支撑作用。

一、2020 年中国海洋经济总体发展

《2020 年中国海洋经济统计公报》显示，2020 年，全国海洋生产总值为 80 010 亿元，占沿海地区生产总值的比重为 14.9%，海洋生产总值比 2019 年下降 5.3%。其中，海洋第一产业增加值 3896 亿元，海洋第二产业增加值 26 741 亿元，海洋第三产业增加值 49 373 亿元，海洋第一、第二和第三产业增加值分别占海洋生产总值的比重为 4.9%、33.4%和 61.7%。

2020 年，我国主要海洋产业稳步恢复，全年实现增加值 29 641 亿元，除滨海旅游业和海洋盐业外，其他海洋产业均实现正增长[1]。其中，海洋电力业实现较快增长，随着国家产业政策实施和技术装备水平提高，海上风电快速发展，全年海上风电新增并

① 数据来源：《2020 年中国海洋经济统计公报》，自然资源部，2021 年 3 月 31 日，http：//gi. mnr. gov. cn/202103/t20210331_2618719. html，2021 年 4 月 2 日登录。

② 何广顺：《海洋经济稳健复苏，高质量发展态势不断巩固——〈2020 年中国海洋经济统计公报〉解读》，自然资源部，2021 年 3 月 31 日，http://www.mnr. gov. cn/dt/ywbb/202103/t20210331_2618721. html，2021 年 4 月 2 日登录。

网容量306万千瓦，比2019年增长54.5%，潮流能、波浪能等海洋新能源产业化水平持续提升[①]。2020年，海洋电力业实现增加值237亿元，较2019年增长16.2%，居领先地位；海洋化工业取得恢复性发展，烧碱等基础性海洋化工产品产量增加[①]，该产业2020年增加值为532亿元，比2019年增加8.5%，居第二位；海洋生物医药业以8%的增速紧随其后，随着国家对该产业扶持力度的加大，海洋生物医药自主研发成果不断涌现，产业保持平稳较快增长，全年实现增加值451亿元；受疫情影响，国际油价持续走低，海洋油气企业经营效益受到负面影响，为保障国家能源供应，海洋油气企业加大增储上产力度，产量逆势增长，2020年海洋油、气产量分别为5164万吨和186亿立方米，比2019年增长5.1%和14.5%[①]，海洋油气业2020年增加值为1494亿元，较2019年增长7.2%；海水利用业稳步发展，多项海水淡化工程建成投产[①]，2020年，该产业实现增加值19亿元，增幅为3.3%；随着海洋渔业转型升级进程加快，海洋捕捞得到有效控制，海水养殖业发展较快，特别是深远海大型养殖装备和水产品电子商务的应用，抵消了疫情对冷链运输的影响[①]，海洋渔业2020年实现增加值4712亿元，比2019年增加3.1%；随着国内外航运市场逐步复苏，我国海洋交通运输业呈现逐步恢复的态势[①]，该产业全年实现增加值5711亿元，较2019年增长2.2%；海洋工程建筑业、海洋矿业继续平稳发展，2020年分别实现增加值1190亿元和190亿元，较2019年分别增长1.5%和0.9%；海洋船舶工业实现恢复性增长[①]，全年增加值为1147亿元，较2019年增长0.9%；而随着盐业市场的萎缩，海洋盐田面积持续减少，海盐产量有所下降[①]，海洋盐业2020年实现增加值33亿元，比2019年减少7.2%；因受疫情影响，2020年滨海旅游业的发展受到重大冲击，滨海旅游人数锐减，邮轮旅游全面停滞[①]，滨海旅游业2020年增加值为13 924亿元，比2019年下降24.5%。

从区域发展来看，2020年，北部海洋经济圈海洋生产总值23 386亿元，较2019年名义下降5.6%，占全国海洋生产总值的比重为29.2%；东部海洋经济圈海洋生产总值25 698亿元，比2019年名义下降2.4%，占全国海洋生产总值的比重为32.1%；南部海洋经济圈海洋生产总值30 925亿元，较2019年名义下降6.8%，占全国海洋生产总值的比重为38.7%。

二、中国海洋经济发展特点

近年来，我国海洋经济一直保持良好的发展势头，已经成为国民经济特别是沿海

---

① 数据来源：《2020年中国海洋经济统计公报》，自然资源部，2021年3月31日，http://gi.mnr.gov.cn/202103/t20210331_2618719.html，2021年4月2日登录。

地区经济稳定的增长点。2016—2019 年，我国海洋经济总体规模一直保持稳步增长，增速基本维持在略高于同期国民经济增长的水平。2020 年，受新冠肺炎疫情等因素影响，我国海洋经济发展面临重大挑战，海洋经济总量下降，但部分海洋产业稳步恢复。多年来，我国海洋产业结构持续优化，海洋经济发展质量有所提升。

（一）海洋经济总体规模有所下降

海洋生产总值（GOP）是海洋经济生产总值的简称，指按市场价格计算的沿海地区常住单位在一定时期内海洋经济活动的最终成果，是海洋产业和海洋相关产业增加值之和。2020 年全国海洋生产总值为 80 010 亿元，较 2019 年下降 5.3%，海洋生产总值占国内生产总值（GDP）的比重为 7.88%，占沿海地区生产总值的比重为 14.9%。

从 2001 年起，我国海洋经济统计开始采用海洋生产总值统计口径，至 2020 年已有连续 20 年的统计数据（见图 4-1）。2001 年，我国海洋生产总值为 9518.4 亿元，2002 年突破万亿元；2006 年实现翻倍增长；2012 年海洋生产总值突破 5 万亿元；2017 年的净增量为近 16 年之最，一年实现 7917.3 亿元的增幅；2019 年我国海洋生产总值达到 20 年来最高值 89 415 亿元；2020 年因受新冠肺炎疫情等因素的影响，我国海洋生产总值出现自 2001 年以来的首次负增长，降幅为 5.3%，在我国海洋经济中占比最大的滨海旅游业受疫情冲击最大，旅游景区关停，游客锐减，该产业增加值较 2019 年下降了 24.5%，是 2020 年海洋经济总量下降的主要原因之一。[①]

20 年来，就增速而言，除个别年份（2003 年、2009 年、2020 年），全国海洋生产总值总体高于同期国内生产总值，其中 2002 年、2004 年和 2006 年三个年份海洋生产总值增速均比同期国内生产总值增速高出 5 个百分点以上，最高的 2002 年甚至高出 10.7 个百分点（见图 4-2）。由此可见，多年来海洋经济在我国总体经济中颇具活力，发展水平基本高于同期国民经济整体进程。"十二五"以来，我国海洋经济进入深度调整期，除 2020 年受新冠肺炎疫情影响有所波动，海洋生产总值增速基本与同期国内生产总值增速趋近，保持略高于国内生产总值增速水平。

（二）海洋产业结构持续优化

海洋产业结构反映海洋经济发展的进程和水平，可通过海洋生产总值的三次产业结构表达，即海洋经济的全部生产和服务活动按三次产业划分的结构比例。

[①] 何广顺：《海洋经济稳健复苏，高质量发展态势不断巩固——〈2020 年中国海洋经济统计公报〉解读》，自然资源部，2021 年 3 月 31 日，http：//www.mnr.gov.cn/dt/ywbb/202103/t20210331_2618721.html，2021 年 4 月 2 日登录。

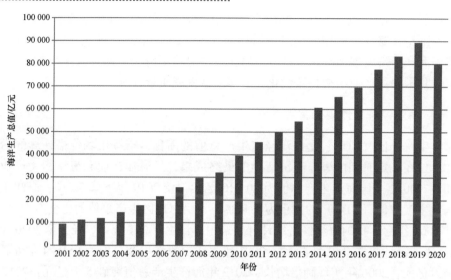

图 4-1　全国海洋生产总值（2001—2020 年）

数据来源①：《中国海洋统计年鉴》（2001—2019）、《中国海洋经济统计公报》（2001—2020）

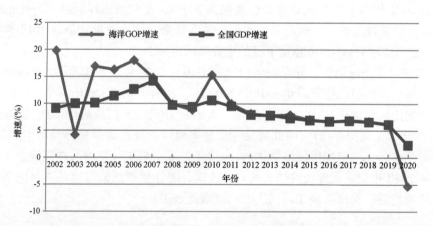

图 4-2　全国海洋生产总值与国内生产总值同比增速（2002—2020 年）

数据来源：《中国海洋统计年鉴》（2002—2019）、《中国海洋经济统计公报》（2002—2020）

　　20 年的统计数据显示，我国海洋经济结构增速均衡，发展平稳。从海洋三次产业结构来看，海洋产业结构持续调整，部分产业加快淘汰落后产能，高技术产业化进程

---

① 本节数据来源：《中国海洋统计年鉴》《中国海洋经济统计公报》，部分数据通过计算得出。

加速，结构进一步优化。

如前文所述，2020 年我国海洋第一、第二、第三产业增加值占海洋生产总值比重分别为 4.9%、33.4% 和 61.7%。其中，海洋第一产业比重较上年同期略有增加，海洋第二产业比重与上年同期相比下降 2.4 个百分点，虽然 2020 年受新冠肺炎疫情影响，滨海旅游业受到巨大冲击，但得益于新兴服务业市场需求增加等因素带动，海洋第三产业比重仍比上年同期提高 1.7 个百分点。近年来，我国海洋第一产业比重总体保持平稳；海洋第二产业比重总体呈现下降趋势；海洋第三产业比重持续上升（图 4-3 和图 4-4）。

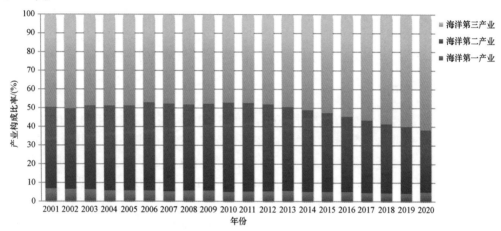

图 4-3 全国海洋生产总值三次产业构成（2001—2020 年）

数据来源：《中国海洋统计年鉴》（2001—2019）、《中国海洋经济统计公报》（2001—2020）

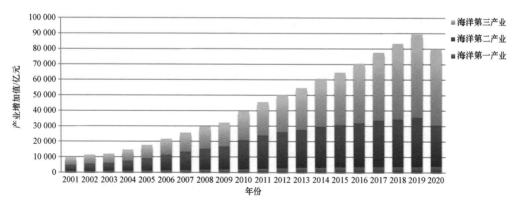

图 4-4 全国海洋生产总值三次产业增长（2001—2020 年）

数据来源：《中国海洋统计年鉴》（2001—2019）、《中国海洋经济统计公报》（2001—2020）

（三）海洋经济贡献显著

海洋经济贡献度是反映海洋经济在国民经济中地位和作用的指标，可以从两个层次表达：第一，海洋经济总贡献度，即海洋生产总值与国内生产总值的比值，这个指标用来表征海洋经济活动最终结果的总和对全国经济的贡献；第二，区域海洋经济贡献度，即海洋生产总值与沿海地区国内生产总值（GRP）的比值，用来表征海洋经济对沿海地区经济的贡献。

海洋经济的核心内容是主要海洋产业，因此，海洋产业贡献度可以更加客观真实地反映海洋经济对国民经济以及沿海地区经济的直接贡献，海洋产业贡献度也可以从两个层次表达：第一，海洋产业总体贡献度，即主要海洋产业增加值与 GDP 的比值；第二，区域海洋产业贡献度，即主要海洋产业增加值与 GRP 的比值。

1. 海洋经济贡献率

数据显示，海洋经济总贡献率由 2001 年的 8.59% 提高到 2019 年的 9.02%，2020年受新冠肺炎疫情冲击，海洋经济总贡献率回落至 7.88%（图 4-5）。由图 4-5 可见，多年来，区域海洋经济贡献率指标一直居于海洋经济总贡献率之上，这表明，海洋经济对于沿海地区经济的贡献更为显著，2001 年为 15.7%，2003 年最低，为 14.8%，2018 年最高，达到 17.1%，2019 年保持不变，2020 年因受新冠肺炎疫情影响，区域海洋经济贡献率降至 14.9%，仍高于当年海洋经济总贡献率。由此可见，海洋经济对于全国国民经济特别是沿海地区经济具有举足轻重的地位和作用。

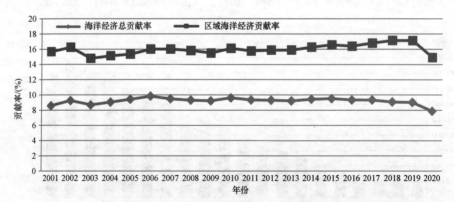

图 4-5　海洋生产总值对全国 GDP 和沿海 GRP 的贡献（2001—2020 年）

数据来源：《中国海洋统计年鉴》（2001—2019），11 个沿海省（区、市）2020 年国民经济和社会发展统计公报

2. 海洋产业贡献率

如图4-6所示，2001—2020年，我国主要海洋产业对全国国民经济发展的贡献率保持在2.9%~4%，对沿海地区经济发展的贡献率保持在5.5%~7%。由此可见，海洋产业已经成为我国国民经济和沿海地区经济的支柱产业。

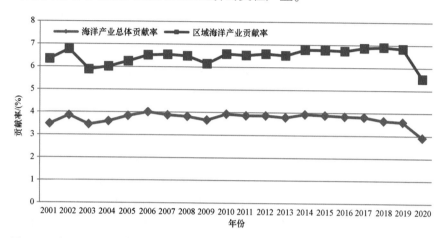

图4-6　主要海洋产业增加值对全国GDP和沿海地区GRP的贡献（2001—2020年）

数据来源：《中国海洋统计年鉴》（2001—2019），11个沿海省（区、市）2020年国民经济和社会发展统计公报

三、区域海洋经济发展

"十三五"时期，在《全国海洋经济发展"十三五"规划》与各沿海省（区、市）海洋经济发展规划的引领下，沿海地区以海洋创新发展示范城市、海洋经济发展示范区①、海洋高技术产业基地等为抓手，着力实现本地区预期发展目标，切实提升区域海洋经济增长质量。

（一）北部海洋经济区

北部海洋经济区由辽宁、河北、天津、山东组成，包括辽东半岛、渤海湾、山东半岛沿岸及海域。北部海洋经济区岸线绵长，良港众多，海洋科技发达，该区域以发

---

① 该示范区是承担海洋经济体制机制创新、海洋产业集聚、陆海统筹发展、海洋生态文明建设、海洋权益保护等重大任务的区域性海洋功能平台，由国家发展改革委与原国家海洋局在2016年12月联合发布的《关于促进海洋经济发展示范区建设发展的指导意见》提出。

展港口物流、海洋船舶、海水淡化、海水养殖、海洋生物医药等产业为主。2020 年，北部海洋经济区海洋生产总值 23 386 亿元，较 2019 年名义下降 5.6%，占全国海洋生产总值的比重为 29.2%。[①] 2020 年 10 月，北部海洋经济区 4 省（市）（辽宁、河北、天津、山东）第一次全国海洋经济调查档案通过验收，并移交中国海洋档案馆。至此，11 个沿海省（区、市）第一次全国海洋经济调查档案工作结束。

辽宁省是我国东北地区唯一的沿海省，包含 6 个沿海地级市，它们是东北地区对外开放的重要门户和前沿地带，在国家区域发展格局中的作用非常显著。作为我国北方重要的水产养殖基地、海洋工程装备基地，发展海洋经济已成为辽宁省经济振兴的新动能，在东北老工业基地振兴进程中发挥着重要作用。2019 年 5 月，《辽宁"16+1"经贸合作示范区总体方案》发布，该方案明确辽宁将打造以海铁联运为重点的多式联运枢纽区，形成"一带一路"经东北地区的完整环线。[②] 近年来，辽宁省着力提高海洋科技创新能力和人才储备能力。2019 年 4 月，我国首艘适用于远海作业的多功能无人艇在大连建造完成，最大航速 32 节，搭载"北斗"和 GPS 双定位系统，配备高速卫星通信系统，可实现与岸基控制单元远距离高速通信，外形及其搭载的设备满足自扶正功能要求，能保证极端海况下的安全性。[③] 7 月，辽宁省海洋产业技术创新研究院成立。11 月，渤海大学海洋研究院成立，旨在构建开放、协同、高效的海洋科技创新体系，加快海洋相关学科发展，针对海洋领域的科技、文化需求，提供高水平科技供给和海洋文化研究成果，力争建成全省重要的海洋技术创新研发平台、海洋科技成果转化基地、海洋新兴产业培育基地和高水平创新人才团队集聚高地，为建设重要技术创新与研发基地和现代化海洋经济体系提供有力支撑。[③] 当前，辽宁省正充分发挥比较优势，积极推动区域协调发展，充分整合沿海经济带港口资源，推进港口、产业、城市融合发展，加强陆海统筹，提高海岸带治理和生态环境保护力度，提升海洋科技自主创新能力，切实加大海洋科技投入，全面推进海洋经济高质量发展。

天津市临港工业发达，海洋经济在全市社会经济发展中发挥着重要作用。近年来，面对经济社会发展新常态，天津市积极推进海洋经济发展方式转变，以规划为导向，以项目为龙头，以产业园区为载体，以支持政策为动力，延伸完善海洋经济产业链，推进海洋产业集约高效发展[④]，促进海洋经济高质量发展。天津市海洋科技创新驱动作

① 数据来源:《2020 年中国海洋经济统计公报》，自然资源部，2021 年 3 月 31 日，http://gi.mnr.gov.cn/202103/t20210331_2618719.html，2021 年 4 月 2 日登录。

② 《〈辽宁"16+1"经贸合作示范区总体方案〉发布》，新华网，2019 年 5 月 17 日，http://m.xinhuanet.com/ln/2019-05/17/c_1124505735.htm，2021 年 1 月 4 日登录。

③ 郭松峤:《沿海看海 2019——辽宁:逐梦深蓝谱新篇》，载《中国海洋报》，2019 年 12 月 18 日。

④ 李彤:《以海为媒 推动海洋强市建设 天津海洋经济实现高质量发展》，华龙网，2019 年 6 月 9 日，http://news.cqnews.net/html/2019-06/09/content_50502514.html，2021 年 1 月 4 日登录。

用不断增强，海洋科技研发能力持续提升，已基本形成海水淡化与综合利用、海洋工程装备、海洋工程建设、海洋环保、海洋生物医药五个维度的科技创新体系。保税区建立"1+1+1+N"发展模式，由单一引进项目转变为构建现代产业集群，通过平台带动产业集聚发展，逐步形成高端海工装备全产业链。其中，以中船重工、博迈科、海油工程、泰富重工等项目为龙头，打造修造船及高端海工装备产业集群，30余家高端海工装备产业实现集聚发展、规模发展；以自然资源部海水淡化与综合利用基地等项目为龙头，打造海水淡化及成套设备产业集群。① 海洋服务业实现较快发展，海洋交通运输业、滨海旅游业持续升温。此外，天津市加快培育海洋战略性新兴产业，初步形成了产业集聚发展、创新发展、统筹发展的良好态势。在海洋装备产业方面，初步建成临港经济区海洋工程装备制造产业集群和海洋高新区海洋设备产业集群；在海洋生物医药方面，形成缓解视疲劳胶囊、海洋植骨新材料开发、海洋微藻复合多糖等一批海洋生物医药新产品；在海水利用产业方面，产能规模不断扩大，北疆电厂"海水淡化-浓海水制盐-海水化学元素提取-浓海水化工"的循环经济模式被列为全国海水综合利用循环经济发展试点和向市政供水试点单位。① 当前，天津市正加快打造世界一流智慧港口、绿色港口，围绕北方国际航运核心区建设，提升天津国际枢纽港功能；开展入海排污口溯源专项整治行动，实施海洋和海岸线生态修复工程；高水平建设一批国际化海洋休闲旅游项目；聚焦产业招商引资，加快海洋工程装备制造基地建设。

河北省包含秦皇岛、唐山、沧州三个沿海地级市。近年来，河北省坚持"立足实际、创新驱动、绿色发展"的原则，海洋产业结构持续优化，海洋经济发展质量不断提升。② 为加快河北省沿海经济带高质量发展，2019年，河北省委、省政府发布《关于大力推进沿海经济带高质量发展的意见》，明确要加快发展特色海洋经济，推进生态环境治理和修复，实现沿海经济带可持续发展。秦皇岛、唐山、沧州三个沿海城市逐步突出功能定位，发挥比较优势，努力打造河北海洋经济新的增长极。秦皇岛作为国家科技兴海产业示范基地和海洋经济创新发展示范城市，近年来科技创新和技术扩散步伐明显加快，产业链加速向高值区挺进。唐山、沧州着力推进装备制造业和现代服务业深度融合，培育了高端装备制造、生物医药等一批特色产业集群，积极承接京津产业转移项目，打造雄安新区出海口，为河北海洋经济创新发展奠定了坚实基础。② 2019年8月，国务院公布《中国（河北）自由贸易试验区总体方案》，明确新设河北自由贸易试验区曹妃甸片区，该片区作为中国（河北）自由贸易试验区的唯一一沿海片区，将重点发展国际大宗商品贸易、港航服务、能源储配、高端装备制造等产业，致

---

① 李彤：《以海为媒 推动海洋强市建设 天津海洋经济实现高质量发展》，华龙网，2019年6月9日，http://news.cqnews.net/html/2019-06/09/content_50502514.html，2021年1月4日登录。

② 苑立立：《2018年河北省实现海洋生产总值2548亿元》，载《河北日报》，2019年10月19日。

力于建设东北亚经济合作引领区、临港经济创新示范区。当前，河北省正着力推动区域协调发展，支持沿海地区发展临港产业和海洋经济，优化港口布局和管理体制，加快港产城互动发展，优化高质量发展格局。

山东省包含七个沿海城市，其中青岛、烟台、威海是我国海洋经济创新发展示范城市，威海、日照是我国海洋经济发展示范区，青岛、烟台、日照、威海入选国家"蓝色海湾整治行动"城市。山东省海洋经济基础良好，海洋产业体系完备，2019 年全省海洋生产总值实现 1.48 万亿元，占全国的 20% 以上。[①] 近年来，山东省着力加快海洋强省建设，制定实施海洋强省建设"十大行动"方案，海洋创新能力稳步提升，青岛海洋科学与技术试点国家实验室、中国科学院海洋大科学研究中心成为引领全国海洋研究的主体力量，启动实施海洋超算和大数据平台、"蓝色粮仓"、海洋物联网等一大批重大工程，形成了青岛船舶、烟台海工、潍坊动力装备等优势海洋产业集群。港口核心竞争力得到全面提升，目前已与 180 多个国家和地区、700 多个港口实现通航，集装箱航线数量和密度稳居我国北方港口首位，综合服务功能大幅跃升，大力培育航运金融、船舶交易等现代航运服务业，推动由物流港向贸易港、目的港向枢纽港升级，加快打造世界一流港口。[①]同时，扎实推进国家级现代化海洋牧场综合试点工作，国家级海洋牧场示范区已达 44 处，占全国的 40%。[①]在海洋高端装备制造、海洋生物医药、海洋新能源新材料等新兴产业领域，山东省抢抓机遇，加快推进上述产业发展形成特色优势，推进东亚海洋合作平台实体化运作。此外，山东省全面推进"湾长制"，深化渤海综合治理，高标准建设长岛海洋生态文明综合试验区，全省近岸海域优良水质面积比例达到 88% 以上。

（二）东部海洋经济区

东部海洋经济区包括江苏省、浙江省和上海市。2020 年，我国东部海洋经济区实现海洋生产总值 25 698 亿元，比 2019 年名义下降 2.4%，占全国海洋生产总值的比重为 32.1%。[②] 东部海洋经济区岛屿众多，滩涂广袤，在远洋渔业、海洋交通运输业、海洋船舶工业和海洋工程装备制造业方面一直保持良好的发展态势，在国内处于领先地位，是我国主要的海洋工程装备及配套产品研发与制造基地。2019 年 12 月，江苏省首批完成第一次全国海洋经济调查档案进馆；2020 年 4 月，浙江省完成档案进馆；2020 年 7 月，上海市完成档案进馆。

[①] 朱贵银：《2019 年山东海洋生产总值 1.48 万亿元占全国的 20% 以上》，载《齐鲁晚报》，2020 年 10 月 28 日。

[②] 数据来源：《2020 年中国海洋经济统计公报》，自然资源部，2021 年 3 月 31 日，http：//gi.mnr.gov.cn/202103/t20210331_2618719.html，2021 年 4 月 2 日登录。

江苏省包含三个沿海市，其地处"一带一路"交会点，是长江经济带、长三角区域一体化发展的重要组成部分，在我国海洋经济发展中具有重要地位。近年来，江苏省海洋经济发展水平稳步提升，海洋经济稳定性和韧性不断增强，已成为江苏省经济发展重要的增长极。2019 年，全省海洋生产总值实现 8073.4 亿元，较 2018 年增长 8.5%，比 2011 年增长 89.8%，年均增速为 9.6%。海洋生产总值占地区生产总值比重为 8.1%，对地区经济增长的贡献率达 9.9%。[1] 海洋产业结构持续优化，海洋服务业"稳定器"作用继续发挥，海洋第三产业比重达 45.8%，海洋生物医药产业、海洋可再生能源利用业、海水利用业等新兴产业发展势头强劲，2011—2019 年间年均增速高达 17.6%。[1] 滨海旅游业发展持续向好，2019 年江苏省沿海城市接待国内游客 1.3 亿人次，较 2018 年增长 10.6%。涉海就业人员规模不断扩大，2019 年江苏省涉海就业人数为 205.8 万人，占全省就业人员总数的 4.3%[1]。多年来，江苏省在"陆海统筹、江海联动、集约开发、生态优先"的原则下，积极推动海洋经济高质量发展。2019 年《江苏省海洋经济促进条例》正式颁布并实施，这是我国首部促进海洋经济发展的地方性法规，旨在加快江苏省海洋经济转型升级，优化空间布局，促进资源科学利用，提升海洋产业竞争力和可持续发展能力，为海洋经济高质量发展提供有力的法律保障。

2019 年，上海市海洋经济总量稳中有进，海洋生产总值达 10 372 亿元，占全市 GDP 的 27.2%，占全国海洋生产总值的 11.6%，连续多年位居全国前列[2]。目前，上海市逐步形成了以海洋交通运输、海洋船舶和高端装备制造、滨海旅游业等现代服务业和先进制造业为主导，海洋药物和生物制品、海洋可再生能源利用等海洋战略性新兴产业为发展新动能的现代海洋产业体系[2]；基本建立了"两核三带多点"（临港海洋产业发展核、长兴海洋产业发展核、杭州湾北岸产业带、长江口南岸产业带、崇明生态旅游带，北外滩、陆家嘴航运服务业等多点）的海洋产业空间布局，临港、长兴两大海洋产业"发展核"成效显著。作为全国海洋经济创新发展示范城市（浦东新区）的主要承载区，临港地区着力推进深海无人潜水器、海洋生物疫苗、海底科学观测网等重点项目建设，一批具有核心竞争力的科创型企业茁壮成长，产业集聚效应逐步显现。临港海洋经济已成为上海海洋经济高质量发展高地，引领带动了深远海高端装备、海洋生物医药等产业的创新突破和集聚孵化。[2] 同时，上海正加快推进自由贸易试验区临港新片区建设，推动临港新片区投资自由、贸易自由、资金自由、运输自由、人员从业自由和信息快捷联通政策加快落地，实施具有国际竞争力的税收制度和全面风险

---

① 张瑜：《2019 年江苏海洋生产总值 8073.4 亿 就业人员超 205 万》，载《现代快报》，2020 年 12 月 23 日。
② 田泓：《上海海洋经济产值破万亿》，载《人民日报》，2020 年 6 月 11 日。

管理制度，推进洋山特殊综合保税区建设，建设特殊经济功能区和现代化新城。当前，上海市正积极推进长三角海洋经济高质量一体化发展，探索创建全球海洋中心城市，加快建设智慧绿色港口，推动邮轮经济全产业链发展，着力打造国际一流的邮轮母港，继续深化浦东新区全国海洋经济创新发展示范城市和崇明区长兴岛国家海洋经济发展示范区建设，力促海洋经济高质量发展。

浙江省有七个沿海市，拥有丰富的渔业、油气、港口、滩涂、旅游、海岛、海洋能等海洋资源，组合优势显著，发展海洋经济潜力巨大。近年来，浙江省坚持陆海统筹布局，统筹发展海陆产业、统筹建设海陆基础设施、统筹治理海陆环境、统筹配置海陆生产要素，打破海陆分割，构建"一核两翼三圈九区多岛"的海洋经济总体发展格局。此外，浙江省充分利用海港、海湾、海岛"三海"资源，大力发展区域特色海洋产业，把海陆资源的开发、海陆产业的发展有机联系起来，加快构建现代海洋产业体系。当前，浙江正深入推进大湾区建设，大力发展大湾区经济，推动舟山群岛新区和宁波、舟山国家海洋经济发展示范区建设，实现长三角一体化发展和陆海经济一体化发展。

（三）南部海洋经济区

南部海洋经济区包括福建、广东、海南和广西三省一区。2020 年，南部海洋经济区海洋生产总值 30 925 亿元，较 2019 年名义下降 6.8%，占全国海洋生产总值的比重为 38.7%。[①] 南部海洋经济区在远洋渔业、滨海旅游、海洋交通运输、海洋生物医药等领域具有较强的优势，是我国主要的海洋工程装备及配套产品研发与制造基地。2019年 12 月，广东和福建首批完成第一次全国海洋经济调查档案进馆；2020 年 7 月，广西和海南完成档案进馆。

福建省包含六个沿海市，位于台湾海峡西岸。近年来，福建海洋经济保持稳步发展，并以《关于进一步加快建设海洋强省的意见》为引领，着力推进海洋强省建设，提升海洋产业基础能力和产业链水平，科学开发利用海峡、海湾、海岛、海岸资源，加快完善海洋设施，提升海洋科技水平，壮大深海养殖、海工装备等海洋产业，打造特色邮轮航线，持续推进福州、厦门海洋经济发展示范区建设，充分发挥上述两城市的龙头作用，加快闽东北和闽西南协同发展区建设，打造海洋经济高质量发展实践区。完善陆海统筹生态环境治理体系，加强重点海域综合治理，全面对接粤港澳大湾区建设，积极融入长三角一体化发展，更好地服务国家重大战略的实施。

---

① 数据来源：《2020 年中国海洋经济统计公报》，自然资源部，2021 年 3 月 31 日，http：//gi.mnr.gov.cn/202103/t20210331_2618719.html，2021 年 4 月 2 日登录。

广东省是我国海洋经济发展的核心区之一，辖 14 个沿海市。2019 年，广东省海洋生产总值为 21 059 亿元，比 2018 年增长 9.0%，占地区生产总值的比重为 19.6%，占全国海洋生产总值的比重为 23.6%[①]，广东省海洋生产总值已连续 25 年位居全国前列。在海洋经济总量保持增长的同时，海洋经济对广东省高质量发展的支撑作用进一步凸显，2019 年，广东省海洋经济增长对该地区经济增长的贡献率达 22.4%。[①]在海洋产业结构方面，2019 年广东省海洋第三产业比重同比上升 0.5 个百分点[①]，海洋现代服务业在海洋经济发展中的贡献不断加强。2019 年，作为广东省海洋经济支柱产业的滨海旅游业、海洋交通运输业增加值分别实现 3581 亿元和 737 亿元。[①]海洋高端装备制造、海上风电等千亿元级海洋新兴产业集群初具雏形。[①]当前，广东省正深入推进粤港澳大湾区建设。2019 年 2 月，中共中央、国务院印发《粤港澳大湾区发展规划纲要》；7 月，广东省推进粤港澳大湾区建设领导小组印发《广东省推进粤港澳大湾区建设三年行动计划（2018—2020 年）》；8 月，《中共中央 国务院关于支持深圳建设中国特色社会主义先行示范区的意见》发布，为广东省海洋经济的进一步发展指明了方向。据此，广东省将充分发挥本区域海洋资源丰富和产业基础良好的优势，加快海工装备、海洋电子信息、海洋生物、船舶制造、海洋能源等产业发展，打造世界级沿海产业带和蓝色高端产业集群；支持各地临港经济区和滨海新区等平台建设；加快珠海、阳江、潮州等地沿海液化天然气（LNG）接收站建设，加强海洋油气资源勘探开发力度，建设天然气水合物勘查开采先导试验区；着力打造智慧港口，推动海洋渔业、海洋交通运输业、滨海旅游业等产业提质增效。

广西壮族自治区有三个沿海市，位于华南经济圈、西南经济圈和东盟经济圈的结合部，是西南地区重要的陆海通道。2019 年，广西实现海洋生产总值 1664 亿元，占地区生产总值的比重为 7.84%。[②] 为全面对接粤港澳大湾区建设，广西壮族自治区人民政府办公厅印发《进一步加快珠江-西江经济带（广西）相关建设三年行动计划》等政策文件，还发布了全国首个发展向海经济的政策文件《关于加快发展向海经济推动海洋强区建设的意见》，提出立足本区海洋资源优势，拓展蓝色发展空间，构建现代海洋产业体系，推动陆海经济协同发展，加快推进海洋强区建设。[②]当前，广西正着力壮大向海经济和临港产业，培育海洋生物制药等新兴产业，建设高端服务业集聚区，并围绕将北部湾港建成国际门户港的目标，全力推进西部陆海新通道建设。

海南省处于中国最南端，区位优势独特。2019 年，海南省实现海洋生产总值 1717 亿元，比 2018 年增长 8.46%，占地区生产总值的比重为 32.34%。其中，海洋第一产

---

① 《广东海洋经济发展报告（2020）》，广东省自然资源厅，http：//nr. gd. gov. cn/attachment/0/394/394372/3013155. pdf，2021 年 4 月 2 日登录。

② 自然资源部南海局：《2019 年南海区海洋经济运行动态监测报告》，2020 年 7 月。

业增加值 276.44 亿元, 海洋第二产业增加值 250.68 亿元, 海洋第三产业增加值 1189.88 亿元, 分别占海洋生产总值比重的 16.1%、14.6% 和 69.3%。[①] 主要海洋产业发展平稳, 作为海南省海洋经济三大优势产业的滨海旅游业、海洋渔业、海洋交通运输业增加值占主要海洋产业的比重分别为 47.65%、43.37% 和 8.13%, 同比分别增长 10.23%、2.70% 和 11.76%。[①] 2019 年 6 月, 海南省人民政府办公厅印发《中国(海南)自由贸易试验区琼港澳游艇自由行实施方案》, 提出通过在中国(海南)自由贸易试验区实施琼港澳游艇自由行, 将海南打造成"国际游艇旅游消费胜地"。7 月,《海南邮轮港口海上游航线试点实施方案》出台, 提出加快三亚向邮轮母港方向发展, 丰富海南邮轮旅游航线产品, 拓展邮轮旅游消费发展空间, 把海南打造成特色鲜明的邮轮旅游消费胜地。[②] 海南省以探索推进海南自由贸易试验区和中国特色自由贸易港建设为主线, 以国际旅游消费中心建设为抓手, 扎实推进滨海旅游业发展, 2019 年海南省滨海旅游业实现增加值 334 亿元[①]。而海南省海洋经济的另一大优势产业海洋渔业在 2019 年实现增加值 304 亿元, 当年全省海洋捕捞产量 107.06 万吨, 同比减少 1%; 海水养殖产量 28.38 万吨, 同比减少 3.53%。[①] 而在海洋交通运输业方面, 2019 年海南省实现增加值 57 亿元, 完成水路投资 3.94 亿元; 水路运输客运量 1736 万人、旅客周转量 4.09 亿人千米、货运量 10 552 万吨、货物周转量 1590 亿吨千米, 同比分别增长 -2.9%、-0.4%、18.3% 和 105.4%。港口货物吞吐量完成 19 839 万吨, 同比增长 8.5%, 其中外贸吞吐量 3581 万吨, 同比增长 11.7%。集装箱业务量快速增长, 完成 268.18 万标准箱, 同比增长 11.6%, 其中集装箱外贸吞吐量 19.42 万标准箱, 同比增长 23.8%。旅客吞吐量 1525.73 万人, 比 2018 年增长 0.2%。规模以上港口货物吞吐量 18 969 万吨, 同比增长 8.5%。[①] 此外, 海南还成功举办博鳌亚洲论坛 2019 年年会和海南国际海洋产业博览会。截至 2019 年年末, 海南探索建设海南自由贸易区(港)成果显著, 试点任务实施率达 97%, 全年发布 6 批建设项目共 71 项制度创新案例, 制度创新成果不断涌现。[②] 按照党中央部署,《海南自由贸易港法》已列入第十三届全国人大常委会立法工作计划,《中华人民共和国海南自由贸易港法(草案)》正面向社会公众征求意见。该草案明确, 国家分步骤、分阶段建设海南自由贸易港, 实行高水平贸易投资自由化便利化政策。该草案将保障自由贸易港建设有法可依, 并有效助推产业高质量发展。

---

① 《2019 年海南省海洋经济统计公报》, 海南省自然资源和规划厅, 2020 年 12 月 14 日, http://lr.hainan. gov.cn/xxgk_317/0200/0202/202012/t20201214_2901493.html, 2020 年 12 月 31 日登录。

② 自然资源部南海局:《2019 年南海区海洋经济运行动态监测报告》, 2020 年 7 月。

四、小结

当前，我国海洋经济正在经历从高速发展到高质量发展的转变，海洋经济总体发展成效显著，内生动力不断积蓄增强，海洋经济在发展水平、成效、潜力等"多维度"上稳步提升。[1] 在发展水平上，我国海洋经济规模不断增大，在海洋生产总值、产业结构调整、经济效益、海洋对外开放等方面保持逐步提高和总体向好的趋势；在发展成效上，我国海洋经济波动逐步趋缓、发展总体保持稳定，在国际经贸环境更趋复杂严峻、国内经济结构加快调整的背景下稳步提升，海洋满足人民美好生活需要的能力进一步提高；在海洋科技创新上，投入也保持较快增长，人才队伍不断壮大，海洋经济发展潜力看好。[1]此外，随着《海洋经济统计调查制度》与《海洋生产总值核算制度》获批执行，我国海洋经济统计核算制度更为健全，海洋经济监测评估能力进一步加强。

中国海洋经济发展在取得成效的同时，也存在着一些问题。我国海洋经济的增长仍然依赖于大量的资源和劳动投入，单位产出的资源投入量高于发达国家，需逐渐转变这种不可持续的增长方式，进一步提高海洋开发利用效率。海洋科技研发设计和创新能力较为薄弱，核心技术和关键共性技术自给率低。部分海洋战略性新兴产业规模尚未实现突破，在一定程度上存在转化率较低的问题。

在"十四五"时期，我国海洋经济的发展宜从供给侧和需求侧协同发力，一方面加强海洋经济供给侧结构性改革，保证要素供给、结构供给与科技创新供给；另一方面，推进海洋经济需求侧管理，不断开发投资需求、消费需求和净出口需求。[2] 同时，我国应进一步巩固前一阶段海洋经济发展成果，清醒认识到新冠肺炎疫情变化与外部环境存在的诸多不确定性，对疫情冲击导致的各类衍生风险提升忧患意识，坚定必胜信心[3]；坚持陆海统筹，着力优化海洋经济空间布局，构建现代海洋产业体系，加快壮大海洋装备等海洋战略性新兴产业，培育海洋领域新技术、新产品、新业态、新模式，增强海洋科技创新能力，加强海洋资源保护与开发，进一步推动海洋经济高质量发展。

① 张蕾：《我国海洋经济发展质量"多维度"稳步提升》，载《光明日报》，2020 年 10 月 18 日。
② 曹艳：《双轮驱动，海洋经济融入"双循环"》，载《中国自然资源报》，2020 年 12 月 9 日。
③ 《中央经济工作会议在北京举行》，载《人民日报》，2020 年 12 月 19 日。

第五章　中国海洋产业的发展

2020 年，中国海洋经济发展面临巨大考验。新冠肺炎疫情对众多涉海企业的不利影响是显著的。这些企业面临的主要困境是运营资金压力、贷款偿还压力、物流运输不畅、企业及人员复工难，以及对未来市场预期的改变等。此外，一些重要的涉海项目也因为疫情的原因，开工受到不同程度的影响。6 月以后，随着复工复产，海洋经济增速也逐渐走出"U"形曲线。全年不同产业进一步出现差异化发展态势，海洋交通运输业、海洋渔业、海洋油气业等相对稳定，外向型产业、海洋服务业受到的冲击较为显著。

一、海洋传统产业

海洋传统产业包括海洋渔业、海洋油气业、海洋船舶工业、海洋交通运输业、海洋盐业和盐化工等。疫情期间，海洋传统产业表现较为稳定，发挥了经济稳定器的作用。面对海洋资源环境约束、产能过剩、劳动力成本上升等困难，海洋传统产业通过探索同其他产业的融合，以及在生产、管理、营销等领域进行创新，推动产业转型升级，提升环境效益和经济效益。

（一）海洋渔业

海洋渔业包括海水养殖、海洋捕捞、远洋捕捞、海洋渔业服务业和海洋水产品加工等活动。海洋捕捞产量持续减少，近海渔业资源得到恢复。2020 年，海洋渔业产业实现增加值 4712 亿元，与 2019 年基本持平，略增 3.1%。[①]具体到水产品产量，《2019 年全国渔业经济统计公报》显示，全国水产品总产量 6480.36 万吨，比 2018 年增长 0.35%。其中，海水产品产量 3282.50 万吨，同比下降 0.57%；淡水产品产量 3197.87 万吨，同比增长 1.32%，海水产品与淡水产品的产量比例为 50.7：49.3。从养殖规模来看，全国水产养殖面积 710.850 万公顷，同比下降 1.13%，其中海水养殖面积 199.218 万公顷，同比下降 2.49%；淡水养殖面积 511.632 万公顷，同比下降 0.59%，海水养殖与淡水养殖的面积比例为 28：72。从水产品加工能力来看，全国水产品加工

---

①　数据来源：《2020 年中国海洋经济统计公报》，自然资源部，2021 年 3 月 31 日，http://gi.mnr.gov.cn/202103/t20210331_2618719.html，2021 年 4 月 2 日登录。

企业 9323 个，水产冷库 8056 座，水产加工品总量 2171.41 万吨，同比增长 0.68%，其中海水加工产品 1776.09 万吨，淡水产品 395.32 万吨，同比分别增长 0.06% 和 3.53%。[①]

作为产业增加值占整个海洋生产总值近 14%、就业人口占整个涉海就业人口 30% 的传统海洋产业，海洋渔业的平稳发展事关海洋经济发展大局。2020 年，农业农村部一号文件对渔业生产划出重点，包括全面落实养殖水域滩涂规划制度，核发养殖证，保持可养水域面积总体稳定；开展水产健康养殖示范创建，重点发展池塘工程化、工厂化循环水养殖；支持深远海养殖业发展，规范有序发展远洋渔业。

从具体的管理行动上来看，为实现海洋渔业的持续发展，相关部门加大对海洋水生生物资源的养护力度。一是继续实施海洋渔业资源总量管理，继续推动沿海省份全面开展限额捕捞试点，明确减船减产目标任务；二是要求规范有序地发展海洋牧场；三是推动渔港渔船管理改革，持续清理取缔涉渔"三无"船舶和"绝户网"，并加强渔港经济区建设。

2020 年，突如其来的新冠肺炎疫情扰乱了行业的发展。为了稳定生产，地方政府、协会、企业进行了有益探索。疫情期间，由中国渔业协会推出网络营销新模式，积极发起首届"中国国际渔业线上博览会"，推动引领渔业新的营销模式，让大众不出国门吃遍世界海鲜。江苏出台《关于加快推进渔业高质量发展的意见》，对水产养殖面积、水产品产量提出了明确目标。

（二）海洋油气业

海洋油气业是指在海洋中勘探、开采、输送、加工原油和天然气的生产活动。2020 年，海洋油气业全年实现增加值 1494 亿元，比上年增长 7.2%。产量方面，海洋天然气产量再创新高，达到 186 亿立方米，比上年增长 14.5%；海洋原油产量 5164 万吨，比上年增长 5.1%。[②]

自然资源部发布的《全国石油天然气资源勘查开采通报（2019 年度）》显示，2019 年我国石油新增探明地质储量 11.24 亿吨，同比增长 17.2%。新增探明地质储量大于 1 亿吨的盆地有 3 个，渤海湾盆地（含海域）位列其中。[③]

---

① 《2019 年全国渔业经济统计公报出炉！》，中国渔业协会，2020 年 6 月 16 日，http://www.china-cfa.org/xwzx/xydt/2020/0616/314.html，2020 年 12 月 31 日登录。

② 数据来源：《2020 年中国海洋经济统计公报》，自然资源部，2021 年 3 月 31 日，http://gi.mnr.gov.cn/202103/t20210331_2618719.html，2021 年 4 月 2 日登录。

③ 《全国石油天然气资源勘查开采通报（2019 年度）》，自然资源部，http://gi.mnr.gov.cn/202007/t20200729_2534777.html，2020 年 12 月 31 日登录。

2020 年，在做好新冠肺炎疫情防控的同时，中国在海洋油气勘探开发、油气生产和产能建设等方面成果丰硕，获得多个商业发现和潜在商业发现，国内新增探明石油和天然气地质储量大幅增加。其中，在渤海莱州湾北部发现的首个亿吨级储量大油田垦利 6-1，打破了该区域 40 余年无商业油气发现的局面；在南海东部海域获得惠州 26-6 重大发现，有望成为珠江口盆地浅水区首个大中型油气田。①

深海油气开发装备和工程建设领域也取得重大进展。我国首个海洋油气生产装备智能制造基地在天津开工建设，陵水 17-2 气田海底管线铺设工作首阶段作业顺利完工，标志着我国深水油气资源开发能力获重大突破。未来中国的海洋油气产业应继续围绕智能制造、海底线缆铺设等领域探索，致力于构建从研发、设计、制造到工程服务的全流程产业体系。②

（三）海洋船舶工业

2020 年，海洋船舶工业全年实现增加值 1147 亿元，比上年增长 0.9%。全年船舶行业三大指标的国际市场份额继续领先，但行业主要经济指标继续回落。产业集中度进一步提升，排名前 10 家企业造船完工量占全国总量的 78.6%，比 2019 年提高 9.9 个百分点。"交船难""接单难""盈利难"等问题比较突出，船舶工业保持平稳健康发展面临巨大挑战。

2020 年，全国造船完工 3853 万载重吨，同比增长 4.9%。承接新船订单 2893 万载重吨，同比下降 0.5%。截至 12 月底，手持船舶订单 7111 万载重吨，同比下降 12.9%。出口船舶分别占全国造船完工量、新接订单量、手持订单量的 88.9%、84.5% 和 91.7%。③

2020 年，规模以上船舶工业企业实现利润总额 47.8 亿元，同比下降 26.9%。其中，船舶制造企业 9.3 亿元，同比下降 84.3%；船舶配套设备制造企业 17.4 亿元，同比下降 25.3%；船舶修理企业 19.3 亿元，同比增长 13 倍；船舶拆除企业 1.4 亿元，同比下降 41.7%；海洋工程装备制造企业亏损 4.2 亿元。③

从长期看，2020 年年初暴发的新冠肺炎疫情让本就处于下行周期的全球新造船市场雪上加霜，但新冠肺炎疫情的全球蔓延却为智能船舶、支线型船舶等发展带来新

---

① 《连续 16 年经营业绩考核 A 级 中国海油公布"年中答卷"：油气储产量超计划》，国资委，2020 年 8 月 11 日，http：//www.sasac.gov.cn/n2588025/n2588119/c15341331/content.html，2021 年 1 月 30 日登录。

② 《我国深水油气资源开发能力获重大突破》，河北新闻网，2020 年 6 月 2 日，http：//world.hebnews.cn/2020-06/02/content_7881194.htm，2021 年 1 月 30 日登录。

③ 数据来源：《2020 年船舶工业经济运行分析》，中国船舶工业行业协会，2021 年 1 月 29 日，http：//www.cansi.org.cn/ifor/shownews.php? lang=cn&id=15636，2021 年 4 月 6 日登录。

契机。

（四）海洋交通运输业

海洋交通运输业是指以船舶为主要工具从事海洋运输以及为海洋运输提供服务的活动。2020 年，海洋交通运输业先抑后扬，海洋运输服务能力不断提高。沿海港口完成货物吞吐量、集装箱吞吐量分别比上年增长 3.2% 和 1.5%。海洋货运量比上年下降 4.1%，但下半年实现正增长。海洋交通运输业全年实现增加值 5711 亿元，比上年增长 2.2%。①

2020 年三季度，我国经济增长由负转正，外贸进出口形势持续好转，港口生产运行也不断改善。1—12 月份，集装箱吞吐量累计 2.3 亿标准箱，同比提升 1.5%；货物吞吐量 94.8 亿吨。值得关注的是，港口防输入形势依然严峻，先后多地出现进口冷链货物引发的病例，进口冷冻肉类货物是防控重点。②

从政策环境看，《关于大力推进海运业高质量发展的指导意见》提出，到 2025 年，基本建成海运业高质量发展体系，服务品质和安全绿色智能发展水平明显提高，综合竞争力、创新能力显著增强，参与国际海运治理能力明显提升。到 2035 年，全面建成海运业高质量发展体系，绿色智能水平和综合竞争力居世界前列，安全发展水平和服务保障能力达到世界先进水平，基本实现海运治理体系和治理能力现代化，在交通强国建设中当好先行。到 2050 年，海运业发展水平位居世界前列，全面实现海运治理体系和治理能力现代化，全面服务社会主义现代化强国建设，满足人民美好生活需要。

（五）海洋盐业和盐化工

海洋盐业是利用海水生产以氯化钠为主要成分的盐产品的活动，包括采盐和盐加工。中国原盐生产的三大种类包括：海盐、井矿盐和湖盐。从产业地区分布来看，山东依然是我国最重要的盐化工基地。从产值来看，2020 年实现增加值 33 亿元，比上年减少 7.2%。海洋化工方面，《2020 年中国海洋经济统计公报》数据显示，2020 年产业实现恢复性增长，烧碱等基础性海洋化工产品产量增加，全年实现增加值 532 亿元，比上年增长 8.5%。①

① 数据来源：《2020 年中国海洋经济统计公报》，自然资源部，2021 年 3 月 31 日，http://gi.mnr.gov.cn/202103/t20210331_2618719.html，2021 年 4 月 2 日登录。

② 数据来源：《2020 年 12 月全国港口货物、集装箱吞吐量》，中国港口，2021 年 2 月 5 日，http://www.port.org.cn/info/2021/207394.htm，2021 年 4 月 3 日登录。

未来海洋盐业和盐化工的发展一定要跳脱出或做食盐或做两碱的模式，应大力发展溴系产品、镁系产品、精细化工等，延展产业链条。

二、海洋新兴产业

与传统产业相比，海洋新兴产业最大的优势在于以高新技术为支撑、资源消耗低、综合效益好、市场前景广阔和易于吸纳高素质劳动力。我国将海洋装备制造业、海洋医药和生物制品业、海水利用业、海洋可再生能源业等列为海洋新兴产业，作为重点培育和鼓励发展的产业门类。

（一）海洋装备制造业

海洋装备制造业是指以金属或非金属为主要材料制造海洋工程装备的产业活动。其中，海洋工程装备主要指海洋资源（现阶段主要包括海洋油气资源、海上风电资源）勘探、开采、加工、储运、管理、后勤服务等方面的大型工程装备和辅助装备。此外，我国海洋装备制造企业也在大力发展大型豪华游轮、深海探测、大洋钻探、海底资源开发利用、海上作业等深远海开发装备和大型浮式结构物等新型海洋工程装备。

2020年，我国在船舶动力设备、海洋工程装备领域取得重要突破。其中，由中国船舶集团有限公司旗下温特图尔发动机有限公司（WinGD）研发、上海中船三井造船柴油机有限公司建造的世界最大的 WinGD X92DF 型船用双燃料低速机正式向全球发布。WinGD X92DF 额定功率达到 63 840 千瓦，集超大功率、智能控制、绿色环保于一体，性能指标和排放水平居世界领先。[1] 我国建造的全球最大最先进的深远海养殖工船"JOSTEIN ALBERT"顺利完工。该工船是由挪威设计公司进行概念设计，由中集来福士海洋工程有限公司进行基础设计、详细设计和总装建造，是全球首条通过单点系泊系统进行固定的养殖装备，可随海水流向围绕系泊系统进行 360 度旋转。[2]

2019年10月，我国首艘国产大型邮轮在上海外高桥造船有限公司正式开工点火进行钢板切割，全面进入实质性建造阶段。这是中国船舶工业集团有限公司与美国嘉年华集团、意大利芬坎蒂尼集团在 2018 年首届中国国际进口博览会上签订的"2+4"艘13.5 万总吨 Vista 级大型邮轮合同中的第一艘。该邮轮的开工建造，将实现我国大型邮轮设计建造零的突破，对推动我国船舶工业高质量发展，推进海洋强国、制造强国建

---

[1] 《世界最大船用双燃料低速机全球"云"发布》，工业和信息化部，2020 年 5 月 26 日，https：//www. miit. gov. cn/jgsj/zbes/gzdt/art/2020/art_d03c44c7f68f4aa0bc6612c1a710e90a. html，2021 年 1 月 30 日登录。

[2] 《全球最大深水三文鱼养殖工船顺利完工》，工业和信息化部，2020 年 4 月 3 日，https：//www. miit. gov. cn/jgsj/zbes/gzdt/art/2020/art_220bb698de474a6d9de5192051a49828. html，2021 年 1 月 30 日登录。

设产生重要影响。[1]

(二) 海洋药物和生物制品业

海洋药物和生物制品业以海洋生物资源为研发对象，以海洋生物技术为主导技术，以海洋药物为主导产品，包括海洋创新药物、生物医用材料、功能食品等产业体系。海洋药物从立项到上市需要漫长的过程且投入巨大，因此产业进入门槛高。

近年来，中国海洋生物医药产业呈现出快速发展态势，是近十年来海洋产业中增长最快的领域。2020 年，海洋生物医药研发力度不断加大，全年实现增加值 451 亿元，比上年增长 8.0%。[2] 目前我国正在研究的部分涉海药物见表 5-1。

表 5-1　目前我国正在研究的部分涉海药物

药品名称	化学成分	适应证	研究阶段	主研单位
络通	玉足海参多糖	脑缺血	NDA	红豆杉公司
GV-971	硫酸寡糖	阿尔茨海默病	Ⅲ	中国海洋大学
K-001	藻类糖肽复合物	肿瘤	Ⅱ	北京华世嘉药业
替曲朵辛	河豚毒素	戒毒	Ⅱ	自然资源部第三海洋研究所
916	硫酸氨基多糖	高脂血症	Ⅱ	中国海洋大学
多聚甘酯	D-聚甘酯	脑缺血	Ⅱ	中国海洋大学

(三) 海水利用业[3]

海水利用业是指对海水的直接利用和海水淡化活动，包括利用海水进行淡水生产和将海水应用于工业冷却用水和城市生活用水、消防用水等活动。2020 年，海水利用业继续保持较快发展，全年实现增加值 19 亿元，比上年增长 3.3%。[2]

海水利用业的发展不仅是产业问题，更事关资源供给和民生保障。中国始终积极推进海水利用在产业绿色转型、结构调整、工业节水和科技创新等领域的发展。近年

---

① 《第一艘国产大型邮轮在上海开工建造》，工业和信息化部，2019 年 10 月 18 日，https：//www. miit. gov. cn/xwdt/gxdt/sjdt/art/2020/art_254064b91bb848b5afa3054fce2c5fac. html，2021 年 1 月 30 日登录。

② 数据来源：《2020 年中国海洋经济统计公报》，自然资源部，2021 年 3 月 31 日，http：//gi. mnr. gov. cn/202103/t20210331_2618719. html，2021 年 4 月 2 日登录。

③ 数据来源：《2019 年全国海水利用报告》，自然资源部，http：//gi. mnr. gov. cn/202010/t20201015_2564968. html，2020 年 12 月 31 日登录。

来，大连、唐山、日照、舟山等沿海严重缺水城市和海岛地区着力推进海水淡化在石化、核电、钢铁等行业应用。我国企业在承揽国际大型海水淡化工程中取得突破。华电水务工程有限公司已建成印度尼西亚 Tanjung Jati B 2×1000 兆瓦电厂海水淡化工程，并与哈尔滨电气国际工程有限责任公司合作参与阿联酋迪拜哈斯彦海水淡化项目建设；中国能建葛洲坝国际公司与法国 SIDEM 公司组成项目联合体，与阿联酋乌姆盖万酋长国签订 68.2 万吨/日反渗透海水淡化工程总承包合同；杭州水处理技术研究开发中心有限公司与印度尼西亚哥伦打洛燃煤电厂签订海水淡化工程总承包合同。同时，海水利用管理制度不断完善，2019 年新发布标准 5 项，包括行业标准 4 项和地方标准 1 项。

截至 2019 年年底，全国有海水淡化工程 115 个，工程规模 1 573 760 吨/日，其中新建成海水淡化工程 17 个，工程规模 399 055 吨/日，较 2018 年大幅增长。海水直流冷却、海水循环冷却应用规模持续增长。据测算，截至 2019 年年底，海水冷却用水量 1486.13 亿吨，比 2018 年增加了 94.57 亿吨。

从空间分布来看，全国海水淡化工程主要集中在沿海 9 个省市水资源严重短缺的城市和海岛。辽宁现有海水淡化工程规模 118 654 吨/日，天津现有海水淡化工程规模 306 000 吨/日，河北现有海水淡化工程规模 303 540 吨/日，山东现有海水淡化工程规模 326 094 吨/日，江苏现有海水淡化工程规模 5010 吨/日，浙江现有海水淡化工程规模 407 756 吨/日，福建现有海水淡化工程规模 11 000 吨/日，广东现有海水淡化工程规模 85 120 吨/日，海南现有海水淡化工程规模 10 586 吨/日。海岛地区现有海水淡化工程规模 388 556 吨/日。虽然海水淡化水产量较小、海水综合利用的淡水代替量有限，但一旦体制机制获得突破，海水利用规模将会显著提升。

（四）海洋可再生能源业

海洋可再生能源业是指在沿海地区利用海洋能、海洋风能进行的电力生产活动，不包括沿海地区的火力发电和核能发电。其中，海洋能通常是指海洋本身所蕴藏的能量，主要包括潮汐能、潮流能（海流能）、波浪能、温差能、盐差能等，不包括海底储存的煤、石油、天然气等化石能源和天然气水合物，也不含溶解于海水中的铀、锂等化学能源。2020 年，中国海上风电新增并网容量 306 万千瓦，比上年增长 54.5%。潮流能、波浪能等海洋新能源产业化水平不断提高。海洋电力业全年实现增加值 237 亿元，比上年增长 16.2%。[①] 2020 年 12 月，国务院发布《新时代的中国能源发展白皮书》，全面阐述中国推进能源革命的主要政策和重大举措。报告提出要因地制宜发展海

---

① 数据来源：《2020 年中国海洋经济统计公报》，自然资源部，2021 年 3 月 31 日，http：//gi. mnr. gov. cn/202103/t20210331_2618719. html，2021 年 4 月 2 日登录。

洋能，积极推进潮流能、波浪能等海洋能技术研发和示范应用。

目前来看，产业规模大、发展前景好的可再生能源产业是海上风电。根据世界能源署的最新数据，截至 2018 年，全球海上风电的总装机容量是 2300 万千瓦，欧洲约占80%。海上风力发电机组由支撑发电机组的塔架、发电机、叶片、轮毂、变流器、机组控制系统和并网控制器等组成。随着海洋资源开发和更大容量机组的应用，我国东南沿海地区的海上风电将成为我国重要的能源来源。2020 年 7 月 12 日，我国首台 10 兆瓦海上风力发电机组在福建兴化湾二期海上风电场成功并网发电。该机组是目前亚洲地区单机容量最大、全球第二大的海上风力发电机组，刷新了我国海上风电机组单机容量新纪录，具备抗 17 级超强台风能力，为未来更大功率海上机组开发奠定了坚实的基础。①

三、海洋服务业

随着海洋经济结构调整步伐加快，海洋服务业将吸纳更多的就业人口，产出更大规模的产值。海洋服务业门类繁多，其中滨海旅游和海洋文化产业规模大、相对成熟，涉海金融服务业潜力巨大，对其他海洋产业带动性强。

（一）滨海旅游和海洋文化产业

从产业的伴生关系来看，滨海旅游和海洋文化产业联系紧密，海洋文化资源是民众进行海洋旅游的重要载体。当然，海洋文化产业还包括海洋创意、影视等，但目前没有具体的经济统计数据。滨海旅游包括以海岸带、海岛及各种海洋自然景观、人文景观为依托的旅游经营和服务活动，主要包括：海洋观光游览、休闲娱乐、度假住宿、体育运动等。受新冠肺炎疫情影响，2020 年滨海旅游业受到前所未有的冲击，滨海旅游人数锐减，邮轮旅游全面停滞。2020 年滨海旅游业实现增加值 13 924 亿元，比上年下降 24.5%。②

作为滨海旅游和海洋文化产业的重要细分领域，2019 年上半年全国邮轮码头出入境人次降幅比 1—5 月收窄 4 个百分点基础上，前三季度全国邮轮码头出入境人次近312 万，降幅比 1—8 月收窄 2 个百分点。8 月 2 日，吴淞口国际邮轮港两座新客运楼全

---

① 《我国首台 10MW 等级海上风力发电机组成功并网发电》，工业和信息化部，2020 年 8 月 6 日，https：//www.miit.gov.cn/jgsj/zbes/zdjszb/art/2020/art_9c1c67ef38d441ceba0f9bb566ae2857.html，2021 年 4 月 1 日登录。
② 数据来源：《2020 年中国海洋经济统计公报》，自然资源部，2021 年 3 月 31 日，http：//gi.mnr.gov.cn/202103/t20210331_2618719.html，2021 年 4 月 2 日登录。

面启用，当天接待出入境旅客 2.8 万人次，刷新亚洲邮轮港单日接待人数之最。①

(二) 涉海金融服务业

海洋金融的概念内涵还未有定论，有关部门和学者倾向于把海洋金融置于产业金融的范畴之内，将海洋金融的概念定义为基于特定的产业并为特定产业——海洋产业服务的所有金融活动的总称。海洋金融本质上是一种产业金融，存在的意义主要是促进海洋产业的发展。

近年来，自然资源部与深圳证券交易所紧密合作，服务海洋经济高质量发展。双方在拟上市企业培训、创新创业企业投融资对接、证券市场海洋行业指数开发等方面深入合作，2020 年已连续第五年共同举办"海洋中小企业投融资路演"活动，直接服务超过 150 家涉海创新企业，支持涉海企业做优做强。2020 年，兴业银行独立主承销的青岛水务集团 2020 年度第一期绿色中期票据（蓝色债券）成功发行，发行规模 3 亿元，期限 3 年，募集资金用于海水淡化项目建设，成为我国境内首单蓝色债券，也是全球非金融企业发行的首单蓝色债券。②

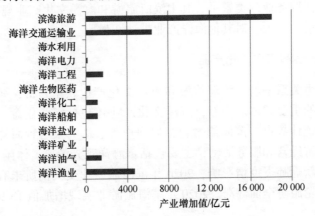

图 5-1　2019 年主要海洋产业增加值对比
数据来源：《2020 年中国海洋经济统计公报》

在海洋保险方面，沿海地区进行了大胆探索并取得积极进展。福建省渔业互保协会在平潭综合实验区与莆田南日镇渔业养殖海域开展赤潮指数保险，同时联合中国太

---

① 《我国邮轮经济在海洋产业中异军突起》，中国邮轮网，2020 年 1 月 13 日，http：//www.ccyia.com/？p=1134，2021 年 1 月 30 日登录。

② 《兴业银行落地境内首单蓝色债券》，中国江苏网，2020 年 11 月 26 日，http：//jsnews.jschina.com.cn/cz/mqzc/202011/t20201127_2677330.shtml，2021 年 1 月 30 日登录。

平洋保险公司福建分公司于 2020 年 7 月正式推出国内渔业领域首款"保价格"的保险——大黄鱼价格指数保险。该险种为 2020 年突发新冠肺炎疫情给养殖户造成的销售困扰提供了有力保障。

四、小结

由于新冠肺炎疫情的影响，中国海洋产业面临巨大挑战。从短期看，海洋服务业特别是滨海旅游业受到冲击最大，2020 年上半年旅游产业完全停滞，客运及邮轮码头几乎停摆。由于滨海旅游业增加值占我国海洋生产总值的近 50%，其增长下行对 2020 年海洋经济增速带来较大压力。此外，我们也看到，疫情期间，公路集疏运受限致使港口运量大幅增长。然而，从长期看，疫情会导致整个市场需求减弱，特别是制造业对能源、资源的需求，那么海洋交通运输增长也会受压。因此，疫情对海洋产业的长期及后续影响还需进一步观察和评估。这次受疫情影响最为严重的是中小微企业。中央和地方各级政府部门出台很多措施帮助中小微企业应对疫情影响，这些政策是普惠的，旨在减轻企业负担，涉海企业也能从中获得支持。后疫情时代，海洋产业发展还有很多不确定性，但海洋经济企稳回升的态势已经基本形成。中央关于"十四五"规划和 2035 年远景目标建议中也强调"坚持陆海统筹，发展海洋经济，建设海洋强国"，未来海洋经济的发展将有新的亮点和突破点。

第六章　中国海洋科技的发展

海洋科技是科学开发海洋资源，壮大海洋经济的根本动力，是推动新时代海洋经济高质量发展的重要引擎，是建设海洋强国的重要支撑力量。未来中长期中国海洋科技发展的重点是推动海洋科技向创新引领型转变，发展海洋高新技术，重点是在深水、绿色、安全的海洋高技术领域取得突破，尤其是推进海洋经济转型过程中急需的核心技术和关键共性技术的研究开发。

一、海洋科学进展

海洋科学是研究海洋的自然现象、性质及其变化规律，以及与开发利用海洋有关的知识体系。海洋科学是在物理学、化学、生物学、地理学背景下发展起来的，形成了物理海洋学、海洋化学、海洋生物学和海洋地质学等学科方向。物理海洋学、海洋生物学和海洋地质学研究是中国海洋科学研究的传统优势领域。中华人民共和国成立以来，中国海洋科学取得了大量国际领先的成果。2020年，主要在物理海洋学、海洋生物学和大洋地质研究等领域取得了较大进展和突破。

（一）物理海洋学

2020年，中国的物理海洋学研究主要在全球海洋碳循环、海洋水动力机制以及厄尔尼诺现象等领域取得了突破性进展。

在全球海洋碳循环领域取得四项成果。一是揭示了深海两步硝化过程的耦合机制，量化深海硝化过程对全球海洋碳循环的贡献，为深海物质与能量循环研究提供了新的参数，对深入认识深海生物地球化学过程具有重要意义。[1] 二是首次在定量水平上揭示潮间带内碳、氮的耦合与传输过程存在层次清晰的水平嬗变规律，并对潮汐和波浪的外部驱动产生响应和反馈，形成"海绵式呼吸"的碳、氮交换模态。[2] 三是深入研究了气候变化对亚热带构造稳定区的山脉侵蚀、山溪性河流沉积输运过程及入海沉积物组

---

[1] Zhang Y, Qin W, Hou L, et al. Nitrifier adaptation to low energy flux controls inventory of reduced nitrogen in the dark ocean [J]. Proceedings of the National Academy of Sciences，2020，117（9）.

[2] Cai P, Wei L, Geibert W, et al. Carbon and nutrient export from intertidal sand systems elucidated by 224Ra/228Th disequilibria [J]. Geochimica et Cosmochimica Acta, 2020：274.

成的主要控制作用，显示浙闽河流入海沉积物组成的时空多样性，强调气候因子在亚热带构造稳定区山脉侵蚀作用、沉积输运过程中的重要角色，对地史时期构造–气候–沉积耦合关系研究有启示意义。[①] 四是发现了升温可直接刺激沉积物反硝化过程 N_2O 的释放，其温度响应显著高于反硝化和厌氧氨氧化过程；相对于厌氧氨氧化过程，反硝化过程具有较高的最适温度。[②]

在海洋水动力机制领域取得三项成果。一是解决了海水垂向运动引发的热量输送及其动力机制这一物理海洋学研究领域的经典难题。中国科学家在国际上首次提出了中尺度涡旋垂向热输送与海气热交换间的耦合动力机制，是对中尺度涡旋垂向热输送理论的重要发展。研究揭示了中尺度涡旋垂向热输送对海洋锋面的重要维持作用，改变了"中尺度涡旋通过水平热输送过程破坏海洋锋面"这一传统观点，为海洋环流理论提供了新的认识。[③] 二是中国科学家揭示了新几内亚沿岸海流的垂直结构及其季节–年际变化规律与动力机制。该研究促进了对新几内亚沿岸海域海流垂直结构及其变化规律的认识，并为进一步研究太平洋跨赤道物质能量输运过程及其对印度尼西亚贯穿流变异的影响奠定基础。[④] 三是发现了涡旋影响北阿拉伯海冬季水华的观测证据。该研究利用海洋–生态耦合模型计算发现，涡旋效应可以导致沿海地区的冬季水华发展成熟。据估计，这种涡旋效应可达到"混合加深"效应的两倍。该研究揭示了2017—2018年冬季北阿拉伯海水华的发生机制，有助于深入理解海洋动力–生态过程的耦合效应。[⑤]

在厄尔尼若现象研究方面取得两项成果。一是中国科学院海洋研究所科学家依托"热带西太平洋暖池热盐结构与变异的关键过程和气候效应"项目，完整刻画出暖池三维热盐结构（温度和盐度结构），有利于精准预报厄尔尼诺现象及暖池对中国气候的影响。这一项目获得了2019年度山东省自然科学奖一等奖。根据这一科研成果，中国科学家发展出了新型气候变化预报系统，显著提升了中国对厄尔尼诺现象的预报能力。[⑥] 二是中国科学家首次发现并提出，厄尔尼诺现象可以通过气候系统的非线性作用"记

① Jian X, Zhang W, Yang S, et al. Climate-Dependent Sediment Composition and Transport of Mountainous Rivers in Tectonically Stable, Subtropical East Asia [J]. Geophysical Research Letters, 2020: 47.

② Tan E, Zou W, Zheng Z, et al. Warming stimulates sediment denitrification at the expense of anaerobic ammonium oxidation. Nat. Clim. Chang. 2020, 10: 349-355.

③ Jing Z, Wang S, Wu L, et al. Maintenance of mid-latitude oceanic fronts by mesoscale eddies [J]. Science Advances, 2020, 6 (31): eaba7880.

④ Seasonal and interannual variability of the currents off the New Guinea coast from mooring measurements [J]. Journal of Geophysical Research: Oceans, 2020.

⑤ Wang T, Du Y, Liao X, et al. Evidence of Eddy-Enhanced Winter Chlorophyll-a Blooms in Northern Arabian Sea: 2017 Cruise Expedition [J]. Journal of Geophysical Research: Oceans, 2020, 125 (4).

⑥《我国科学家完整刻画出全球"气候心脏"三维热盐结构》，载《中国自然资源报》，2020年7月9日。

住"其过去的表现并对将来变暖下的响应做出相应调整。通过对历史与将来温室气体强迫的气候模型进行若干次重复试验，研究发现，每次试验只在初始条件中增加一点随机的微小扰动，模型气候系统接下来的厄尔尼诺现象的演变发展都会截然不同（类似于"蝴蝶效应"）。在这看似杂乱无章的演化过程背后却蕴含着深刻的内在联系：如果初始阶段的厄尔尼诺较为活跃，则在一个世纪以后的全球变暖背景下厄尔尼诺的变率增加幅度较小，反之亦然。导致这种变化的原因在于起始阶段较活跃的厄尔尼诺会使热带海洋向大气输送更多的热量，这就延缓了全球变暖引发的上层海洋层结增加，进而降低海洋-大气之间的耦合效率，从而使厄尔尼诺的变率增加减缓。这一厄尔尼诺现象的自我调节机制在国际主流气候模式中均得到了验证。该项研究成果为认识气候变化尤其是厄尔尼诺事件在跨时间尺度以及气候变化背景下的调整演化提供了全新的视角，为理解气候模式对未来预测的差异化结果提供了合理的科学解释，对国际社会应对气候变化与制定气候政策具有重要指导作用。①

（二）海洋生物学

2020 年，中国海洋生物学研究主要在发现海洋生物物种、海洋生物光合作用机制以及海洋生物基因组学领域取得重要进展。

2020 年，中国科学家发现并命名 5 个深海生物新物种和 1 个西沙群岛新物种。5 个深海生物新物种是海洋所紫柳珊瑚（新种）、海洋所镖毛鳞虫（新种）、海洋所三歧海牛（新种）、海洋所异胸虾（新种）、海洋所长茎海绵（新种）。② 在西沙群岛发现的新物种命名为石屿海泽甲。这是继命名羚羊礁海蜷后，中国科学家再次以南海单一岛礁的名称命名新的动物物种。石屿海泽甲的模式产地是石屿礁，位于西沙群岛永乐环礁的东部。以石屿作为该新物种的合法名称，具有维护国家南海权益的特殊意义。同时，该新物种的发现，也有助于中国在未来开展海洋生物学、进化生物学、行为学、仿生学等领域的相关研究。③

在海洋生物光合作用机制研究方面取得两项成果。一是中国科学家首次对南极海冰生态系统特有的南极衣藻进行了基因组适应性进化研究，揭示了南极嗜冷绿藻基因组水平适应极端环境的分子机制。该研究成果揭示了南极冰藻适应极端环境的分子机

① Cai W, Ng B, Geng T, et al. Butterfly effect and a self-modulating El Nio response to global warming [J]. Nature.

② 《中科院海洋研究所正式公布 5 个深海生物新物种》，中国海洋信息网，2020 年 8 月 4 日，http：//www.nmdis.org.cn/c/2020-08-04/72495.shtml，2020 年 11 月 10 日登录。

③ 《中山大学科学家再在西沙群岛发现新物种》，中国海洋信息网，2020 年 6 月 24 日，http：//www.nmdis.org.cn/c/2020-06-24/72112.shtml，2020 年 11 月 14 日登录。

制与南极冰藻基因组的演化历程，为深入理解南极冰藻对极端环境适应机制提供了重要理论依据，是实现极地资源发掘和开发利用的重要基础。① 二是中国海洋大学与英国利物浦大学合作，在揭示复合物在天然类囊体膜上的结构状态及协作关系以及如何通过动态协作实现能量的传递及调控方面取得重要进展。该研究对近生理状态下的蓝细菌类囊体膜结构的认知，不仅可以加深对蓝细菌、真核藻类以及高等植物的光合装置的生理功能及环境适应的理解，而且为利用合成生物学制造高效的人工光合膜和光能生物转化系统等研究提供重要的理论基础。②

在海洋生物基因组学领域，中国建立了国际首个软体动物综合基因组数据库 MolluscDB。MolluscDB 提供了目前最为系统全面的软体动物基因组数据库平台，将使软体动物研究领域能够应对并充分利用日益增长的海量组学资源，加快重要基因资源发掘，推动对海洋生物独特生命过程遗传演化规律的认知，为贝类遗传育种工作提供有力支持。③

（三）大洋地质研究

2020 年，中国的大洋地质研究主要在南大洋生源硫循环以及深海反气旋帽观测方面取得新进展。

南大洋生源硫循环是海洋生物地球化学循环的重要组成部分，是掌握海洋生物活动与气候变化间作用与反馈的关键，也是目前研究的热点和难点。海洋大气中的甲基磺酸（MSA）是由海洋生物代谢过程产生的二甲基硫（DMS）在大气中氧化生成，对生源硫循环和气候效应具有重要的作用，从而被广泛关注。中国科学家在南大洋生源硫的海-气转化过程及气溶胶生成机制研究方面取得新进展，该研究利用高分辨气溶胶质谱技术，分析了甲基磺酸在不同颗粒上的存在特征，首次揭示了南大洋甲基磺酸在不同细颗粒表面的生成具有选择性，并定量给出了甲基磺酸在不同细颗粒上的生成率，为二甲基硫在大气中的氧化及甲基磺酸生成提供了新认识。④

中国科学家 2020 年取得的有关深海反气旋帽观测方面的成果揭示了覆盖采薇平顶海山的深海反气旋帽三维结构。研究提出了背景流、半日潮与地形非线性相互作用共

① Zhang Z, Qu C, Zhang K, et al. Adaptation to Extreme Antarctic Environments Revealed by the Genome of a Sea Ice Green Alga [J]. Current Biology, 2020, 30 (17).

② Zhao L S, Huokko T, Wilson S, et al. Structural variability, coordination and adaptation of a native photosynthetic machinery. Nat. Plants 6, 2020: 869-882.

③ Fuyun L, Yuli L, Hongwei Y, et al. MolluscDB: an integrated functional and evolutionary genomics database for the hyper-diverse animal phylum Mollusca [J]. Nucleic Acids Research.

④《海洋三所南大洋生源硫循环研究取得新进展》，中国海洋信息网，2020 年 4 月 1 日，http://www.nmdis.org.cn/c/2020-04-01/70921.shtml，2020 年 12 月 31 日登录。

同激发深海绕海山反气旋帽形的驱动机制并定量其相对作用。研究发现，平顶海山深海反气旋帽可能对局地沉积物及富钴结壳资源分布有重要的调控作用，对今后结壳资源勘探开发有重要指示意义。①

二、海洋调查和科学考察

海洋调查集中体现一国海洋科技发展的整体水平。近年来，国家开展了多项海洋调查活动，主要包括海洋基础地质调查、海洋油气资源调查、极地科学考察和大洋科学考察等。2020 年，中国在海洋基础地质调查、极地科学考察和大洋科学考察等方面取得进展。

（一）海洋基础地质调查

中国海洋基础地质调查包括海域海岸带综合地质调查、海洋区域地质调查等。中国的海洋区域地质调查与美国、日本、英国、澳大利亚等国相比，开展较晚，这些国家早在 20 世纪 90 年代就已完成了管辖海域的 1∶100 万和 1∶25 万海洋区域地质调查。中国直到 1999 年实施国土资源大调查时，才启动了 1∶100 万的海洋区域地质调查工作。近年来，中国持续开展管辖海域 1∶300 万、1∶100 万海洋区域地质调查成果集成、重点海域 1∶25 万海洋区域地质调查。

到 2020 年，中国已经实现 1∶100 万海洋区域地质调查全覆盖，这是中国海洋地质调查史上的一个里程碑。首次形成了基于实测数据的"一图一库一报告"，包括海洋地质地球物理系列图件 3 类 27 张，涵盖 700 余个数据集的海洋地质空间数据库，1 套分层次分区域分图幅的调查报告。②

2020 年 9 月，自然资源部第二海洋研究所和青岛海洋地质研究所研究员共同主编的《中国海海洋地质系列图》出版发行，标志着中国管辖海域海洋基础图系实现了更新换代，也是该学科领域一项具有里程碑意义的成果。③

未来中国海洋基础地质调查将重点开展 1∶25 万和 1∶5 万海洋区域地质调查，以获取高精度基础资料。

---

① 《广州海洋局深海反气旋帽观测研究获新成果》，中国地质调查局广州海洋地质调查局，2020 年 10 月 27 日，http：//www.gmgs.cgs.gov.cn/cgkx_4315/202010/t20201027_657613.html，2020 年 12 月 31 日登录。

② 秦绪文，等：《中国海域 1∶100 万区域地质调查主要成果与认识》，载《中国地质》，2020 年第 5 期。

③ 《我国管辖海域海洋基础图系实现更新换代》，中国海洋信息网，2020 年 9 月 17 日，http：//www.nmdis.org.cn/c/2020-09-17/72845.shtml，2020 年 11 月 10 日登录。

（二）极地科学考察

自 1984 年以来，中国已成功完成 36 次南极科学考察和 11 次北极科学考察。

2019 年 10 月 22 日至 2020 年 4 月 23 日进行的第 36 次南极科学考察取得多项重要成果。一是"雪龙 2"号首航南极，实现"双龙探极"考察模式，在阿蒙森海和宇航员海实施准同步业务化调查，开展东南极和西南极海域的对比分析，极大提高了南大洋调查效率。二是首次开展了对南大洋认知最少海域之一的宇航员海 74 个综合站位的调查，掌握了主要生物群落及分布特征，发现了达恩利角冰间湖形成南极底层水并向西流动的证据。三是首次进入受全球气候变化影响最显著的阿蒙森海冰间湖区域，开展 12 个站位的多学科综合调查，发现阿蒙森海冰间湖为侧纹南极鱼产卵场和育幼场。四是在国际上首次实现了在南极地区大气准全高程的钠荧光多普勒、相干多普勒测风、转动拉曼和瑞利/米散射等激光雷达协同观测。五是在西风带成功布放了一套西风带海洋环境观测浮标和两套"海星"流式海气界面浮标，与已有的一套浮标组网，初步形成南大洋大圆环观测能力。六是首次自主完成对艾默里冰架区域的航空科学调查，系统获取恩克斯堡岛环境本底信息，开展了菲尔德斯半岛多要素航空遥感观测，泰山站具备空间环境和天文自动观测能力。[①]

2020 年 7 月 15 日至 2020 年 9 月 28 日，中国成功进行了第 11 次北极科学考察，圆满完成科考任务。中国第 11 次北极科学考察围绕全球气候变化、北极综合环境调查和北极业务化观监测体系构建等内容，在楚科奇海台、加拿大海盆和北冰洋中心区等北极公海海域，重点开展了北冰洋中心区综合调查、北冰洋生物多样性与生态系统调查、北冰洋海洋酸化监测与化学环境调查、新型污染物监测和北冰洋海-冰-气相互作用观测等调查任务。通过此次考察，提升了中国对北极气候变化情况的认识水平，掌握了北极海洋水文与气象、海洋与大气化学、海洋生物与生态、海洋地质与地球物理等资料，为北极海冰快速变化背景下的前沿科学研究、北极环境气候综合评价与北冰洋中心区环境综合评估等夯实了基础。

（三）大洋科学考察

2020 年 1 月 3 日至 2020 年 4 月 10 日，"大洋一号"船完成中国大洋第 58 航次任务。本航次履行了中国与国际海底管理局签署的多金属硫化物资源勘探合同义务，围绕 2021 年勘探合同 75% 区域放弃目标，主要开展了中深钻岩心取样、"潜龙二号"无人无缆潜水器（AUV）近底探测/观测、地质取样和综合异常拖曳探测等调查工作，取

① 何剑锋：《中国第 36 次南极科学考察简报》，载《极地研究》，2020 年第 2 期，第 148-150 页。

得了多项成果。一是硫化物勘探成果取得新突破。本航次在已知矿化区勘查目标完成两站岩心取样作业，扩大了矿化区范围和潜在的资源量；通过地质取样和综合异常拖曳探测等手段发现一处新的矿化区，在其周边存在 1~2 处高温热液活动区；通过地质取样、AUV 和传感器探测发现三处异常区，缩小远景区范围。二是"潜龙二号"技术升级后调查能力明显提升。"潜龙二号"首次搭载的自然电位经已知区验证，探测数据质量稳定可靠，并探测到了新的异常。三是热液羽状流和深海环境调查采用新手段。本航次在合同区及邻域首次完成 2 台"翼龙 4500"水下滑翔机作业，获得了大断面海洋生态水文环境调查数据，为大尺度评估有关矿化区羽状流分布及深海环境调查提供了新手段。[1]

2020 年 8 月 10 日，"海洋地质六号"船圆满完成中国大洋第 64 航次科考任务，在深海基础地质、资源与环境调查、新型装备应用等方面取得多项科考成果。一是继续履行了中国大洋协会与国际海底管理局签订的勘探合同义务，在西太平洋我国富钴结壳勘探合同区圆满完成大洋第 64 航次设计的浅钻取样调查任务，获取合同区富钴结壳及下覆基岩相关基础资料，为资源评价和 2021 年合同区第一次区域放弃工作奠定了扎实基础。二是首次自主完成深海生物与环境外业调查任务。采用浮游生物拖网和沉积物取样器等设备成功获取了浮游生物、底栖生物和微生物样品；对海底摄像资料开展初步分析，初步了解调查区内生物的种类、分布及多样性特征，为建立调查区环境基线打下基础，同时也为自然资源全要素调查积累资料。三是将新型 80 箱式取样器首次用于深海资源和环境调查，成功获取深海地质和环境样品，提高了深海相关资源评价参数准确度和调查工作效率，为该新设备规模化应用积累丰富实操经验。[2]

三、海洋高技术

根据国家海洋行业标准[3]，海洋高技术包括海洋探测技术、海洋开发技术、海洋装备制造技术、海洋新材料技术、海洋高技术服务五个领域。

（一）海洋探测技术

海洋探测技术包括海洋资源勘探技术和海底物体探测技术。海洋资源勘探技术包括海洋矿产地质勘查技术和海洋生物资源勘查技术。海洋矿产地质勘查技术包括

---

① 《大洋 58 航次取得多项成果——"大洋一号"船顺利返回青岛》，中国海洋信息网，2020 年 4 月 14 日，http://www.nmdis.org.cn/c/2020-04-14/71256.shtml，2020 年 11 月 8 日登录。

② 《"海洋地质六号"完成今年首项深海地调任务》，载《自然资源报》，2020 年 8 月 14 日。

③ 《海洋高技术产业分类 HY/T 130-2010》，中华人民共和国海洋行业标准，2010 年 3 月 1 日实施。

海洋石油天然气地质勘查、海底天然气水合物地质勘查、海洋固体矿产地质勘查、海洋地热资源勘查、大洋多金属结核和富钴结壳勘查、海底热液硫化物勘查等。海洋生物资源勘查技术包括深海生物资源勘查和极地生物资源勘查。海底物体探测技术主要包括沉船探测等。[1] 2020 年，中国在海底探测、极地探测和潜水器海试方面取得进展。

在海底探测领域，2020 年 10 月，中国成功研发了首款可同时探测海底地形、地貌与浅地层剖面的多元海底特性多波束一体化声学探测装备，该装备填补了中国海底特性多波束一体化声学探测装备领域空白。该技术总体达到国际先进水平，其中海底地形地貌与浅地层剖面共点同步探测技术以及浅剖探测扇面、浅剖探测分辨率、一体化探测波束数等指标处于国际领先水平。[2] 2020 年 6 月 29 日，中国海岛水下监视监测移动智能平台研发项目通过专家验收。该平台是国内首次将合成孔径声呐与无人智能平台共形安装，建立了一体化智能探测海底掩埋物新模式，集成度、作业效率和作业精度显著提高，在航迹精准控制、主动智能减摇、自动布放回收和海底掩埋物探测方面有重大创新，对海底掩埋物探测专业领域具有推广应用价值。[3]

在极地探测领域，2020 年 11 月，由中国极地研究中心牵头研发的我国首套极区中低层大气激光雷达探测系统，通过了技术暨业务试运行验收。该系统与目前正在研发的钠荧光多普勒激光雷达系统相结合，首次在南极地区利用激光雷达系统实现极区大气准全高程地基同步观测，为海洋环境安全保障提供了重要资料，为中国开展极区大气前沿科学问题研究提供了关键技术与装备。[4]

在潜水器海试方面，2020 年 10 月 27 日，由中国自主研发制造的万米级全海深载人潜水器"奋斗者"号在西太平洋马里亚纳海沟成功下潜突破 1 万米，达到 10 058 米。[5] 11 月 10 日，"奋斗者"号成功坐底马里亚纳海沟的"挑战者深渊"，深度达 10 909 米，再次创下中国载人深潜新的深度纪录。[6]

---

① 《海洋高技术产业分类 HY/T 130-2010》，中华人民共和国海洋行业标准，2010 年 3 月 1 日实施。

② 《海底声学探测添利器》，中国海洋信息网，2020 年 10 月 16 日，http：//www. nmdis. org. cn/c/2020-10-16/73055. shtml，2020 年 11 月 11 日登录。

③ 《新"利器"探测海底掩埋物》，载《中国自然资源报》，2020 年 7 月 22 日。

④ 《我国首套极区中低层大气激光雷达探测系统通过验收》，央视网，2020 年 11 月 3 日，http：//m. news. cctv. com/2020/11/03/ARTIMPkStWOpXU9E16wfkhcH201103. shtml，2021 年 3 月 16 日登录。

⑤ 《中国自主研制造的载人潜水器"奋斗者"号挑战全球海洋最深处》，中国网，2020 年 11 月 10 日，http：//ocean. china. com. cn/2020-11/10/content_76893562. htm，2020 年 11 月 11 日登录。

⑥ 《"奋斗者"深潜超万米 中国人"全海深"科考终梦圆》，中国新闻网，2020 年 11 月 16 日，https：//www. chinanews. com/gn/2020-11-16/9339246. shtml，2020 年 11 月 30 日登录。

(二) 海洋开发技术

海洋开发技术包括海洋生物资源开发技术、海洋矿产资源开采技术、海洋可再生能源利用技术、海水综合利用技术和海洋工程技术。[①] 2020 年，中国主要在海洋生物资源开发技术、海洋矿产资源开采技术、海洋可再生能源利用技术等方面取得进展。

1. 海洋生物资源开发技术

海洋生物资源开发技术包括海洋水产品高效增养殖技术、海水种植技术和海洋生物医药技术。[①]

2020 年 10 月，中国科学院海洋研究所培育的牡蛎新品种"海蛎 1 号"，成为农业农村部 2020 年审定通过的 14 个水产新品种之一。"海蛎 1 号"是中科院海洋所贝类增养殖与育种生物技术团队在对牡蛎野生种质资源精细评估以及营养品质性状系统解析的基础上，利用分子育种结合传统育种手段，历时十余年培育成功。该品种有望成为牡蛎国际市场的高端产品，其示范推广养殖将带动我国牡蛎产业从产量效益型向质量效益型转变，助力我国水产养殖业的高质量绿色发展。[②]

2020 年，中国在海洋特殊生境微生物开发利用研究方面取得新进展。2020 年 8 月，自然资源部第三海洋研究所海洋生物资源开发利用工程技术创新中心，对来自缺氧海域一株拟微小球藻和来自南极沉积物的一株希瓦氏菌，开展了产业化应用研究。其中，拟微小球藻对二氧化碳的利用策略研究表明，将气体中的氧气去除可以提高其固碳能力 4.8 倍和油脂产量 4.4 倍。如果采取逐步递增二氧化碳的策略，固碳能力和油脂产量可以进一步分别提高 72% 和 25%。这项研究成果将为未来利用微藻吸收工业二氧化碳、生产生物能源同时进行碳减排提供更有效的策略。对南极希瓦氏菌胞外分泌的生物多糖活性测试及应用评价的研究显示，生物多糖注射对红罗非鱼血清中某些酶活性均有不同程度的提高，进而有效提升红罗非鱼血清非特异性免疫功能。这两项研究的相关成果分别发表在国际期刊《应用能源》和《水产养殖》上。[③]

2. 海洋矿产资源开采技术

海洋矿产资源开采技术包括海洋矿产资源开采技术和海洋油气开采技术。[①]

---

① 《海洋高技术产业分类 HY/T 130—2010》，中华人民共和国海洋行业标准，2010 年 3 月 1 日实施。

② 《中科院海洋所历时十余年培育出牡蛎新品种"海蛎 1 号"》，中国海洋信息网，2020 年 10 月 28 日，http://www.nmdis.org.cn/c/2020-10-28/73087.shtml，2020 年 11 月 15 日登录。

③ 《我国海洋特殊生境微生物开发利用研究取得新进展》，自然资源部，2020 年 8 月 27 日，http://www.mnr.gov.cn/dt/hy/202008/t20200827_2544633.html，2020 年 11 月 10 日登录。

2020年3月，由中国地质调查局组织实施的我国海域天然气水合物第二轮试采取得成功并超额完成目标任务。在水深1225米的南海神狐海域，试采创造了产气总量86.14万立方米、日均产气量2.87万立方米两项新的世界纪录，实现从探索性试采向试验性试采的重大跨越，天然气水合物产业化进程取得重大标志性成果。[1]

中心管汇被喻为"水下油气枢纽站"，是深水油气田开发的核心技术装备之一，主要分布在海底的井口群之间，承担着将深海油气汇集起来输送到"加工中心"——海上浮式平台的重要作用，中心管汇的制造工艺和质量水平直接关系到深海油气田开发的安全性、可靠性、经济性和环保性。长期以来，中心管汇的设计、制造、测试等业务，被西方发达国家设备供应商垄断。2020年9月，由中国自主建造的首批1500米深水中心管汇在天津正式交付，这是目前中国应用水深最大的中心管汇，其工艺复杂性、建造难度均属国内首次，它的成功交付标志着中国深水油气田水下生产系统制造技术取得重要突破。[2]

2020年9月，中国海上首座大型稠油热采开发平台——旅大21-2平台在渤海顺利投产，填补了中国海上油田稠油规模化热采的技术空白，标志着中国油气行业在开发开采海上稠油和特稠油进程中迈出了关键一步，具有里程碑意义。[3]

3. 海洋可再生能源利用技术

海洋可再生能源利用技术主要包括海洋风能发电技术和海洋潮汐能利用技术、海洋波浪能利用技术、海洋潮流能利用技术、海洋温差能利用技术、海洋盐差能利用技术、海洋生物质能利用技术等。[4]

中国海洋风能产业已形成一定规模，潮汐能利用技术较为成熟，居世界领先地位，波浪能发电技术基本成熟，正处于商业化发展进程，潮流能技术已达到国际领先水平。2020年，中国主要在波浪能发电技术方面取得进展。

2020年7月，自然资源部海洋可再生能源专项资金项目"南海兆瓦级波浪能示范工程建设"首台500千瓦鹰式波浪能发电装置"舟山号"在深圳正式交付。该装置是中国单台装机功率最大的波浪能发电装置，采用具有中国、美国、英国、澳大利亚四

---

① 《我国率先实现水平井钻采深海"可燃冰"》，新华网，2020年3月26日，http://www.xinhuanet.com/2020-03/26/c_1125772795.htm，2020年11月15日登录。

② 《我国自主建造的首批1500米深水中心管汇交付》，中国网，2020年9月25日，http://ocean.china.com.cn/2020-09/25/content_76742564.htm，2020年11月16日登录。

③ 《我国海上首座大型稠油热采开发平台投产》，中国网，2020年9月15日，http://ocean.china.com.cn/2020-09/15/content_76704613.htm，2020年12月31日登录。

④ 《海洋高技术产业分类 HY/T 130-2010》，中华人民共和国海洋行业标准，2010年3月1日实施。

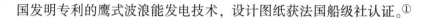

国发明专利的鹰式波浪能发电技术，设计图纸获法国船级社认证。①

（三）海洋装备制造技术

海洋装备制造技术包括海洋探测装备制造技术、海洋开发装备制造技术、海洋观测装备制造技术和海洋环境保护装备制造技术。② 中国海洋装备制造始于 20 世纪 60 年代，重点用于海洋油气资源开发利用。目前，中国在浅水油气装备方面已基本实现自主设计建造，深海装备制造技术也已取得一定突破，部分海工船舶品牌效应明显，装备技术水平持续提高。然而，与国际先进水平相比，中国海工技术水平和研发能力还远不能适应国内国际深海油气开发的需要，核心技术严重依赖国外；海工企业集中于浅水和低端深水装备领域，对高端、新型装备设计建造领域的涉足相当有限。

1. 海洋探测装备制造技术

海洋探测装备包括海洋石油和海洋矿产勘探装备，具体包括潜水器、深海探测成像、通信和定位设备、深海作业及相关配套装备等。② 2020 年，中国主要在潜水器、通信和定位设备、深海作业及相关配套装备制造领域取得进展。

在潜水器制造方面，2020 年 6 月，中国自主研制的首台作业型全海深自主遥控潜水器"海斗一号"在马里亚纳海沟成功完成首次万米海试与试验性应用任务，最大下潜深度 10 907 米，刷新我国无人潜水器最大下潜深度纪录，同时填补了我国万米作业型无人潜水器的空白。"海斗一号"的成功研制、海试与试验性应用，是中国海洋技术领域的一个里程碑，为中国深渊科学研究提供了一种全新的技术手段，也标志着中国无人潜水器技术跨入了一个可覆盖全海深探测与作业的新时代。③

在通信和定位设备领域，2020 年 10 月，由中国石油集团东方地球物理勘探有限责任公司承担的"海洋地质勘探导航定位关键技术与国产装备研发"项目荣获国家卫星导航定位科技进步一等奖。该成果独创的声学粗差数据处理技术，能够自动探测与剔除基于抗差估计的水下高精度非差、差分定位处理以及附有深度约束的水下高精度定位处理数据，在海上 OBC 勘探作业等实际应用中有望取得显著的经济和社会效益。④

---

① 《我国首台 500 千瓦波浪能发电装置"舟山号"交付》，载《经济参考报》，2020 年 8 月 7 日。
② 《海洋高技术产业分类 HY/T 130-2010》，中华人民共和国海洋行业标准，2010 年 3 月 1 日实施。
③ 《"海斗一号"潜水器完成万米海试》，载《自然资源报》，2020 年 6 月 11 日。
④ 《东方物探海洋勘探导航定位关键技术国际领先》，中国海洋信息网，2020 年 10 月 28 日，http：//www. nmdis. org. cn/c/2020-10-28/73086. shtml，2021 年 3 月 16 日登录。

在深海作业及相关配套装备制造领域，2020年9月，中国自主研发的全国产化装备"OST15M型船载高精度自容式温盐深测量仪"，在2020年西太平洋海域夏季调查航次中圆满完成三次海上试验任务，最大布放深度为5915米，突破国产高精度温盐深测量仪最大试验水深纪录。"OST15M型船载高精度自容式温盐深测量仪"具有完全自主知识产权，核心部件国产化率100%。该装备代表着中国温盐深测量技术的最高水平，也是国际海洋高科技产品市场的主要竞争商品，广泛应用于海洋资源开发、海洋科学研究、海洋环境监测和军事海洋环境保障等领域。[1]

2. 海洋开发装备制造技术

海洋开发装备包括海洋油气资源开采设备、海洋矿产资源开采设备、海洋电力装备、海水利用设备、海洋生物制药设备、海洋船舶及设备和海洋固定及浮动装置。[2] 2020年，中国在海洋油气资源开采设备、海洋船舶及设备制造技术等方面取得进展。

在海洋油气资源开采设备方面，2020年9月，由中国自主设计、自主建造的4座22万立方米液化天然气（LNG）储罐在江苏盐城成功升顶，这是国内最大单罐容积LNG储罐项目，也是国内一次性建设规模最大的LNG国家储备基地，标志着中国LNG储罐核心建造技术再上新台阶。[3]

2020年10月，由中国自主建造的全球首个半潜式储油平台主体在山东烟台建造完工，该平台将用于开发中国首个1500米深水自营大气田——陵水17-2项目，标志着中国深水油气田开发能力和深水海洋工程装备建造水平迈上了新的台阶。[4]

2020年10月，由中国自主设计建造的世界最大桁架式半潜平台组块在中国海洋石油集团有限公司青岛场地完工装船，本次建造完工的组块是全球首个万吨级半潜式储油平台的重要组成部分，进一步提升了我国深水海洋工程装备自主设计建造技术和能力水平。[5]

---

① 《破纪录！国家海洋技术中心自主研发全国产化装备"OST15M型船载高精度自容式温盐深测量仪"首次布放至5900米》，中国网，2020年9月29日，http：//www.china.com.cn/haiyang/2020－09/29/content_76764009.htm，2020年11月10日登录。

② 《海洋高技术产业分类HY/T 130-2010》，中华人民共和国海洋行业标准，2010年3月1日实施。

③ 《我国LNG储罐核心技术再上新台阶 自主设计建造的最大LNG储罐成功升顶》，中国网，2020年9月26日，http：//ocean.china.com.cn/2020-09/26/content_76754855.htm，2020年11月16日登录。

④ 《全球首个万吨级半潜式储油平台主体建造完工》，中国网，2020年10月29日，http：//ocean.china.com.cn/2020-10/29/content_76857179.htm，2020年11月16日登录。

⑤ 《我国自主设计建造的世界最大桁架式半潜平台组块顺利完工》，中国网，2020年10月15日，http：//ocean.china.com.cn/2020-10/15/content_76807994.htm，2020年11月16日登录。

2020 年 10 月，中国研制的首台国产海上平台用 25 兆瓦双燃料燃气轮机发电机组通过验收。该机组成为我国第一套具有工程应用业绩、拥有自主知识产权的双燃料燃气轮机发电机组，打破了外国燃气轮机在国内海洋油气开采领域的垄断格局。[①]

在海洋船舶及设备制造方面，2020 年 5 月，由中国自主研发的目前世界上最大的船用双燃料发动机正式面向全球市场发布。该机型的成功研制标志着中国高端海洋装备自主研发制造水平实现了新的突破。[②]

3. 海洋观测装备制造技术

海洋观测装备包括海洋水文专用仪器、海洋气象专用仪器、海洋化学专用仪器、海洋地球物理专用仪器、海洋地质专用仪器、海洋航海专用仪器和海洋观测调查浮标。[③] 近年来，中国海洋观测装备取得长足进展，海洋监测已迈入自主创新时代。

2020 年 8 月，由国家海洋技术中心牵头的国家重点研发计划"海洋环境安全保障"专项"海气界面观测浮标国产化技术研究"项目，完成了海气界面观测浮标的全系统国产化技术研究。浮标全系统成功布放在西北太平洋海域。该型浮标是中国自主研发的首套全国产化的资料浮标，填补了中国大深度、高密度、长期实时获取深海剖面观测数据的技术空白。同时，具有完全自主知识产权的小型一体式感应耦合传输温盐深流传感器，填补了一体式千米温盐深流产品的国内空白，性能指标达到国内领先水平。[④]

2020 年 9 月，国家海洋技术中心科研人员在太平洋海域成功布放一台采用铱星通信方式的 COPEX 型自动剖面漂流浮标，并成功传输数个剖面测量数据。该浮标搭载了该中心自主研制的自动剖面漂流浮标专用温度、盐度、深度传感器，标志着浮标的国产化率进一步提高。[⑤]

（四）海洋新材料技术

海洋新材料是指专属用于海洋开发的各类特殊材料。海洋新材料产品主要包括海

---

① 《打破国外垄断 海上平台中国"芯"通过国家验收》，中国网，2020 年 10 月 13 日，http://ocean. china. com. cn/2020-10/13/content_76800980. htm，2020 年 11 月 14 日登录。

② 《我国高端海洋装备自主研发制造水平实现新突破》，中国网，2020 年 5 月 27 日，http://ocean. china. com. cn/2020-05/27/content_76096368. htm，2020 年 11 月 14 日登录。

③ 《海洋高技术产业分类 HY/T 130-2010》，中华人民共和国海洋行业标准，2010 年 3 月 1 日实施。

④ 《首套国产化海气界面观测浮标布放西北太平洋》，载《中国自然资源报》，2020 年 8 月 28 日。

⑤ 《铱星通信自动剖面漂流浮标布放太平洋》，中国海洋信息网，2020 年 9 月 10 日，http://www. nmdis. org. cn/c/2020-09-10/72825. shtml，2020 年 11 月 16 日登录。

洋防护涂料、海工用钢材料、海洋工程复合材料、深海浮力材料技术和海洋工程用钛技术等。海洋新材料是海工装备制造的基础和支撑，关系到海洋强国建设和海洋安全。经过多年发展，中国海洋新材料产品国产化程度有了很大提高，部分产品实现了完全国产化，但高端产品和核心技术仍依赖进口，部分种类产品的市场长期被国外大公司垄断。

1. 海洋防护涂料技术

海洋装备材料的腐蚀防护与防污是严重制约重大海洋工程技术和装备发展的技术瓶颈之一。德国、美国、荷兰等国在海洋防腐蚀涂料领域处于领先地位。中国的海洋防护涂料技术虽然在近几年有了巨大的进步，但是在涂料防腐性能、成本控制、生产工艺、涂装工艺等方面与发达国家相比仍存在较大的差距，防护性能有待提高，耐久性亟待解决，仍需提升环保节能水平。目前，国内的环保防污涂料市场主要被国外公司所掌控。涉海重防腐涂料基本上被国外大公司垄断。[①]

2. 海工用钢材料技术

海洋工程装备及高技术船舶用钢位列中国重点研发的七大类钢铁新材料之首。随着船舶、海洋工程的迅速发展，海洋工程装备及高技术船舶用钢的研发水平和生产能力也在不断提升。海洋工程装备及高技术船舶用钢主要包括 X80 级深海隔水管材、极地用低温钢等海洋工程用钢，以及高止裂钢板、高强度双相不锈钢宽厚板、船用殷瓦钢等高技术舰船用钢。目前，我国船舶与海洋工程用钢已能满足国内市场的大部分需求，但部分高级别的特种钢材仍依赖进口。

在海洋油气开采领域，日本、德国、法国等已经掌握适用各种海洋平台的大厚规格、高性能钢材。目前，国外新近建设的海底管道的设计水深已达 3500 米，且大多采用大直径、大壁厚的 X70 钢级。近年来，中国石油、中国海油、中国石化三大石油公司在海洋管道建设上加大投入，新建的铺管船已使中国具备作业水深 3000 米的深海铺管能力。

未来舰船行业的发展趋势是轻量化、大型化、安全和长寿命，舰船用钢的强度为 235～1000 兆帕不等。目前，中国仍不能自主研发破冰船、液化天然气（LNG）船、化学品船、大型邮轮等所需的特种钢材，其他大部分船型钢材已经完成国产化。[②]

---

① 王博、魏世丞、黄威，等：《海洋防腐蚀涂料的发展现状及进展简述》，载《材料保护》，2019 年第 52 卷第 11 期，第 139-145 页。

② 《一图读懂：海洋新材料之海洋用钢》，搜狐网，2020 年 6 月 10 日，https：//www.sohu.com/a/400842274_777213，2020 年 11 月 16 日登录。

3. 海洋工程复合材料技术

中国复合材料在海洋工程应用方面起步较晚,尚处于初级阶段,在技术水平和数据积累方面较发达国家有着较大的差距。美国和日本在复合材料制备和应用领域处于领先地位,纤维自动铺设、液态复合成型等技术都十分成熟。目前,国外企业占据了中国80%的碳纤维市场份额。碳纤维复合材料在海洋工程等工业领域都体现了较好的应用前景,同时,碳纤维复合材料的价格在降低,未来碳纤维复合材料的应用会越来越广。

4. 深海浮力材料技术

中国深海浮力材料技术已实现国产化批量生产,生产成本也实现了大幅降低。目前,新型深海浮力材料的开发主要以高性能空心玻璃微珠和轻质合成复合材料为主,未来主要发展方向是进一步降低国产浮力材料的密度,获得更高的压缩强度,同时保持较低的吸水率,强化抗腐蚀性能。[①]

5. 海洋工程用钛技术

中国已基本形成了较为完善的海洋用钛合金体系,但总体上仍处于起步阶段,存在产业化水平低、应用不足的问题。同美国、俄罗斯、日本等国相比,在应用领域、基础研究、钛材生产技术、设计与应用技术及相应配套技术等各个环节,大体有15~30年的差距。20世纪80年代,苏联、美国等国家就将钛应用于常规潜艇、核潜艇、航空母舰、水面舰艇以及深潜器等设备。目前,我国钛制油气开采和开发设备尚处于研发阶段,除钛制输油管道,尚无钛制设备应用的报道,与国外差距较为明显。

(五) 海洋高技术服务

海洋高技术服务包括海洋信息技术、海洋环境观测预报技术、海洋环境治理与修复技术、海洋专业技术服务。[②] 中国海洋环境观测预报技术开展研究较早,已突破一批海洋环境监测技术难关,掌握了一定的海洋监测关键技术。目前,中国发射的海洋卫星和以涉海单位为主要用户的卫星已达到十颗,包括海洋一号A、海洋一号B、海洋一号C、海洋一号D卫星,海洋二号A、海洋二号B、海洋二号C卫星,海洋二号D卫

---

① 高昂、胡明皓、王勇智,等:《深海高强浮力材料的研究现状》,载《材料导报:纳米与新材料专辑》,2016年第2期,第80-83、91页。

② 《海洋高技术产业分类 HY/T 130-2010》,中华人民共和国海洋行业标准,2010年3月1日实施。

星，中法海洋卫星以及高分三号卫星，已形成了卫星遥感海洋应用技术体系。2020年，中国主要在海洋环境观测预报技术和海洋信息技术领域取得进展。

1. 海洋环境观测预报技术

2020年6月，中国成功发射海洋一号D卫星。海洋一号D卫星是海洋水色卫星，与海洋一号C卫星在轨组网运行，主要用于获取全球海洋水色水温信息、中国近海和全球重点区域海岸带环境变化信息及陆上区域数据、海上船舶信息，为海洋环境监测与预报、海洋灾害预警、海洋维权执法和海洋科学研究提供服务。①

2020年7月，中国成功研发出南极首个区域固定冰预报系统——普里兹湾固定冰预报系统。中国南极中山站所在的普里兹湾区域，沿岸常年被1~2米厚的固定冰覆盖，对极地考察船抵近站区和实施冰上卸货造成严重阻碍和巨大安全风险，目前国际上尚无成熟的卫星产品提供大范围南极海冰厚度信息。该系统面向中国南极科学考察队提供业务化服务，填补了此领域的技术和数据空白。普里兹湾固定冰预报系统已在我国第34、第35、第36次南极科学考察期间进行了示范应用，实现了业务化试运行，为中国南极科学考察队在普里兹湾开展冰区作业提供了重要参考，为极区航行安全保障提供了新的手段。②

2020年8月2日，由中国自主研发的高空大型气象探测无人机从海南博鳌机场起飞，完成对台风"森拉克"外围云系的综合气象观测任务。这是中国首次高空大型无人机海洋、台风综合观测试验，取得圆满成功，填补了基于高空大型无人机开展海洋综合观测的空白，标志着中国在这一领域取得了重大突破，对台风探测及预报预警具有重大意义。③

2020年9月，中国成功发射海洋二号C卫星。海洋二号C卫星是中国第三颗海洋动力环境卫星，也是空间基础设施海洋动力探测系列的第二颗业务卫星，将与2018年10月发射的海洋二号B卫星及2021年6月发射的海洋二号D卫星组网运行，共同构成中国海洋动力环境监测网，实现对全球海面高度、有效波高、海面风场、海面温度的全天时全天候高精度观测，有效服务中国自然资源调查监管。④

2020年11月，中国首套极区中低层大气激光雷达探测系统通过技术暨业务试运行

---

① 《祝贺！我国成功发射海洋一号D星》，载《人民日报》，2020年6月11日。
② 《南极首个区域固定冰预报系统研发成功》，中国海洋信息网，2020年7月24日，http：//www. nm-dis. org. cn/c/2020-07-24/72389. shtml，2020年11月10日登录。
③ 《大型无人机台风探测试验成功 填补海洋观测资料空白》，中国新闻网，2020年8月4日，https：//www. chinanews. com/gn/2020/08-04/9255600. shtml，2020年11月10日登录。
④ 《我国成功发射海洋二号C卫星》，新华网，2020年9月21日，http：//www. xinhuanet. com/mil/2020-09/21/c_1210810253. htm，2020年11月10日登录。

验收。该系统与目前正在研发的钠荧光多普勒激光雷达系统相结合，首次在南极地区利用激光雷达系统实现极区大气准全高程地基同步观测，为海洋环境安全保障提供了重要资料，为中国开展极区大气前沿科学问题研究提供了关键技术与装备。[1]

2. 海洋信息技术

2020年8月，自然资源部第一海洋研究所与东方红卫星移动通信有限公司签署了战略合作协议，双方将对海洋物联网基本架构、核心技术和实施方式进行重构。双方将在发挥航天技术和海洋科技优势的基础上，逐步探索和拓宽新的应用场景。通过试验星前期在海洋场景的示范验证，形成完善的低轨卫星海洋应用系统设计和方案，共同打造自主可控的高中低轨卫星海洋应用联合增强网，全面建设自主知识产权的"全球海洋神经网络系统"。[2]

四、海洋科研能力发展

在国家高度重视和支持下，中国海洋科学研究面向国民经济和社会发展的重大需求，取得了令人瞩目的成果，中国海洋科研能力显著提高。

(一) 海洋科研基础

海洋科研基础是指支持海洋科研发展的专业科研机构数量、科研人员及结构、科研基础设施以及科研经费投入与产出等。随着海洋事业的发展，中国海洋科研机构和从业人员队伍不断壮大，经费投入规模持续增长，科研基础设施不断完善，取得了丰硕的科研成果。

目前，中国海洋领域共有1个国家实验室（试点）、20多个国家重点实验室和70多个部属重点实验室。[3]"十三五"期间，中国海洋科研实力和相关专业人才培育快速发展。2017年，全国拥有海洋科研机构近160个，从事科技活动的人员超过2.5万人，年均增长5%，其中，具有博士学位和硕士学位的人员占60%以上，具有高级职称的人员在40%以上。每年完成海洋科研课题超过2万项。基础研究、应用研究和试验发展三类课题所占比重超过70%，每年海洋科研机构发表科技论文超过15 872篇，出版海

[1] 《我国首套极区中低层大气激光雷达探测系统通过验收》，中国海洋信息网，2020年11月3日，http://www.nmdis.org.cn/c/2020-11-03/73115.shtml，2021年3月16日登录。
[2] 《海洋一所探索重构海洋物联网》，载《自然资源报》，2020年8月27日。
[3] 刘明：《十三五时期海洋科技进展及政策建议》，载《海洋发展战略研究动态》，2019年第2期。

洋科技著作近 390 种，拥有发明专利总数超过 1 万件。① 我国海洋领域研究水平与国际先进水平的差距逐渐缩小，海洋高技术自主创新能力显著提升。

（二）国家海洋科技专项

中国国家层面的科技专项主要包括国家自然科学基金、国家社会科学基金、国家科技重大专项、国家重点研发计划、技术创新引导计划、基地和人才专项。涉海项目主要分布于国家自然科学基金、国家社会科学基金和国家重点研发计划。

海洋科技专项的实施为中国的海洋科技发展和壮大提供了稳定支持，为推动海洋科技创新、成果转化及产业化发展创造了机遇。2020 年，国家自然科学基金共批准海洋科学项目 460 项，资助金额 24 847 万元。② 2020 年，国家社科基金涉海项目共计42 项。

2020 年 12 月，科学技术部公布了 2020 年度国家重点研发计划共 22 个重点专项的立项清单，其中包括"海洋环境安全保障"和"蓝色粮仓科技创新"。围绕这两个涉海重点专项，共有 12 个涉海项目入选。

五、小结

2020 年，中国海洋科技发展总体较好，在物理海洋学、海洋生物学和大洋地质研究领域取得突破性进展，全球海洋碳循环、海洋水动力机制、厄尔尼诺现象、海洋生物光合作用机制、海洋生物基因组学、南大洋硫循环以及深海反气旋帽观测等方面研究取得国际学术界认可的成果，发现并命名了多种海洋生物新物种。在国家创新驱动战略和科技兴海战略的指引下，中国海洋科技在推动海洋经济转型升级过程中急需的核心技术和关键共性技术方面取得了一定突破，成为推动新时代海洋经济高质量发展的重要引擎和建设海洋强国的重要支撑力量。目前，中国已基本实现浅水油气装备的自主设计建造，全海深载人潜水器、无人遥控潜水器创造了中国深潜的新纪录，多项海工船舶已形成品牌，深海装备制造取得了重大进展，部分装备已处于国际领先水平。南北极科学考察和大洋科学考察成功开展，获得了大量的地质、生物、深海水体样品，数据资料和高清海底视频资料。

---

① 数据来源：《中国海洋统计年鉴 2018》，北京：海洋出版社，2020 年。

② 《2019 年度国家自然科学基金资助项目统计资料》，国家自然科学基金委员会，http：//www.nsfc.gov.cn/nsfc/cen/xmtj/pdf/2019_table.pdf，2021 年 1 月 11 日登录。

第三部分

海洋生态保护与资源可持续利用

第七章　中国海洋生态文明建设

海洋是高质量发展的战略要地和实现中华文明伟大复兴"中国梦"的重要依托。海洋生态文明作为社会主义生态文明的重要组成部分，在"加快建设海洋强国""建设美丽中国"，促进中国海洋事业可持续发展中具有日益突出的地位。党的十九届五中全会进一步明确了深入实施可持续发展战略，完善生态文明领域统筹协调机制，构建海洋生态文明体系，促进经济社会发展全面绿色转型，建设人与海洋和谐共生的现代化治理体系的发展路径。

一、海洋生态文明建设的新形势

党的十九大以来，中国海洋生态环境质量呈现稳中向好的趋势，但成效尚不稳固。海洋生态文明建设正处于压力叠加、负重前行的关键期，已进入提供更多优质生态产品以满足人民日益增长的优质生态产品需要的攻坚期，也迈进了有条件有能力解决海洋资源环境突出问题的窗口期。

（一）应对社会主要矛盾变化

当前，中国社会主要矛盾已经转化为人民日益增长的美好生活需要和不平衡不充分的发展之间的矛盾，人民群众日益增长的优质生态产品需要已经成为中国社会主要矛盾的重要表现，相比于以往的"人民日益增长的物质文化需要同落后的社会生产之间的矛盾"，可以明显看出人民群众在精神层面和生活品质方面有了更高的要求，对生态产品的需求也更加强烈，广大人民群众热切期盼良好的生产生活环境。人民生活需要的转变深刻地反映出经济社会发展的时代性特征。当前社会不仅仅要求物质和文化上的富足，优质生态产品也是必不可少的组成部分，人民群众期待人与社会、自然三者和谐的美好生活，这也为中国的生态文明建设提出了更高的要求。

当前社会主要矛盾的变化是关系全局的历史性变化，中国海洋生态文明建设应准确把握新时代社会主要矛盾的特征，从社会主要矛盾产生的需求侧与供给侧两个方面共同推进。改革开放以来，中国人民的生活水平有了质的提升，人民对水清、滩净、岸美的海洋资源环境的追求更加强烈。数据显示，2019 年全国滨海旅游业实现增加值 35 724 亿元，已成长为海洋经济发展的支柱产业，增加值占主要海洋产业增加值的比重为 50.6%①，充分说明了人民对海洋生态产品质量提高的强烈需求。在中国社会主要矛盾发生转变的背景下，海洋生态文明发展要准确把握社会主要矛盾变化的社会背景，把海洋环境污染、生态损害和资源紧缺等问题放到全局发展中统筹考虑、妥善解决。

海洋是中国生态文明建设的重要组成部分。然而，我国海洋环境质量总体向好、局部恶化的趋势尚未得到根本性扭转，赤潮、绿潮等海洋灾害频发，部分区域珊瑚礁、海草床等典型生态系统面临退化风险。这种状况已成为中国经济高质量发展和满足人民美好生活需要的突出短板。从根本上看，是经济发展和资源环境保护之间的矛盾造成的，粗放型发展方式带来的人口、经济、资源、环境的失衡以及发展的不可持续等问题，归根结底还是没有处理好人、自然、社会三者之间的关系。海洋生态文明建设必须坚持以满足人民对美好生活的需要为导向，将改善人民的生活质量作为出发点与落脚点，坚持绿色发展理念，注重协调人与海洋、经济与社会发展，着力解决陆源污染物入海、典型生态系统修复等突出问题，让良好的海洋生态环境成为美丽中国的重要内容。

（二）促进海洋经济高质量发展

中国经济正由高速增长阶段转向高质量发展阶段，处在转变发展方式、优化经济结构、转换增长动力的攻关期，急需深化对外开放格局，推动产业转型升级与高质量发展。建设现代化经济体系是跨越关口的迫切要求和中国发展的战略目标。生态文明与工业文明同样发达是高质量发展的内在逻辑和具体表现。高质量发展阶段应当适应新时代的需要和高质量发展的要求，将生态文明与工业文明的成果放到同等重要的位置。人与自然和谐共处、协同共生是新时期高质量发展的重要标志。中国改革开放已历经四十多年，经济转型不断深入，由此引起的经济结构变迁为海洋生态文明发展带来了巨大挑战，也创造了难得的机遇。

海洋在经济发展格局和对外开放中的作用更加重要，在生态文明建设中的影响更加显著，在经济、科技竞争中的战略地位明显上升。中国促进海洋资源的科学规划、合理开发，不断推动海洋经济稳步发展，基本形成了海洋产业门类完整、经济辐射能力较强的开放型海洋经济体系，海洋生产总值占全国国民生产总值的比重约为 10%，成为拉动经济发展的重要增长极。更好地发挥中国海洋资源优势，加快推动海洋经济高质量发展，就要把海洋作为高质量发展的战略要地，加快海洋科技创新步伐，提高海洋资源开发能力，扩大海洋开发领域，加强海洋产业规划和指导，培育壮大海洋战

---

① 《2019 年中国滨海旅游业发展现状、面临的问题及发展战略分析》，中国产业信息网，2020 年 8 月 25 日，https：//www.chyxx.com/industry/202008/890945.html，2020 年 11 月 8 日登录。

略性新兴产业，推动海洋经济向质量效益型转变，提高海洋产业对经济增长的贡献率。

党的十九届五中全会全面部署了"十四五"发展路径，系统谋划了迈向 2035 年的发展方向，再次明确提出坚持陆海统筹，发展海洋经济，建设海洋强国。加强海洋生态文明建设、大力发展绿色经济是推动海洋经济高质量发展的题中应有之义。[①] 坚持和践行习近平生态文明思想以不断提高海洋经济发展的质量和效率，大力推进海洋经济结构战略性调整，成为中国经济社会必须适应高质量发展要求、跨越更高发展阶段的思维原点和行动逻辑。必须坚持绝不以牺牲海洋资源环境为代价换取暂时经济增长的发展底线，用刚性约束确保海洋、人口、经济、环境的和谐发展。结合推进供给侧结构性改革，加快推动绿色、循环、低碳发展，从绿色生态消费着手，改变不合理的要素禀赋利用方式、产业能源使用结构和海洋产业空间布局。

（三）服务构建新发展格局

目前，国际形势正经历百年未有之大变局，随着外部市场关系复杂化，培育国内市场，做大国内市场规模也将成为未来中国经济发展的驱动力。着眼中国发展阶段、环境、条件变化，党中央提出要加快形成以国内大循环为主体、国内国际双循环相互促进的新发展格局，是适应内外环境变化的重大战略调整。深刻认识中国特色社会主义现代化建设所处的新发展阶段，全面贯彻新发展理念，打通生产、分配、流通和消费各个环节，提升供给体系对国内需求的适配性，形成需求牵引供给、供给创造需求的更高水平动态平衡。海洋生态文明建设应当适应这一背景，寻求绿色发展方向和实现途径，推进海洋生态文明建设取得新进步，实现人与海洋和谐共生的现代化。

2021 年是中国"构建以国内大循环为主体、国内国际双循环相互促进的新发展格局"的开局之年。构建国内大循环为主体，不但要充分适应海洋经济发展特征，还要充分发挥海洋经济的优势，通过形成"需求牵引供给、供给创造需求"的海洋产业发展格局，着力推进海洋经济向循环利用型转变，实现绿色发展的竞争力。构建"双循环"新发展格局，一方面要达成海洋经济高质量的发展目标；另一方面，则要实现自然岸线保有率、近岸海域水质优良比例达标的阶段性目标。落实这两方面的目标，要通过绿色发展，推进海洋生态文明建设，加快建设美丽海洋去实现。

"十四五"时期，中国发展的内部条件和外部环境面临着深刻复杂的变化。受新冠肺炎疫情冲击叠加影响，国内外经济形势更加复杂严峻、不稳定性不确定性较大，海洋生态环境质量持续改善仍面临压力。构建新发展格局，把生态文明建设摆在更加突

---

① 《推动海洋经济高质量发展》，中国社会科学网，2018 年 7 月 2 日，http：//www.cssn.cn/jjx/jjx_gd/201807/t20180702_4492018.shtml，2020 年 12 月 3 日登录。

出的位置，打通海洋领域各环节，从生产、分配、消费、流通等环节角度考虑绿色发展路径，整体性地实现海洋生态环境容量约束，提高海洋生态效率，让海洋生态文明建设对构建新发展格局形成良好支撑。

二、海洋生态文明建设的新成就

近年来，中国海洋生态文明体系不断完善，管理能力逐步提升，特别是"十三五"以来，以改善海洋生态环境质量为核心，中国海洋生态文明管理体制机制不断完善，污染防治力度加大，海洋生态文明建设的各项工作稳步推进，为建设美丽海洋奠定坚实基础。

（一）海洋资源环境管理机制创新力度不断加大

根据党的十九大的战略部署，加强对生态文明建设的总体设计和组织领导，2018年组建自然资源部，负责国有自然资源资产管理和自然生态监管，统一行使全民所有自然资源资产所有者职责，统一行使所有国土空间用途管制和生态保护修复职责；组建生态环境部完善生态环境管理制度，统一监管城乡各类污染排放和履行行政执法职责。

2017年，环保部等十部委联合印发《近岸海域污染防治方案》，提出以近岸海域水质改善为重点，严格控制各类污染物排放，通过建立近岸海域水质状况考核机制，将考核目标分解细化至沿海各省（区、市）。此外，以渤海区域为主要管理对象，2017年，国家海洋局印发《关于进一步加强渤海生态环境保护工作的意见》，提出暂停受理和审核围填海项目、开展渤海围填海项目后评估工作等八项措施，并组织专门力量对相关措施进行督促落实。2017年，国家海洋局启动以围填海专项督察为重点的海洋督察，要求实施最严格的围填海管控制度，全面禁止新增围填海；实施流域环境和近岸海域综合治理，严控陆源污染物排放，切实保护海洋生态环境。

2017年，国家海洋局出台《关于开展"湾长制"试点工作的指导意见》，确定"湾长制"试点的基本原则、职责任务和保障措施。以"湾长制"为切入点，进一步明确地方政府对海洋生态环境保护的主体责任，构建省、市、县、乡四级责任分工和运行机制。以强化联防联控为导向，构建浒苔（绿潮）两省一市（山东、江苏、青岛）联动机制，健全完善海洋环境保护的统筹协调机制。2017年赤潮灾害累计面积比上年减少51%，绿潮灾害分布面积为五年最小。2020年，自然资源部印发《省级国土空间规划编制指南（试行）》，要求沿海地区在省级国土空间规划编制过程中要加强陆海统筹，协调匹配陆地与海域功能。①

（二）海洋资源环境相关法律法规不断完善

海洋环境保护的顶层设计得到有效强化，海洋生态文明建设的"四梁八柱"不断夯实。2016 年，全国人大常委会修订《中华人民共和国海洋环境保护法》，将海洋生态红线制度、海洋生态补偿、海洋主体功能区划制度、区域限批等近年来海洋生态文明建设的有效做法和成功实践固化为法律。2017 年，全国人大常委会修订《中华人民共和国水污染防治法》，强化对海洋船舶污染的管制。2018 年，全国人大常委会通过《中华人民共和国环境保护税法》以及原国家税务总局、国家海洋局制定《海洋工程环境保护税申报征收办法》，规定海洋工程勘探开发生产等作业活动的应税污染物类别以及税额计算方式，有效地解决排污费制度存在执法刚性不足的问题，提高从事海洋工程勘探开发生产等作业活动的纳税人的环保意识和遵从度。

2018 年，生态环境部、国家发展改革委、自然资源部联合印发《渤海综合治理攻坚战行动计划》，提出到 2020 年，渤海近岸海域水质优良比例达到 73% 左右，自然岸线保有率保持在 35% 左右，滨海湿地整治修复规模不低于 6900 公顷，整治修复岸线新增 70 千米左右。此外，《海岸线保护与利用管理办法》《围填海管控办法》和《关于海域、无居民海岛有偿使用意见》经中央全面深化改革领导小组审议通过并印发执行，随着一系列海洋环境治理配套制度的相继出台，在我国逐步确立了方向明确、目标清晰、措施有效、约束有力、监管到位的"基于生态系统的海洋综合管理"新模式。

2018 年，国家海洋局颁布《关于率先在渤海等重点海域建立实施排污总量控制制度的意见》，率先在大连湾、胶州湾等重点海湾，以及天津、海口、浙江全省（市）等地区，全面建立实施总量控制制度；渤海其他沿海地市全面启动总量控制制度建设。2020 年，国家发展改革委和自然资源部颁布《全国重要生态系统保护和修复重大工程总体规划（2021—2035 年）》，提出到 2035 年，通过大力实施涵盖沿海 11 个省（区、市）海岸带生态系统保护和修复工程，推进"蓝色海湾"整治，开展退围还海还滩、岸线岸滩修复、河口海湾生态修复、红树林、珊瑚礁、柽柳等典型海洋生态系统保护修复、热带雨林保护、防护林体系等工程建设，加强互花米草等外来入侵物种灾害防治。②

① 《关于政协十三届全国委员会第三次会议第 0260 号（资源环境类 18 号）提案答复的函》（自然资协提复字〔2020〕5 号），自然资源部，http://gi.mnr.gov.cn/202010/t20201030_2580718.html，2020 年 12 月 12 日登录。
② 《全国重要生态系统保护和修复重大工程总体规划印发》，国家林业和草原局，2020 年 6 月 12 日，http://www.forestry.gov.cn/main/72/20200612/093234638407152.html，2020 年 12 月 12 日登录。

（三）海洋资源环境制度体系建设多点开花

《关于划定并严守生态保护红线的若干意见》出台之后，中国率先在渤海建立实施海洋生态红线制度，在此基础上于 2016 年全面建立海洋生态红线制度，全国 11 个沿海省（区、市）将 30% 近岸海域和 35% 自然岸线纳入生态红线管控范围，共划定海洋生态保护红线区面积约 9.5 万平方千米。2018 年，国家海洋局颁布《关于率先在渤海等重点海域建立实施排污总量控制制度的意见》，配套印发《重点海域排污总量控制技术指南》，推进重点海域污染物排海总量控制制度试点，在厦门、青岛、天津等五个城市开展试点，特别是 2017 年国家海洋局印发实施《关于在渤海等重点海域建立实施排污总量控制制度的意见》，构建了以质定量、以海定陆的新框架，并逐步在全国沿海全面实施。2019 年，中国海洋生态环境状况稳中向好，海水环境质量总体有所改善，夏季符合第一类海水水质标准的海域面积占管辖海域面积的 97%，比上年提升 0.7%。[①]

建立资源环境承载能力监测预警机制，对水土资源、环境容量和海洋资源超载区域实行限制性措施，是中央全面深化改革的一项重大任务。2017 年，中共中央办公厅、国务院办公厅发布《关于建立资源环境承载能力监测预警长效机制的若干意见》提出，超载等级最严重的红色预警区将面临最严格的区域限批，严重破坏资源环境承载能力的企业、管理不力的政府部门负责人、负有责任的领导干部等责任主体将受到严厉处罚。截至 2018 年，中国已经研究建立了资源环境承载能力监测预警制度并构建了评价指标体系和评估办法，完成了 20 个县级区域试点及京津冀地区、长三角地区试评估。《2019 中国生态环境状况公报》显示，全国 190 个入海河流水质断面总体为轻度污染，劣 V 类水质断面比例为 4.2%，同比下降 10.7 个百分点。"消劣"治理初见成效。2019 年，中国管辖海域海水环境维持在较好水平，夏季第一类海水水质海域面积占管辖海域面积的 97.0%，同比上升 0.7 个百分点，劣四类水质海域面积较上年同期减少 4930 平方千米。[②]

（四）海洋保护区建设和生态修复能力同步提升

以习近平生态文明思想为指引，中国自然资源利用和生态保护取得重大进展。生态文明理念不断深入人心，资源管理制度体系加快形成，资源利用水平稳步提升，生态产品供给明显增加。自然资源产权制度和全民所有自然资源有偿使用制度改革有序

[①] 《2019 年中国海洋生态环境状况公报》，生态环境部，http://www.mee.gov.cn/hjzl/sthjzk/jagb/202006/P020200603371117871012.pdf，2020 年 11 月 20 日登录。

[②] 根据《2018 中国生态环境状况公报》和《2019 中国生态环境状况公报》计算得出。

推进，不动产统一等级制度改革全面完成，"多规合一"的国土空间规划体系顶层设计和总体框架基本形成，以国家公园为主体的自然保护地体系加快构建。全国近岸海域环境质量总体改善，2019 年近岸海域优良（第一类、第二类）水质面积比例为76.6%，同比上升 5.3 个百分点。2020 年春季全国近岸海域优良水质比例为 79.8%，同比增长 3.3 个百分点。夏季初步监测评价结果显示，全国近岸海域优良水质比例为78.6%，与上年同期基本持平。①

2016 年，国家海洋局印发实施《关于加强滨海湿地管理与保护工作的指导意见》，新建 2 个国家级海洋自然保护区和 59 个国家海洋特别保护区，海洋保护区规模质量同步提升。2017 年，中共中央办公厅、国务院办公厅颁布的《建立国家公园体制总体方案》中提出"构建以国家公园为代表的自然保护地体系"的要求。2019 年，中共中央办公厅、国务院办公厅印发《关于建立以国家公园为主体的自然保护地体系的指导意见》提出，到 2025 年，健全国家公园体制，完成自然保护地整合归并优化，完善自然保护地体系的法律法规、管理和监督制度，提升自然生态空间承载力，初步建成以国家公园为主体的自然保护地体系。截至 2019 年年底，中国已建立各级各类海洋保护区271 处，总面积约 12.4 万平方千米，占管辖海域面积的 4.1%②。

2016 年起，中央财政累计安排海岛及海域保护资金 68.9 亿元，先后支持 28 个沿海城市开展"蓝色海湾"整治行动，实施内容包括海岸线生态修复工程，恢复海岸线生态功能。③《海岸线保护与利用管理办法》明确提出到 2020 年，全国自然岸线保有率不低于 35%（不包括海岛岸线）。"十三五"期间，中国新增湿地面积 300 多万亩，湿地保护率达到 50% 以上④，组织开展"蓝色海湾""南红北柳""生态岛礁"等重大海洋生态修复工程，优化了海岸带生态安全屏障体系，海洋生态修复治理的成效和综合效益初步显现。2020 年发布《全国重要生态系统保护和修复重大工程总体规划（2021—2035 年）》⑤，全面加强海洋生态保护和修复工作，扭转海洋生态恶化的状况。此外，"十三五"以来海洋环境保护的发展还表现在国际层面，中国参与全球海洋治理

---

① 《全文实录 | 生态环境部召开 9 月例行新闻发布会》，北极星大气网，2020 年 9 月 25 日，http：//huan-bao. bjx. com. cn/news/20200925/1106980. shtml，2020 年 12 月 12 日登录。

② 《〈中国海洋保护行业报告〉：我国已建立 271 个海洋保护区》，人民网，2020 年 10 月 14 日，http：//env. people. com. cn/n1/2020/1014/c1010-31892097. html，2020 年 12 月 12 日登录。

③ 《自然资源部：多措并举加强海岸线生态保护修复》，北极星环境修复网，2019 年 11 月 21 日，http：//huanbao. bjx. com. cn/news/20191121/1022732. shtml，2020 年 12 月 12 日登录。

④ 《"十三五"期间我国新增湿地面积 300 多万亩》，新华网，2021 年 1 月 3 日，http：//www. xinhuanet. com/2021-01/03/c_1126941099. htm，2021 年 4 月 17 日登录。

⑤ 《〈全国重要生态系统保护和修复重大工程总体规划（2021—2035 年）〉印发——未来十五年，保护修复生态这样干》，自然资源部，2020 年 6 月 12 日，http：//www. mnr. gov. cn/dt/ywbb/202006/t20200612_2525856. html，2020 年 12 月 12 日登录。

的步伐进一步加快，围绕国家管辖范围以外区域海洋生物多样性国际协定谈判、国际海底区域矿产资源开发规章、海洋垃圾（微塑料）等热点问题，中国海洋生态文明理念在全球海洋治理中得到了有力彰显和广泛宣传。

（五）海洋资源环境监测评价业务体系逐步拓展升级

"十三五"期间中国陆续出台了《生态环境监测网络建设方案》《关于省以下环保机构监测监察执法垂直管理制度改革试点工作的指导意见》《关于深化环境监测改革提高环境监测数据质量工作实施方案》三份重要改革文件，基本形成了生态环境监测管理和制度体系的"四梁八柱"。《生态环境监测规划纲要（2020—2035年）》首次将海洋、地下水、排污口、水功能区、农业面源、温室气体等要素纳入全国生态环境监测体系通盘谋划，提出了面向2035年美丽中国战略目标的生态环境监测发展路线图、时间表和任务书。完成了"十四五"国家环境空气、地表水、海洋环境监测网络优化调整，地表水监测断面由2050个增到3646个，海洋监测点位整合到1359个，已形成覆盖地表水、环境空气、污染源等主要领域的监测类标准1200余项[1]，为监测工作依规开展提供了有力保障。目前，全国已形成国家、省、市、县四级环境监测网络，共有专业、行业监测站4800多个，其中环保系统2200多个监测站，行业监测站2600多个，开展海洋环境监测的300多个。[2]

全国建立了"省级全覆盖、地市级基本覆盖、县区级过大半覆盖"的监测体系。监测技术能力明显提升，2020年，海洋二号C卫星成功发射升空，其入轨后与海洋二号B卫星组网，构成中国首个海洋动力环境监测网络，将大幅提升中国海洋观测范围、观测效率和观测精度。海洋监测范围和监测指标不断拓展，监测范围从管辖海域拓展至西太平洋等与国家权益和生态安全密切相关的国际公共水域，监测指标从海洋环境质量、海洋生态状况等常规性监测指标逐步拓展到海洋酸化、海洋垃圾、海洋微塑料等新兴领域。海洋灾害和突发事故应对能力稳步提升，建立海上溢油全天候监管体系，为积极稳妥地应对油轮碰撞燃爆事故等可能造成重要海洋环境破坏的污染事故提供了基础。

---

[1] 《生态环境部5月例行新闻发布会实录》，生态环境部，2020年6月2日，http：//www.mee.gov.cn/xxgk2018/xxgk/xxgk15/202006/t20200602_782341.html，2020年12月12日登录。

[2] 《2020中国海洋环境监测行业发展现状及区域市场分析》，中研网，2020年6月14日，https：//www.chinairn.com/hyzx/20200614/172123915.shtml，2020年12月12日登录。

三、推进海洋生态文明体系的新发展

在党中央坚强领导下，海洋生态文明建设力度之大前所未有，海洋生态环境质量正在发生历史性、转折性、全局性变化。"十四五"时期，必须树立尊重自然、顺应自然、保护自然的生态文明理念，将发展海洋经济与海洋生态环境保护相结合，持续改善环境质量，统筹规划，统一部署，全面推进海洋生态文明建设。

（一）加强海洋资源资产产权管理

党的十九届五中全会提出要健全自然资源资产产权制度，建立生态产品价值实现机制，构建以国家公园为主体的自然保护地体系。要建立健全海洋资源开发利用的绿色市场准入制度，抑制不合理的海洋资源开发需求。进一步健全海洋资源有偿使用制度，引导海洋资源利用产业健康发展，促进海洋资源利用走向科学、合理、永续发展的道路。坚持海洋资源用养结合，合理降低开发利用强度，是推动海洋经济向高度、深度、广度发展的关键。要将"海洋资源消耗""海洋环境损害"和"生态效益"纳入经济社会发展评价体系，引导正确的行为选择和价值取向。重视海洋环境生态价值和生态效益，探索海洋生态资源资产确权、核算、负债管理路径，寻求将生态优势转化为经济优势、生态价值转换为货币价值的路径和机制，提高海洋资源使用价格，从源头上缓解海洋资源开发压力。深化海洋资源性产品税及配套税费改革，建立公平合理、调节有效的海洋资源税费体系。

健全包括海洋在内的自然资源资产管理体制，做好所有者和管理者的分离，以综合管理代替分行业分部门的传统管理模式。对海洋资源资产的数量、范围和用途统一管理，实现权利、责任、义务相统一，确保海洋资源的可持续利用和海洋经济的可持续发展。科学合理有序开发海洋资源，编制海岸带综合保护利用规划，细致谋划指标体系，更加注重生态要素，健全完善海洋资源资产产权制度和法律法规，加强自然资源调查评价监测和确权登记，建立生态产品价值实现机制。着力推动海洋资源保护并有效恢复其自然生态承载能力，全面提升海洋生态系统服务功能，为资源开发利用划定边界和底线，限制人类过度利用自然的不合理行为，实现资源永续利用。

建立海洋自然保护地体系，需要完善划定标准，确立国家公园主体地位，整合优化现有各类海洋自然保护地，总结国家公园体制试点经验，合理调整自然保护地范围。明确自然保护地功能定位，科学划定自然保护地类型，加强自然保护地建设，分区分类开展受损自然生态系统修复。要坚持山水林田湖草系统综合治理，构建流域和海域联动的综合治理格局，发挥湾区陆海纽带作用，建立陆海统筹的海洋生态环境区划管理体系。建立健全海洋保护区网络体系，强化海洋保护区的监督管理，提高海洋保护区管理水平，建立海洋保护区管理绩效评估体系，制止保护区内的不合理开发利用。完善自然保护地立法，建立全链条、全覆盖、全要素的监管体系，定期开展监督检查行动，严格限制或禁止人类活动，严肃查处违法违规行为，确保自然保护地和生态保护红线生态功能不降低、面积不减少、性质不改变，解决围填海等破坏海洋保护地的难题。

（二）加强海洋生态环境保护修复

党的十九届五中全会提出"持续改善环境质量、提升生态系统质量和稳定性"等重大任务，强调"完善生态文明领域统筹协调机制"[1]。海洋自古是人类生存和发展的基本单元，也是近现代人类发展的重要战略资源。"十四五"时期应继续建立健全海洋生态保护修复机制，推进陆海统筹、河海联动治理，促进近岸局部海域海洋水动力条件恢复；维护海岸带重要生态廊道，保护生物多样性，构建海洋生态环境屏障。继续严控围填海，加强陆源污染入海控制、治理和监管，开展海洋污染防治攻坚战，深入打好海洋污染控制保卫战。

保持海洋环境治理战略定力，不断加强海洋生态环境保护修复，完善中央生态环境保护督察制度，提升海洋生态系统质量和稳定性，健全生物多样性观测网络，加强外来物种管控，提高生物多样性的预警水平。推动建立市场化、多元化海洋生态补偿机制，着力解决优良生态产品和生态服务供给不足等矛盾和问题，使海洋生态破坏者和海洋生态保护的受益者支付相应的代价和成本，对海洋生态保护者和海洋生态破坏的受害者进行经济补偿，从而激励海洋生态保护行为、抑制海洋生态破坏行为，保持海洋生态保护与海洋经济发展的动态平衡。加快立法进程，尽快建立统一公平、覆盖主要陆源污染物的排污许可制。坚持陆海统筹，健全有关部门联合监管陆源污染物排海的工作机制，优化排污口布局，加强海上倾废排污管理，实现逐步改善海洋环境质量、建设美丽海洋的目标。

建立健全海洋开发利用评估体系，监测海洋资源环境承载能力，设置科学合理的监测评估标准，提升监测评估能力水平。强化监督执法，从系统工程和全局角度寻求治理指导，建立常态化监督执法机制。加强海洋资源环境监测与海洋行政监察执法工作，在沿海地区试点开展重点海域排污总量控制，坚决打击各类违法违规海洋开发活动。将相关约束性指标分解落实到各地方，建立科学合理的考核评价体系，促进环境

---

① 《中国共产党第十九届中央委员会第五次全体会议公报》，中国共产党新闻网，2020 年 10 月 29 日，http://cpc.people.com.cn/GB/http:/cpc.people.com.cn/n1/2020/1029/c64094-31911510.html，2020 年 12 月 3 日登录。

质量改善和相关工作落实。积极推进中央生态环境保护督察重大改革举措，完善监督举报、环境公益诉讼等机制，及时曝光突出环境问题及整改情况，鼓励和引导环保社会组织和公众参与环境污染监督治理。实施河湖水系综合整治，以河湖、海湾为抓手，建设美丽河湖、美丽海湾。

（三）完善海洋生态文明制度体系

海洋生态文明建设是一项巨大而复杂的系统性工程，需要全面、系统、完整的法律体系提供支撑。制度是纲，纲举目张。要把生态文明理念融入国家经济、政治、文化和社会建设的全过程，建立与海洋生态文明相适应的增长方式、产业结构、消费模式和制度体系，统筹规划，统一部署，全面推进海洋生态文明建设。建立涵盖海洋领域的生态文明制度的法律体系，保护和改善生活环境和生态环境，促进经济社会全面协调可持续发展，全方位、多角度、立体化推进海洋生态文明建设。

完善海洋生态文明制度体系，加快制定海洋基本法，把党的海洋生态文明政策和国家战略法律化，作为母法对其他海洋生态文明建设的相关及其配套立法进行统领和指导，逐步完善和发展现有海洋资源环境的法律制度和立法。加强对滩涂、海域等海洋资源的确权登记，完善归属清晰、权责明确、保护严格、流转顺畅的现代海洋资源资产产权制度。充分发挥市场在资源配置中的决定性作用，加快海洋资源及其产品价格改革，全面反映市场供求、海洋资源稀缺程度、海洋生态环境损害成本和修复效益。健全海洋环境损害赔偿制度，逐步将资源税扩展到各种海洋生态空间。

以海洋资源环境为基础，做好海洋生态文明建设的中长期规划和重大专项规划，着力推进国家及沿海地区绿色发展、循环发展、低碳发展，构建海洋资源集约节约和海洋环境保护的空间格局、产业结构、生产方式、生活方式，从源头扭转海洋生态环境恶化趋势，保障海洋生态文明建设的顺利实施。按照海洋生态文明建设的系统性和完整性，建立海洋生态文明制度体系建设的管理制度、科学决策和责任制度，内化道德和自律制度，提高海洋环境保护的力度和资源利用效率。

四、小结

"十三五"期间，中国在海洋生态文明建设方面取得巨大进展，是迄今为止中国生态环境质量改善成效最大、生态环境保护事业发展最快的五年。但海洋生态文明建设仍存在许多亟待解决的难题，近岸海域环境污染、典型海洋生态系统受损严重、海洋资源供给匮乏、近远海开发格局不均衡等问题仍旧突出。在当前社会主要矛盾转变的新时期下，面对经济转型新形势，构建新发展格局要求迫切，从完善海洋资源资产管理、健全海洋用途管制制度、推进海洋空间开发保护、实施海洋生态保护修复等方面规划协调新时代海洋生态文明建设，重视对海洋经济相关规划与战略决策的整体部署、制定和实施，加强对海洋经济发展的指导部署与综合管理，努力形成海洋资源环境保护与经济效益相统一的良好局面。

第八章 中国海洋资源可持续利用

海洋资源是中国社会经济可持续发展的重要支撑，保护和可持续利用海洋资源是发展海洋经济、推动绿色发展和提升海洋生态系统质量的内生需求。为落实"坚持节约优先、保护优先、自然恢复为主""深入实施可持续发展战略""促进社会经济全面绿色转型"等党中央和国务院重大战略部署，自然资源部及相关政府部门采取了多种举措，保障海洋资源开发产业健康有序发展、海洋资源利用效率持续提高、海洋生态环境得到修复，切实推进海洋强国建设和生态文明建设。

一、海洋资源开发利用情况

2019—2020 年，海洋资源开发利用稳步推进，海洋渔业资源可持续开发，海洋生物医药产业较快增长，海洋油气增储上产态势良好，天然气水合物进入实验性试采阶段，海洋可再生能源技术研发取得进展。

（一）海洋生物资源开发利用

1. 海洋捕捞及养殖

海洋渔业产量总体保持稳定。2019 年，全国海水产品产量 3282.50 万吨，同比下降 0.57%，海水产品与淡水产品的产量比例为 50.7∶49.3。海洋捕捞产量 1000.15 万吨，同比下降 4.24%。其中，鱼类产量 682.88 万吨，甲壳类产量 191.79 万吨，贝类产量 41.19 万吨，藻类产量 1.74 万吨，头足类产量 59.92 万吨。海水养殖产量 2065.33 万吨，同比上升 1.68%。海水养殖面积 199.218 万公顷，同比下降 2.49%，海水养殖与淡水养殖的面积比例为 28∶72。远洋渔业产量 217.02 万吨，同比下降 3.87%，占水产品总产量的 3.35%。[①] 海洋渔业全年实现增加值 4715 亿元，比上年增长 4.4%。[②]

[①] 《2019 年全国渔业经济统计公报》，中华人民共和国常驻联合国粮农机构代表处，2020 年 6 月 19 日，http://www.cnafun.moa.gov.cn/kx/gn/202006/t20200619_6346974.html，2020 年 12 月 31 日登录。

[②] 自然资源部：《2019 年中国海洋经济统计公报》，2020 年 5 月 9 日，http://gi.mnr.gov.cn/202005/t20200509_2511614.html，2020 年 12 月 31 日登录。

2. 海洋药物和生物制品

海洋药物和生物制品业是指以海洋生物为原料或提取有效成分，进行海洋药物和生物制品的生产加工及制造活动。近年来，海洋生物制品自主研发成果不断涌现，产业平稳较快增长。2019 年，海洋生物医药产业实现增加值 443 亿元，比上年增长 8.0%。[①]

中国海洋生物制品研发取得了较为显著的成果，已有多种海洋药物和生物制品经批准上市，包括抗病毒、抗凝血、降血脂、免疫调节、镇静、麻醉、延缓动脉粥样硬化等；自主研发的海洋药物包括 GV-971、藻酸双酯钠、盐酸甘露醇、角鲨烯、河豚毒素、鱼肝油等。

（二）海洋矿产资源勘探开发

1. 油气资源勘探和开发

2019 年，海洋油气增储上产态势良好。海洋原油生产增速由负转正，扭转了 2016 年以来产量连续下滑的态势，实现产量 4916 万吨，比 2018 年增长 2.3%。海洋天然气产量持续增长，达到 162 亿立方米，比 2018 年增长 5.4%。海洋油气业全年实现增加值 1541 亿元，比 2018 年增长 4.7%。[①]

海洋油气勘探在渤海和南海琼东南方向取得新进展。2019 年，渤海沙垒田凸起西段古生界灰岩潜山曹妃甸 2-2 油田取得突破，CFD 2-2-2 井单井探明地质储量超千万吨。南海琼东南盆地松南低凸起中生界花岗岩潜山测试获高产，YL 8-3-1 井测试获气 129 万立方米/日。[②]

管辖海域新区、新层系油气资源调查持续开展。进一步评价了南海东北部重点区域中生界油气资源潜力，论证建议井位 3 口。落实了东海南部中生界 3 个重点构造，初步提出建议井位 2 口。初步落实南海重点盆地 20 个局部构造，圈定 2 个油气远景区。圈定了崂山隆起高石稳定带西部 2 个北西向有利构造带。[②]

2. 天然气水合物调查和勘探

持续推进南海北部神狐海域天然气水合物勘查开采先导试验区建设，优选了第二

---

① 自然资源部：《2019 年中国海洋经济统计公报》，2020 年 5 月 9 日，http：//gi. mnr. gov. cn/202005/t20200509_2511614. html，2020 年 12 月 31 日登录。

② 自然资源部：《中国矿产资源报告 2020》，2020 年 10 月 22 日，http：//www. mnr. gov. cn/sj/sjfw/kc_19263/zgkczybg/202010/t20201022_2572964. html，2020 年 12 月 31 日登录。

轮试采目标矿体和井位，配备以水平井作业为核心的试采关键技术设备。在南海北部重点海域圈定了 5 个重点目标区。在珠江口盆地东部等重点海域圈定了 5 个成矿有利区带，进一步拓展了天然气水合物找矿空间。2020 年 2—3 月，在水深 1225 米的南海神狐海域，首次利用水平井钻采技术试采天然气水合物，连续产气 42 天，累计产气总量 149.86 万立方米、日均产气量 3.57 万立方米，实现了从"探索性试采"向"试验性试采"的重大跨越。[①]

（三）海水资源综合利用[②]

截至 2019 年年底，全国现有海水淡化工程 115 个，工程规模 157.37 万吨/日，新建成海水淡化工程规模 39.90 万吨/日；全国年海水冷却用水量 1486.13 亿吨，比 2018 年增加了 94.57 亿吨。

1. 海水淡化利用

2019 年，全国新建成海水淡化工程 17 个，工程规模 39.90 万吨/日，分布在辽宁省、河北省、山东省、江苏省和浙江省，主要满足沿海城市石化、钢铁、核电、火电等行业用水需求。

全国现有万吨级及以上海水淡化工程 37 个，工程规模 140.38 万吨/日；千吨级及以上、万吨级以下海水淡化工程 42 个，工程规模 16.25 万吨/日；千吨级以下海水淡化工程 36 个，工程规模 7390 吨/日。2019 年，全国新建成海水淡化工程最大规模为 18 万吨/日。

截至 2019 年年底，全国海水淡化工程分布在沿海 9 个省市水资源严重短缺的城市和海岛（见图 8-1）。北部海洋经济圈工业用海水淡化工程所占比例较高，集中在辽宁省、天津市、河北省和山东省的电力、钢铁、石化等高耗水行业，市政供水用海水淡化工程主要在天津市和青岛市；东部海洋经济圈海岛市政供水用海水淡化工程所占比例较高，集中在浙江省嵊泗县、岱山县、普陀区等海岛地区，工业用海水淡化工程分布在浙江省的石化、电力等高耗水行业；南部海洋经济圈工业用海水淡化工程集中在广东省的钢铁、电力等高耗水行业，市政供水用海水淡化工程则主要在福建省、海南省的海岛地区。

---

① 自然资源部：《中国矿产资源报告 2020》，2020 年 10 月 22 日，http：//www. mnr. gov. cn/sj/sjfw/kc_19263/zgkczybg/202010/t20201022_2572964. html，2020 年 12 月 31 日登录。

② 本节数据主要来源：自然资源部：《2019 年全国海水利用报告》，http：//gi. mnr. gov. cn/202010/t20201015_2564968. html，2020 年 12 月 31 日登录。

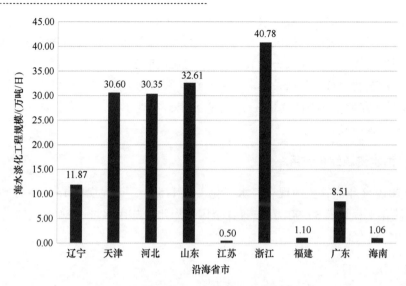

图 8-1 全国沿海省市现有海水淡化工程分布

2. 海水直接利用

2019 年，沿海核电、火电、钢铁、石化等行业海水冷却用水量稳步增长。截至 2019 年年底，年海水冷却用水量 1486.13 亿吨，比 2018 年增加了 94.57 亿吨。截至 2019 年年底，辽宁、天津、河北、山东、江苏、上海、浙江、福建、广东、广西、海南 11 个沿海省（区、市）均有海水冷却工程分布（见图 8-2）。2019 年，山东省、浙江省、福建省和广东省年海水冷却用水量均超过百亿吨，分别为 121.77 亿吨、331.55 亿吨、227.54 亿吨和 466.12 亿吨。

国内海水直流冷却技术成熟，主要应用于沿海电力、石化和钢铁等行业。2019 年，广东省阳江市、浙江省台山市两台核电机组实现并网运行，核电行业海水冷却用水量持续上升。海水循环冷却技术进一步推广应用，截至 2019 年年底，中国已建成海水循环冷却工程 22 个，总循环量为 192.48 万吨/小时，新增海水循环冷却循环量 10.6 万吨/小时。

（四）海洋可再生能源开发

根据"中国近海海洋综合调查与评价"专项及海洋可再生能源专项评估结果，中国近海的潮汐能、潮流能、波浪能、温差能、盐差能的潜在资源量约为 6.97 亿千瓦，

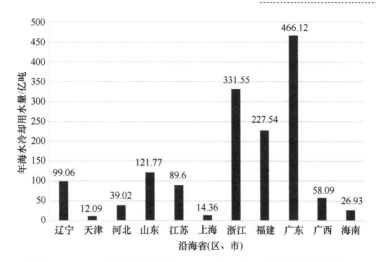

图 8-2　2019 年全国沿海省（区、市）海水冷却用水量分布

技术可开发量约为 0.66 亿千瓦。①

　　近年来，中国潮流能发电技术实现巨大飞跃，跨入世界先进行列。浙江舟山联合动能新能源开发有限公司研发的 3.4 兆瓦 LHD 模块化大型海洋潮流能发电机组于 2016 年 7 月建成发电，2016 年 8 月正式并入国家电网，截至 2020 年 8 月已连续稳定发电 4 年，远超其他国家潮流能装置连续发电时长。② 在海洋能专项资金的支持下，2018 年，由国电联合动力研发的世界首台应用 270 度变桨技术的 300 千瓦海洋潮流能发电机组已经实现持续稳定运行。③

　　中国波浪能发电技术发展迅速，已经研发出一批具有推广前景的技术装备。2020 年 6 月，海洋可再生能源专项资金项目"南海兆瓦级波浪能示范工程建设"500 千瓦鹰式波浪能发电装置"舟山号"在深圳正式交付。该装置是继装机 100 千瓦的"万山号"、260 千瓦的"先导一号"发电平台、120 千瓦的"澎湖号"发电-养殖-旅游平台之后，中国最新研发的鹰式波浪能发电装置，也是目前中国单台装机功率最大的波浪

　　①　王项南：《加快开发海洋可再生能源的现实思考》，载《中国海洋报》，2018 年 10 月 25 日第 2B 版。
　　②　《LHD 项目继续领跑世界纪录》，岱山新闻网，2020 年 8 月 29 日，https：//dsnews. zjol. com. cn/dsnews/system/2020/08/29/032700379. shtml，2020 年 11 月 2 日登录。
　　③　《重磅！联合动力自主研发！世界首台应用最新电动变桨和水下视频技术的 300 kW 潮流能发电机组下海并网运行》，中国风电新闻网，2018 年 4 月 3 日，http：//www.chinawindnews.com/636.html，2020 年 11 月 16 日登录。

能发电装置。[1]

海上风电建设持续取得进展。2020年7月，中国自主研发的首台10兆瓦海上风电机组在福建省福清市并网发电，在年平均10米/秒的风速下，单台机组每年输送的清洁电能可减少燃煤消耗1.28万吨、二氧化碳排放3.35万吨。[2] 2020年9月，广西壮族自治区印发《广西加快发展向海经济推动海洋强区建设三年行动计划（2020—2022年）》，提出培育特色鲜明、布局合理、立足广西、面向东盟的海上风电产业，以风电开发和配套产业链建设为重点，以海上风电产业集群和海上风电产业园为核心，带动风电装备制造业及海上风电服务业集群发展。[3]

二、提高海洋资源利用效率

近年来，中国持续加强渔业资源管理，多措并举促进海洋渔业资源的养护和可持续利用。鼓励海洋可再生能源开发技术研发与试点，加强核心技术装备的研发和制造能力，推进海洋可再生能源开发实现产业化。规范海砂开采管理，加强海砂供给对重大建设工程的支撑作用。《中共中央关于制定国民经济和社会发展第十四个五年规划和二〇三五年远景目标的建议》提出，"十四五"时期要"推动绿色发展，促进人与自然和谐共生""全面提高资源利用效率"。这既是破解保护与发展突出矛盾、促进人与自然和谐共生的必然要求，更是事关中华民族永续发展和伟大复兴的重大战略问题。

（一）推进渔业资源可持续利用

"十三五"期间，各级渔业部门按照党中央、国务院部署安排，积极采取有效措施，加快推进生态文明建设，不断完善渔业资源保护管理制度，加大水生生物资源养护力度，促进渔业与资源保护协调发展取得明显成效。围绕渔业转型升级，积极开展执法攻坚，强化队伍和支撑体系建设，为推动渔业高质量发展和渔业水域生态文明建设提供了有力的支撑保障。"十三五"期间，海洋捕捞渔船数量明显减少，海洋渔业捕捞产量稳步下降。与2015年年底相比，2019年全国海洋捕捞渔船数量减少4.4万艘，功率减少165.7万千瓦，国内海洋捕捞水产品产量为1000.15万吨，养捕比达到78:22。"十三五"规划的海洋捕捞总产量控制目标提前完成。渔船结构明显优化，节

---

① 《500 kW鹰式波浪能发电装置"舟山号"交付》，科学网，2020年7月1日，http://news.sciencenet.cn/htmlnews/2020/7/442165.shtm，2020年11月16日登录。

② 丁怡婷：《清洁能源点亮绿色经济》，载《人民日报》，2020年11月21日第18版。

③ 《华能西门子广西北部湾海上风电产业大基地化开发项目落户钦州》，钦州市人民政府，2020年11月12日，http://www.qinzhou.gov.cn/xwdt_239/zwyw/202011/t20201112_3413066.html，2020年11月16日登录。

能环保水平稳步提升。资源破坏严重的作业类型渔船占比持续下降，其中，拖网类渔船占比降低近 10%，底拖网渔船由 2334 艘减为 51 艘。渔业装备现代化水平不断提升，生产事故率明显下降。老旧木质渔船陆续退出，钢质和玻璃钢渔船总计已超过 6 万艘，超过现有捕捞渔船总数的 50%。渔船与渔业生产安全水平也有了长足进步，渔业事故和死亡人数持续保持历史低位。[1] 为规范远洋渔业管理，促进远洋渔业健康发展，建设负责任远洋渔业强国，农业部于 2017 年发布了《"十三五"全国远洋渔业发展规划》，明确提出至 2020 年，全国远洋渔船总数稳定在 3000 艘以内，远洋渔业实行海洋渔船"双控"政策，远洋渔业产量保持在 230 万吨左右。2019 年，全国远洋渔业企业共 178 家，作业远洋渔船 2701 艘，远洋渔业年产量 217 万吨[2]，实现了管控目标。远洋渔业成为推进农业"走出去"和"一带一路"倡议的重要内容，在丰富国内市场供应、保障国家粮食安全、促进对外合作等方面发挥了重要作用。

延长海洋伏季休渔期，加强重点渔业资源养护。2018 年年初，农业部发布《农业部关于调整海洋伏季休渔制度的通告》，调整了海洋伏季休渔制度，部分作业类型休渔期前移并延长，东海和部分黄海海域休渔期长达 3 个半月。这是中国自 1995 年实行海洋伏季休渔制度以来，史上最严的伏季休渔政策。渔业资源调查结果显示，"最严"休渔制度实施后，当年各海区资源总体呈现增加趋势。2018 年，农业部决定实施带鱼等 15 种重要经济鱼类最小可捕标准及幼鱼比例管理规定，规定了 15 种经济鱼类的最小可捕标准以及幼鱼捕获最高比例。此项规定对于严格管控滥捕滥捞，促进水产资源恢复具有重要作用。自 2017 年始，农业农村部持续开展"中国渔政亮剑"系列专项执法行动，2020 年重点行动包括海洋伏季休渔专项执法、渤海综合治理专项执法等，切实加强了对伏季休渔和渔船渔具的管理，保证渔业资源养护政策的贯彻实施。

实行公海鱿鱼捕捞自主休渔制度。为加强公海鱿鱼资源的科学养护，促进鱿鱼资源长期可持续利用，农业农村部于 2020 年 6 月发布了《关于加强公海鱿鱼资源养护促进中国远洋渔业可持续发展的通知》，提出自 2020 年起，在西南大西洋、东太平洋等远洋渔船集中作业的重点渔场，试行自主休渔措施。休渔期为每年 7 月 1 日至 9 月 30 日，32°—44°S、48°—60°W 之间的西南大西洋公海海域；每年 9 月 1 日至 11 月 30 日，5°N—5°S、95°—110°W 之间的东太平洋公海海域（见图 8-3）。在上述海域作业的所有中国籍远洋渔船统一实行自主休渔，休渔期间停止捕捞作业。公海自主休渔是中国针对尚无国际组织管理的部分公海区域渔业活动采取的创新举措，对促进国际公海渔业资源科学养护和长

① 《"十三五"渔业亮点连载 | 控制捕捞强度 推动海洋渔业持续健康发展》，农业农村部，2020 年 12 月 14 日，http：//www.yyj.moa.gov.cn/gzdt/202012/t20201214_6358055.htm，2020 年 12 月 31 日登录。
② 《十三五"渔业亮点连载 | 我国远洋渔业"十三五"发展亮点纷呈》，农业农村部，2020 年 12 月 14 日，http：//www.yyj.moa.gov.cn/gzdt/202101/t20210104_6359366.htm，2020 年 12 月 31 日登录。

期可持续利用具有重要意义。此外，该通知还提出了开展鱿鱼资源调查和评估、加强中国远洋鱿鱼指数开发与应用、加强鱿鱼全产业链管理制度研究等管理举措，将对加强鱿鱼资源科学评估，实现鱿鱼资源长期可持续利用作出重要积极贡献。

图8-3　中国公海鱿钓渔业自主休渔海域示意

合理促进水产养殖健康发展。2019年1月，农业农村部、生态环境部、自然资源部等十部门联合印发了《关于加快推进水产养殖业绿色发展的若干意见》，从加强科学布局、转变养殖方式、改善养殖环境等七个方面进行了部署。其中特别指出，要加快落实养殖水域滩涂规划制度、积极拓展养殖空间、大力发展生态健康养殖、发挥水产养殖生态修复功能等。在积极拓展养殖空间方面，要支持发展深远海绿色养殖，鼓励深远海大型智能化养殖渔场建设；在发挥水产养殖生态修复功能方面，要有序发展滩涂和浅海贝藻类增养殖，构建立体生态养殖系统，增加渔业碳汇。

持续加强海洋牧场管理和指导。2017年，农业部组织编制并印发了《国家级海洋牧场示范区建设规划（2017—2025年）》，规划到2025年在全国建设178个国家级海洋牧场示范区。为落实该规划，农业农村部分别于2018年和2019年印发《国家级海洋牧场示范区年度评价和复查办法（试行）》和《国家级海洋牧场示范区管理工作规范》，将海洋牧场示范区分为养护型、增殖型和休闲型三类，建立了"年度评价、目标考核、动态管理、能进能退"的考核管理机制，对示范区的运行情况进行跟踪监测、年度评价和定期复查。截至2020年，国家级海洋牧场示范区已达到136个，分布在沿海11个省市。其中，山东省国家级示范区数量最多，为54个，其次为辽宁省和河北省，分别为31个和17个；广东省国家级示范区面积较大，一般在1000公顷以上，广东省阳西青洲岛风电融合海域国家级海洋牧场示范区面积达 4.9 万公顷。[①]

　　沿海地方积极推进海洋牧场建设。2017 年，山东省编制出台了《山东省海洋牧场建设规划（2017—2020）》，确立了"一体两带三区四园多点"的空间布局，按照投礁型、底播型、装备型、田园型、游钓型五类特色海洋牧场，实行差异化发展。山东省农业农村厅会同山东省发展改革委等 10 部门，共同出台了《关于支持海洋牧场健康发展的若干措施》，从布局、环保、技术、装备等方面助推海洋牧场绿色、健康、高质量发展。2020 年，青岛市发布了《青岛西海岸新区海洋牧场建设规划（2019—2025年）》，重点打造"四大海洋牧场集群"，提出新建海洋牧场 5~8 处，其中新增国家级海洋牧场 3~5 处。新增海洋牧场用海面积 1500 公顷，新投放人工鱼礁 15 万空方以上，年增殖放流海洋生物苗种 4 亿单位以上，构建海底森林面积 100~200 公顷。[②]

（二）加快海洋可再生能源技术研发

　　"十三五"期间，在《可再生能源发展"十三五"规划》《风电发展"十三五"规划》和《海洋可再生能源"十三五"规划》的指导下，中国海洋能开发利用能力发展迅速，整体水平显著提升，进入了从装备开发到应用示范的发展阶段。基本摸清了海洋能资源总量和分布状况，完成了重点开发区潮汐能、潮流能、波浪能资源评估及选划。自主研发了海洋能新技术、新装置，多种装置走出实验室进行了海上验证，向装备化、实用化发展，部分技术达到了国际先进水平，中国成为世界上为数不多的掌握规模化开发利用海洋能技术的国家之一。目前，中国海洋能从业机构超过 300 家，初步形成了具有一定规模的海洋能理论研究、技术研发、装备制造、海上运输、运行维护、电力并网的专业队伍。

　　2016 年，国家发展改革委发布《可再生能源发展"十三五"规划》，提出"推进海洋能发电技术示范应用"，明确作出建设山东、浙江、广东、海南四大重点区域海洋能示范基地，重点支持百千瓦级波浪能、兆瓦级潮流能示范工程建设，开展海岛（礁）海洋能独立电缆系统示范工程等任务部署。《海洋可再生能源发展"十三五"规划》制定了"坚持需求牵引、坚持创新引领、坚持企业主体、坚持国际视野"的基本原则，提出了"到 2020 年，海洋能开发利用水平显著提升，科技创新能力大幅提高，核心技术装备实现稳定发电，工程化应用初具规模，产业链条基本形成"的总体要求和"适时建设国家海洋能试验场，建设兆瓦级潮流能并网示范基地及 500 千瓦级波浪能示范基地，启动万千瓦级潮汐能示范工程建设，建设 5 个以上海岛多能互补独立电力系统"

[①]　根据农业农村部发布的国家级海洋牧场示范区名单第一至第六批统计整理。
[②]　青岛市西海岸新区管委会：《青岛西海岸新区海洋牧场建设规划（2019—2025 年）》，2020 年。

的总体目标,对海洋能开发利用产业发展发挥重要引导作用。在国家政策的支持下,中国海洋能技术研发连续取得突破,兆瓦级海洋潮流能发电机组已经建成并且并网发电,百千瓦级波浪能发电装置"万山号""先导一号""舟山号"已投入运行,并且在珠海市、烟台市建设海洋能试验场,较好地完成了"十三五"规划目标。

《可再生能源发展"十三五"规划》提出"积极稳妥推进海上风电开发",《风电发展"十三五"规划》提出重点推动江苏、浙江、福建、广东等省的海上风电建设,到 2020 年四省海上风电开工建设规模均达到百万千瓦以上,到 2020 年实现全国海上风电开工建设规模达到 1000 万千瓦,力争累计并网容量达到 500 万千瓦以上。国家发展改革委在《2020 年能源工作指导意见》中提出有序推进海上风电建设,加快中东部和南方地区分散式风电发展。在"十三五"期间相关规划和政策的引导下,海上风电建设取得了长足进步。根据国家能源局统计,2019 年,全国海上风电新增装机 198 万千瓦,到 2019 年年底,海上风电累计装机达到 593 万千瓦。[①]

2020 年 12 月,国务院新闻办公室发布《新时代中国能源发展白皮书》(以下简称《白皮书》),明确提出"走新时代能源高质量发展之路""建设清洁的能源供应体系""发挥科技创新第一动力作用"等发展目标,并对海上风电和海洋能的开发利用做出具体安排。按照《白皮书》相关要求,海上风电利用应按照"统筹规划、集散并举、陆海齐进、有效利用"的原则积极稳妥发展;在技术方面推进风电全产业链技术快速迭代,成本大幅下降,形成一批世界级龙头企业;海洋能利用技术研发进一步加强,积极推进潮流能、波浪能等技术研发和示范应用。

(三)规范海砂开采

海砂是重要的建筑材料。建筑用海砂主要分布于近岸和浅海,以中砂和粗砂为主,包括部分细砂和砾石。经脱盐后的海砂广泛用于城市建设、公路、铁路和桥梁等混凝土结构材料。[②]

为整治违法违规开采、运输、销售和使用海砂,避免此类海砂流入建筑市场,2018 年,自然资源部、住房和城乡建设部等八部门联合发布《关于加强海砂开采运输销售使用管理工作的通知》,提出了加强海砂开采、运输、销售、使用全过程监管和加强协作配合的要求。一是加强海砂开采环节的监督管理。各级自然资源主管部门要严格海砂开采许可管理。海砂开采企业应健全台账记录,在销售海砂时向运砂船舶(车

---

① 《2019 年风电并网运行情况》,国家能源局,2020 年 2 月 28 日,http://www.nea.gov.cn/2020-02/28/c_138827910.htm,2021 年 1 月 21 日登录。

② 王圣洁、刘锡清,等:《中国海砂资源分布特征及找矿方向》,载《海洋地质与第四纪地质》,2003 年 23 卷第 4 期。

辆）提供海砂来源证明。各级生态环境主管部门要加强海砂开采的环境影响评价管理工作，督促海砂开采企业采取有效的生态保护措施。各级海洋部门、海警机关要加强协作配合，加大对非法开采海砂的打击力度，建立健全跨省（区、市）海域协作联动执法机制。二是加强海砂运输、销售环节的监督管理。各级交通运输主管部门要加强对海砂运输船舶的检查，重点查验船舶证件、适航情况和海砂来源证明。各级市场监督管理部门要配合有关部门严肃查处流通领域的无照经营违法行为。三是加强海砂使用环节的监督管理。预拌混凝土、预拌砂浆、现场搅拌混凝土等生产企业应当完善质量自控体系，健全原材料进货检验、使用和出厂检测等台账制度，采购建设用砂时应当查验砂的来源证明及检测合格证明。各级住房城乡建设、交通运输、水利主管部门要依据职责加强对工程用砂情况的监管，加强对预拌混凝土企业和建设、设计、施工、监理、检测等单位的监督检查，防止不合格海砂用于建设工程。为加强协作配合，该通知要求各级住房城乡建设、公安、自然资源、生态环境、交通运输、水利、市场监管、海警等部门加强联动配合，形成合力，强化管理，具体举措包括建立全过程可追溯的信息共享、信息通报机制，建立健全打击违法违规行为的联动机制，研究建立建设用砂供应长效机制，合理拓宽建设用砂来源等。

2019年，为落实党中央、国务院关于推进政府职能转变、加快"放管服"改革部署，自然资源部印发了《关于实施海砂采矿权和海域使用权"两权合一"招拍挂出让的通知》，精简、优化海砂采矿权和海域使用权出让环节和办事流程。主要内容是将自然资源部权限内的采矿权出让委托省级自然资源主管部门实施，由省级自然资源主管部门将海砂采矿权和海域使用权"两权"纳入一个招拍挂方案，竞得人可通过一次招拍挂同时取得采矿权和海域使用权两项权利；实行"净矿出让"，海域使用论证、开发利用方案等法定要件的编制、评审工作，由省级自然资源主管部门统一组织实施，统一纳入"招拍挂"方案，不再由市场主体自行组织开展，减轻其程序负担；成交后省级自然资源主管部门与竞得人合并签订"两权"出让合同，并办理采矿许可证和不动产登记。

为规范海砂开采，扩宽海砂供给渠道，沿海地方也采取了相关举措。2020年，广东省自然资源厅印发了《广东省海砂开采三年行动计划（2020—2022年）的通知》，提出自2020年起连续3年组织海砂资源市场化出让，每年向市场投放约10片海域6000万~7000万立方米的海砂资源。该行动计划致力于缓解目前海砂资源供应紧张局面，切实保障重大项目建设用砂需求，为广东省加快实施粤港澳大湾区建设提供支撑。

三、加强海洋资源保护与生态修复

近年来，海洋资源保护与生态修复力度不断加大。在相关国家政策的指导下，

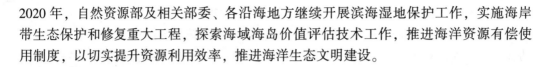

2020年，自然资源部及相关部委、各沿海地方继续开展滨海湿地保护工作，实施海岸带生态保护和修复重大工程，探索海域海岛价值评估技术工作，推进海洋资源有偿使用制度，以切实提升资源利用效率，推进海洋生态文明建设。

（一）海洋生态修复

2016年以来，国务院出台《湿地保护修复制度方案》，有关部门也相继出台了《围填海管控办法》《海岸线保护与利用管理办法》《关于加强滨海湿地管理与保护工作的指导意见》《关于进一步加强渤海生态环境保护工作的意见》等政策措施。2018年7月，国务院发布了《关于加强滨海湿地保护严格管控围填海的通知》，提出严守生态保护红线的要求，强调确保海洋生态保护红线面积不减少、大陆自然岸线保有率标准不降低、海岛现有砂质岸线长度不缩短；要求全面强化现有沿海各类自然保护地的管理，将天津大港湿地、河北黄骅湿地、江苏如东湿地、福建东山湿地、广东大鹏湾湿地等亟须保护的重要滨海湿地和重要物种栖息地纳入保护范围。

2020年，国家发展改革委和自然资源部联合印发《全国重要生态系统保护和修复重大工程总体规划（2021—2035年）》，将全国海岸带区域列为生态系统保护和修复的重要生态区，包括辽东湾、黄河口及邻近海域、北黄海、苏北沿海、长江口—杭州湾、浙中南、台湾海峡、珠江口及邻近海域、北部湾、环海南岛、西沙、南沙12个重点海洋生态区和海南岛中部山区热带雨林国家重点生态功能区，重点推动入海河口、海湾、滨海湿地与红树林、珊瑚礁、海草床等多种典型海洋生态类型的系统保护和修复。

该规划提出了6个海岸带生态保护和修复重点工程（见图8-4），提出重点提升粤港澳大湾区和黄渤海、长江口、黄河口等重要海湾、河口生态环境，推进陆海统筹、河海联动治理，促进近岸局部海域海洋水动力条件恢复；维护海岸带重要生态廊道，保护生物多样性；恢复北部湾典型滨海湿地生态系统结构和功能；保护海南岛热带雨林和海洋特有动植物及其生境，加强海南岛水生态保护修复，提升海岸带生态系统服务功能和防灾减灾能力。

《国民经济和社会发展第十三个五年规划纲要》提出加强海洋资源环境保护，实施"南红北柳"湿地修复工程、"生态岛礁"工程和"蓝色海湾"整治工程。为推进重点工程建设，国家对蓝色海湾整治行动给予了专门财政支持。根据《关于中央财政支持实施蓝色海湾整治行动的通知》，中央财政对实施"蓝色海湾"整治行动的重点城市给予补助，补助资金总额为计划单列市4亿元，一般市、区（地市级）3亿元。截至2019年年底，辽宁丹东，山东青岛、日照和威海，江苏连云港，浙江台州和温州，福建莆田，广西北海，海南海口10个城市入选国家"蓝色海湾整治行动"城市，获得中央资金扶持。2020年，各沿海省市的蓝色海湾工程已经全面开工，部分已经完成竣工验收。山东省 29 个渤海综合攻坚海洋生态修复项目全部开工建设，到 2020 年年底，全省完成整治修复滨海湿地面积不少于 3800 公顷、岸线长度不少于 22 千米。[①] 温州市 2016 年蓝色海湾整治行动三大类 69 个子项目整体竣工，验收报告通过专家验收。[②]

海岸带生态保护和修复重点工程
1　粤港澳大湾区生物多样性保护
推进海湾整治，加强海岸线保护与管控，强化受损滨海湿地和珍稀濒危物种关键栖息地保护修复，构建生态廊道和生物多样性保护网络，保护和修复红树林等典型海洋生态系统，提升防护林质量，建设人工鱼礁，实施海堤生态化建设，保护重要海洋生物繁育场。推进珠江三角洲水生态保护修复
2　海南岛重要生态系统保护和修复
全面保护修复热带雨林生态系统，加强珍稀濒危野生动植物栖息地保护恢复，建设生物多样性保护和河流生态廊道。以红树林、珊瑚礁、海草床等典型生态系统为重点，加强综合整治和重要生境修复，强化自然岸线、滨海湿地保护和恢复
3　黄渤海生态保护和修复
推进河海联动统筹治理，加快推进渤海综合治理，加强河口和海湾整治修复，实施受损岸线修复和生态化建设，强化盐沼和砂质岸线保护；加强鸭绿江口、辽河口、黄河口、苏北沿海滩涂等重要湿地保护修复。保护和改善迁徙候鸟重要栖息地，加强海洋生物资源保护和恢复。推进浒苔绿潮灾害源地整治
4　长江三角洲重要河口区生态保护和修复
加强河口生态系统保护和修复，推动杭州湾、象山港等重点海湾的综合整治，提高海堤生态化水平。加强长江口及舟山群岛周边海域的生物资源养护，保护和改善江豚、中华鲟等珍稀濒危野生动植物栖息地，加强重要湿地保护修复
5　海峡西岸重点海湾河口生态保护和修复
推进兴化湾、厦门湾、泉州湾、东山湾等半封闭海湾的整治修复，推进侵蚀岸线修复，加强重要河口生态保护修复，重点在漳江口、九龙江口等地实施红树林保护修复，加强海洋生物资源养护和生物多样性保护
6　北部湾滨海湿地生态系统保护和修复
加强重点海湾环境综合治理，推动北仑河口、山口、雷州半岛西部等地区红树林生态系统保护和修复，开展徐闻、涠洲岛珊瑚礁以及北海、防城港等地海草床保护和修复，建设海岸防护林，推进互花米草防治

图 8-4　《全国重要生态系统保护和修复重大工程总体规划（2021—2035 年）》海岸带生态保护和修复重点工程

---

① 《按下快进键！山东 29 个渤海攻坚海洋生态修复项目全面开工建设 》，新浪网，2020 年 6 月 26 日，https：//news. sina. com. cn/c/2020-06-26/doc-iirczymk9036317. shtml，2020 年 11 月 20 日登录。

② 《温州 2016 年蓝色海湾整治行动整体竣工验收报告通过验收》，自然资源部，2020 年 7 月 17 日，http：//www. mnr. gov. cn/dt/hy/202007/t20200717_2533248. html，2020 年 11 月 2 日登录。

近年来，中国陆续开展了沿海防护林、滨海湿地修复，局部海域生态环境得到改善、红树林、珊瑚礁、海草床、盐沼等典型生境退化趋势初步得到遏制，近岸海域生态状况总体呈现趋稳向好态势。截至 2018 年年底，全国累计修复岸线约 1000 千米、滨海湿地 9600 公顷、海岛 20 个。① 各沿海地方积极开展滨海湿地修复工作，通过规划、立法等途径加强湿地修复管理。2017 年，辽宁省印发《辽宁省湿地保护修复实施方案》，提出实行湿地总量管理，确保湿地面积不减少、性质不改变，增强湿地生态功能的主要目标，开展海岸整治修复、开展兴城河口湿地及红海滩生态环境综合治理等海岸带保护修复工程。同年，江苏省印发《江苏省湿地保护修复制度实施方案》，提出落实湿地面积总量管控、实行湿地生态红线制度、实施退化湿地修复工程等政策举措，对滨海滩涂及河口等区域退化湿地开展生态修复。2019 年，青岛市发布《青岛海岸带保护和利用管理条例》，明确了海岸带保护和整治修复规定，要求青岛市、沿海区（市）政府制定海岸带整治修复计划，坚持系统修复、综合整治，重点安排沙滩修复养护、近岸构筑物清理与清淤疏浚、滨海湿地植被种植与恢复、海岸生态廊道建设等工程。广东省印发实施《广东省美丽海湾规划（2019—2035 年）》，提出以水清、岸绿、滩净、湾美、物丰、人和为目标，通过实施生态保护、景观建设、陆海污染防控、安全保障工程，因地制宜、分类建设生态保育型、渔业文化型、都市亲水型、度假旅游型四类美丽海湾。为加强项目实施保障，2019—2021 年，广东省每年安排 2 亿元专项资金用于支持海岸带生态修复工作；每年安排 3.5 亿元，支持广州、汕头、江门等沿海地市开展美丽海湾建设和海洋综合示范区建设。②

（二）海域海岛价值评估

海域价值评估是落实有偿使用制度、推动海域资产化管理和市场化发展的基础性工作，对于实现海域有偿使用有着十分重要的现实意义。海域市场经营活动中的招标、拍卖、转让、抵押、出租和作价出资等环节，都需要借鉴海域使用权价值评估。海域价值评估工作将在海域市场资源配置、海域资产化管理等领域发挥重要作用。③ 党的十八届三中全会提出"健全自然资源资产产权制度和用途管制制度"和"实行资源有偿使用制度和生态补偿制度"等重要部署。2019 年 4 月，中共中央办公厅、国务院

---

① 《国家发展改革委 自然资源部关于印发〈全国重要生态系统保护和修复重大工程总体规划（2021—2035 年）〉的通知》（发改农经〔2020〕837 号），国家发展改革委，https://www.ndrc.gov.cn/xxgk/zcfb/tz/202006/t20200611_1231112.html，2020 年 12 月 31 日登录。

② 《广东投入近 20 亿元保障海洋生态保护修复》，自然资源部，2020 年 7 月 14 日，http://www.mnr.gov.cn/dt/hy/202007/t20200714_2532607.html，2020 年 11 月 5 日登录。

③ 邹婧、曲林静：《海域资源价值评估理论与方法研究》，载《海洋信息》，2017 年第 3 期。

办公厅印发了《关于统筹推进自然资源资产产权制度改革的指导意见》，提出探索海域使用权立体分层设权，加快完善海域使用权出让、转让、抵押、出租、作价出资（入股）等权能；构建无居民海岛产权体系，试点探索无居民海岛使用权转让、出租等权能。

近年来，随着中国海洋经济的蓬勃发展，国内申请用海、用岛项目数量逐年增加，海域海岛资源市场化出让的需求不断扩大，转让、抵押等市场交易和流转活动也逐渐活跃，海域价值评估工作的重要性不断凸显。[①] 2020 年，自然资源部发布《海域价格评估技术规范（HY/T 0288—2020）》，进一步明确了海域评估的目的、原则，规定了海域基准价格评估技术和宗海价格评估方法，确定了造地工程用海、交通运输用海、渔业用海、旅游娱乐用海和海水构筑用海等常见用海类型，以及海域使用权出让、海域使用权抵押和海域使用权转让等常见评估目的下的技术要点。该标准为全国海域价格评估工作提供了规范流程和技术方法，有利于提高海域价格评估工作的专业性，从技术层面保障海域使用权多重权能的实现。

随着无居民海岛有偿使用制度的建立推行和滨海旅游业的快速发展，各沿海地方对无居民海岛开发利用的需求逐渐涌现。伴随无居民海岛使用权出让、流转、收回补偿、损害配置等管理需求的出现，浙江、广东等海洋经济大省已积极开展无居民海岛价值评估工作，并制定了相关地方标准。2016 年，广东省发布了地方标准《无居民海岛使用权价值评估技术规范》，确定了评估原则、技术和方法，为评估工作提供技术规范。2019 年，浙江省批准发布地方标准《无居民海岛估价规程》，规定了无居民海岛价值评估的原则、方法、程序和成果要求。上述标准在地方层面明确了无居民海岛价值评估的技术要求，规范了海岛评估业务，有利于完善无居民海岛产权交易制度、保护海岛生态环境、维护使用权人的合法权益。

四、小结

"十三五"以来，中国持续推进海洋可再生能源开发，加强核心技术装备的研发和制造能力，推进海洋可再生能源开发实现产业化；规范海砂开采活动管理，加强海砂供给对重大建设工程的支撑作用；各门类海洋资源可持续利用能力持续提升，海洋资源支持国民社会经济发展的作用持续增强。

"十四五"期间，在习近平生态文明思想的指导下，自然资源领域将继续坚持"绿

[①] 李杏笃、原峰、鲁亚运：《关于规范海域海岛价值评估工作及行业发展的若干思考》，载《中国标准化》，2019 年第 10 期。

水青山就是金山银山"的发展理念，坚持尊重自然、顺应自然、保护自然，坚持节约优先、保护优先、自然恢复为主，大力提升海洋资源利用效率，不断健全自然资源产权制度，实施海洋生态修复重大工程，切实提升海洋资源开发保护水平，推进资源总量管理、科学配置、全面节约、循环利用。

第九章　中国海洋环境保护

党的十九大以来，中国的海洋环境保护工作不断推进，生态环境保护的战略地位不断提升，生态文明建设取得突出进展，海洋环境质量稳步向好。党的十九届五中全会明确指出，要"坚持绿水青山就是金山银山理念，坚持尊重自然、顺应自然、保护自然，坚持节约优先、保护优先、自然恢复为主，守住自然生态安全边界。深入实施可持续发展战略，完善生态文明领域统筹协调机制，构建生态文明体系，促进经济社会发展全面绿色转型，建设人与自然和谐共生的现代化"，为未来生态文明建设指明了方向。

一、海洋环境质量变化与海洋灾害

2019 年，全国入海河流水质状况总体为轻度污染，与上年相比无明显变化，海洋渔业水域环境质量总体良好。海洋倾倒区、海洋油气区环境质量基本符合海洋功能区的环境保护要求。海洋灾害以赤潮、海浪和风暴潮为主，绿潮也有一定程度发生，海洋灾害带来的直接经济损失高于近十年平均水平。

（一）海水环境质量及其变化

1. 海水环境质量及其变化

近三年，中国管辖海域海水水质持续改善，未达到第一类海水水质标准的海域面积逐年下降（见图 9-1）。2019 年夏季第一类海水水质海域面积占管辖海域的 97.0%，同比上升 0.7%。劣四类水质海域面积为 28 340 平方千米，同比减少 4930 平方千米。主要超标污染物为无机氮和活性磷酸盐，两种污染物的超标区域均主要分布在辽东湾、渤海湾南部、江苏沿岸、长江口、杭州湾、浙江沿岸、珠江口等近岸海域①②③。

---

① 《2017 年近岸海域环境质量公报》，生态环境部，http：//www.mee.gov.cn/hjzl/shj/jagb/201808/U020180806509888228312.pdf，2020 年 11 月 20 日登录。

② 《2018 年中国海洋生态环境状况公报》，生态环境部，http：//www.mee.gov.cn/ywdt/tpxw/201905/W020190529623637525004.pdf，2020 年 11 月 20 日登录。

③ 《2019 年中国海洋生态环境状况公报》，生态环境部，http：//www.mee.gov.cn/hjzl/sthjzk/jagb/202006/P020200603371117871012.pdf，2020 年 11 月 20 日登录。

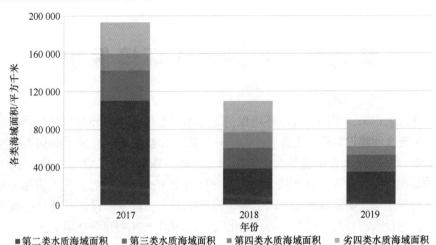

图 9-1　中国管辖海域未达到第一类海水水质标准的各类海域面积变化

近岸海域海水水质方面。2019 年，全国近岸海域水质总体稳中向好发展，水质级别为一般，主要超标指标为无机氮和活性磷酸盐。优良（第一类和第二类）水质面积比例平均为 76.6%，同比上升 5.3%；劣四类水质面积比例平均为 11.7%，同比下降 1.8%。沿海 11 个省（区、市）中，河北、广西和海南近岸海域水质级别为优，辽宁、山东、江苏和广东近岸海域水质良好，天津和福建近岸海域水质一般，上海和浙江近岸海域水质极差。与上年相比，天津市、江苏省和广东省近岸海域水质状况有所改善，福建省水质状况有所下降。在面积大于 100 平方千米的 44 个海湾中，有 13 个海湾在春、夏、秋三季监测均出现劣四类水质，主要超标指标为无机氮和活性磷酸盐，与上年相比有所改善①。

2011—2019 年，中国管辖海域富营养化面积总体呈下降趋势（见图 9-2）。2019 年，夏季呈富营养化状态海域面积为 42 710 平方千米，其中轻度、中度和重度富营养化海域面积分别为 18 110 平方千米、11 520 平方千米和 13 080 平方千米。①

2. 陆源污染物排污

2019 年，全国入海河流水质状况总体为轻度污染，与上年同期相比无明显变化。190 个入海河流监测断面中，无 Ⅰ 类水质断面，与上年同比持平；Ⅱ 类水质断面 37 个，占 19.5%，同比下降 1.1%；Ⅲ 类水质断面 66 个，占 34.7%，同比上升 9.4%；Ⅳ 类水

---

① 《2019 年中国海洋生态环境状况公报》，生态环境部，http：//www.mee.gov.cn/hjzl/sthjzk/jagb/202006/P020200603371117871012.pdf，2020 年 11 月 20 日登录。

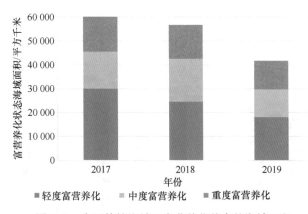

图 9-2　中国管辖海域呈富营养化状态的海域面积

质断面 62 个, 占 32.6%, 同比上升 5.8%; V 类水质断面 17 个, 占 8.9%, 同比下降 3.5%; 劣 V 类水质断面 8 个, 占 4.2%, 同比下降 10.7% (图 9-3)。主要超标指标为化学需氧量、高锰酸盐指数、总磷、氨氮和生化需氧量, 部分断面的溶解氧、氟化物、石油类、汞、挥发酚和阴离子表面活性剂超标。[1]

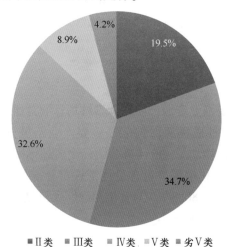

图 9-3　2019 年全国入海河流断面水质类别比例

① 《2019 年中国海洋生态环境状况公报》, 生态环境部, http://www.mee.gov.cn/hjzl/sthjzk/jagb/202006/P020200603371117871012.pdf, 2020 年 11 月 20 日登录。

　　监测的 448 个直排海污染源污水口中的污水排放总量约为 80 亿吨，不同类型污染源中，综合排污口排放污水量最大，其次为工业污染源的排放量，生活污染源排放量最小。除镉外，其余各项主要污染物均为综合排污口排放量最大，与上一年相比，直排海污水量显著减少（图 9-4）。[①]

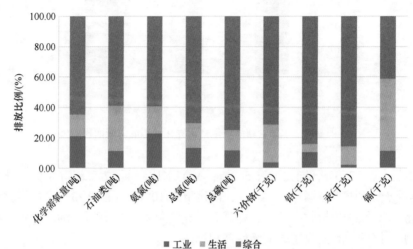

图 9-4　2019 年不同类型直排海污染源主要污染物排放比例

3. 渔业水域环境质量状况变化

　　2019 年，对 41 个重要渔业资源产卵场、索饵场、洄游通道以及水产增养殖区、水生生物自然保护区、水产种质资源保护区等重要渔业水域开展了监测，监测面积共 728.9 万公顷，与上年相比增加了 136.4 万公顷，主要超标因子为无机氮。水体中无机氮、活性磷酸盐、石油类和化学需氧量含量优于评价标准的面积占总面积的比例分别为 35.9%、63.3%、97.9% 和 80.8%。与上年相比，无机氮、活性磷酸盐、石油类和化学需氧量的超标面积比例均有所减小。[①]

（二）海洋生态健康及其变化

　　海洋生态系统健康是指海洋生态系统保持其自然属性，维持生物多样性和关键生态过程稳定并持续发挥其服务功能的能力。本节从典型生态系统健康状况、海洋自然

---

　　① 《2019 年中国海洋生态环境状况公报》，生态环境部，http：//www.mee.gov.cn/hjzl/sthjzk/jagb/202006/P020200603371117871012.pdf，2020 年 11 月 20 日登录。

保护地发展情况、海洋油气区和海洋倾倒区的情况等方面衡量海洋生态健康。

1. 典型生态系统

2019 年，中国开展了河口、海湾、滩涂湿地、珊瑚礁、红树林和海草床等 18 个海洋生态系统监测。其中，3 个呈健康状态，14 个呈亚健康状态，1 个呈不健康状态，分别占比 16.7%、77.8% 和 5.6%，与上年同比，典型生态系统的健康状态有所恶化。[①]

2. 海洋自然保护地

2019 年，全国海洋自然保护地稳步拓展，新增 2 处省级海洋自然保护地，新增面积 1712.27 平方千米，分别为舟山市东部省级海洋特别保护区和温州市龙湾省级海洋特别保护区，面积分别为 1689.32 平方千米和 22.95 平方千米。调整 1 处海洋保护地面积，大连长山群岛国家级海洋公园调整为 518.22 平方千米，面积减少 1.17 平方千米。[①]

3. 海洋油气区和海洋倾倒区

2019 年，全国海洋油气平台生产水、生活污水、钻井泥浆排海量分别为 2.1 亿立方米、86.5 万立方米和 10.1 万立方米，分别较上年增加 22.5%、2.3% 和 86.8%，钻屑排海量为 21.5 万立方米，为上年的 3.3 倍。海洋油气区及邻近海域的水质和沉积物质量基本符合海洋功能区的环境保护要求。全年全国海洋倾倒量 1.9 亿立方米，与上年相比略有下降，倾倒物质主要为清洁疏浚物。与上年相比，倾倒区水深、海水水质和沉积物质量基本保持稳定，倾倒活动未对周边海域生态环境及其他海上活动产生明显影响。[①]

（三）海洋灾害情况

2019 年，中国海洋灾害以风暴潮、海浪和赤潮等灾害为主，海冰、绿潮等灾害也有不同程度发生。各类海洋灾害共造成直接经济损失 117.03 亿元，死亡（含失踪）22 人。其中，风暴潮灾害造成直接经济损失 116.38 亿元；海浪灾害造成直接经济损失 0.34 亿元，死亡（含失踪）22 人；赤潮灾害造成直接经济损失 0.31 亿元。[②]

---

① 《2019 年中国海洋生态环境状况公报》，生态环境部，http://www.mee.gov.cn/hjzl/sthjzk/jagb/202006/P020200603371117871012.pdf，2020 年 11 月 20 日登录。

② 《2019 中国海洋灾害公报》，自然资源部，http://gi.mnr.gov.cn/202004/P020200430592486753915.pdf，2020 年 11 月 20 日登录。

1. 赤潮和绿潮

2019 年，中国海域共发生赤潮 38 次，累计面积 1991 平方千米，造成直接经济损失 0.31 亿元（为福建省两次赤潮过程所导致）。从沿海各省（区、市）海域分布来看，浙江海域发现赤潮次数最多且累计面积最大，分别为 22 次和 1863 平方千米。东海原甲藻是引发赤潮的优势生物，次数最多且累计面积最大，分别为 12 次和 1251 平方千米。2010—2019 年，赤潮发生次数和累计面积总体上呈波动下降趋势，2019 年赤潮累计面积仅为 2010 年的 20%（图 9-5）。[1]

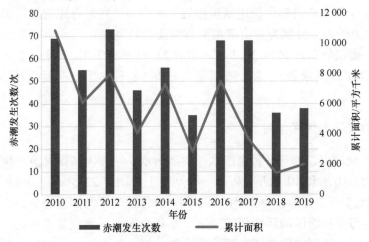

图 9-5　2010—2019 年中国海域赤潮发现次数和累计面积

2019 年 4—9 月，绿潮灾害影响中国黄海海域，绿潮的分布面积于 6 月 17 日达到最大值，约 5.5 万平方千米；覆盖面积于 6 月 27 日达到最大值，约 508 平方千米。引发大面积绿潮的主要藻类为浒苔，黄海浒苔绿潮灾害已连续 13 年暴发，对山东、江苏两省的海洋生态环境、沿海城市旅游和海水养殖等造成严重危害。[2] 2019 年，浒苔绿潮消亡时间晚、分布面积偏大、整体漂移方向为北偏东，与近十年相比，浒苔绿潮消亡时间最晚，最大分布面积为第二高值，仅次于 2016 年。[1]2010—2019 年黄海海域浒苔绿潮发生情况见图 9-6。

---

① 《2019 中国海洋灾害公报》，自然资源部，http：//gi. mnr. gov. cn/202004/P020200430592486 753915. pdf，2020 年 11 月 20 日登录。

② 《黄海浒苔绿潮灾害已连续 13 年暴发》，中国经济网，2019 年 11 月 10 日，http：//www. ce. cn/xwzx/gnsz/gdxw/201911/10/t20191110_33571360. shtml，2020 年 11 月 20 日登录。

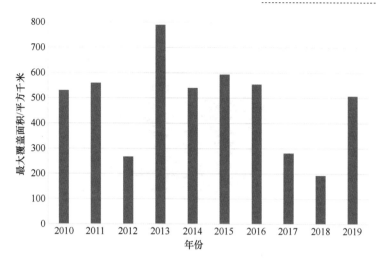

图 9-6　2010—2019 年黄海海域浒苔绿潮发生情况

2. 风暴潮和海浪

2019 年，中国沿海共发生风暴潮过程 11 次，造成直接经济损失 116.38 亿元，约为近十年平均值（86.59 亿元）的 1.34 倍。其中，浙江省受灾最为严重（见图 9-7），直接经济损失 87.26 亿元，约占风暴潮灾害总直接经济损失的 75%。在风暴潮灾害中，第 9 号台风"利奇马"和第 18 号台风"米娜"等带来损失较为严重。[①]

2019 年，中国近海共发生有效波高 4 米及以上的灾害性海浪过程 39 次，其中台风浪 15 次，冷空气浪和气旋浪 24 次。因灾造成直接经济损失 0.34 亿元，死亡（含失踪）22 人。2019 年，海浪灾害造成的直接经济损失约为近十年平均值（2.09 亿元）的 16%，死亡（含失踪）人数约为近十年平均值（59 人）的 37%。其中，"190120"冷空气浪、"1913 玲玲"台风浪、"191205"冷空气浪和"191229"冷空气浪带来的损失较为严重。[①]

3. 海平面变化

中国沿海海平面变化总体呈波动上升趋势。过去十年，中国沿海平均海平面处于近 40 年来高位。2019 年，中国沿海海平面较 1993—2011 年平均值高出 72 毫米，为 1980 年以来第三高度。2019 年，中国各海区沿海海平面均不同程度地上升，其中东海

---

① 《2019 中国海洋灾害公报》，自然资源部，http：//gi. mnr. gov. cn/202004/P0202004305924867 53915. pdf，2020 年 11 月 20 日登录。

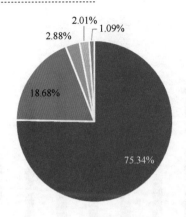

图 9-7　2019 年沿海各省（区、市）风暴潮灾害直接经济损失比重

直接经济损失比重不足 1% 的省（区、市）未列出

最为明显。与上年相比，渤海、黄海、东海和南海沿海海平面分别高 74 毫米、48 毫米、88 毫米和 77 毫米。与 2018 年相比，各海区沿海海平面均上升，其中东海沿海海平面升幅最大，为 38 毫米。预计未来 30 年，中国沿海海平面将上升 51～179 毫米。[①]

二、海洋生态环境保护管理不断完善

2019—2020 年，中国海洋环境保护和生态修复的管理制度体系不断完善，海洋保护修复的布局和规划有序进行，并为下一阶段海洋生态保护修复确立了目标和方向。海洋环境保护的执法监督工作持续推进，海洋防灾减灾能力进一步增强。

（一）深化改革强化海洋生态保护修复

1. 以“三区四带”为核心的保护修复格局基本建立

2020 年 6 月，国家发展改革委和自然资源部联合印发《全国重要生态系统保护和修复重大工程总体规划（2021—2035 年）》（以下简称《总体规划》）。在《总体规划》中明确提出海洋领域的生态修复，到 2035 年，通过大力实施重要生态系统保护和修复重大工程，全面加强生态保护和修复工作，全国海洋等自然生态系统状况实现根

---

① 《2019 年中国海平面公报》，自然资源部，http：//gi. mnr. gov. cn/202004/P0202004305912778998 17. pdf，2020 年 11 月 20 日登录。

本好转，生态系统质量明显改善。确定了辽东湾、黄河口及邻近海域、北黄海、苏北沿海、长江口—杭州湾、浙中南、台湾海峡、珠江口及邻近海域、北部湾、环海南岛、西沙、南沙12个重点海洋生态区和海南岛中部山区热带雨林国家重点生态功能区。[①]《总体规划》是中国重大生态系统保护和修复工程的纲领性文件，对贯彻习近平生态文明思想，实现山水林田湖草一体化保护和修复，全面扩大优质生态产品供给，推动生态治理体系和治理能力现代化具有重要意义。

2. 海洋生态保护修复资金使用效益不断提高

为加强和规范海洋生态保护修复资金管理，提高资金使用效益，促进海洋生态文明建设和海域的合理开发、可持续利用，2020年5月，财政部印发了《海洋生态保护修复资金管理办法（财资环〔2020〕24号）》。海洋生态保护修复资金，是指中央财政通过一般公共预算安排的，用于支持对生态安全具有重要保障作用、生态受益范围较广的海洋生态保护修复的共同财政事权转移支付资金。保护修复资金实施期限至2020年，主要用于以下四个方面：一是对海岸带、红树林和海域海岛等生态系统较为脆弱或生态系统质量优良的自然资源实施生态保护；二是对红树林、海岸线、海岸带、海域、海岛等进行修复治理；三是支持海域、海岛监视监管能力建设，海洋生态监测监管能力建设，开展海洋防灾减灾，海洋观测调查等；四是支持鼓励跨区域开展海洋生态保护修复和生态补偿。此外，还可以根据党中央、国务院决策部署，统筹安排其他支出。

3. 红树林保护修复行动持续开展

近年来，中国采取多种措施加强红树林保护，共建立了52处有红树林分布的自然保护地，大力推进红树林保护和修复，成为世界上少数红树林面积净增加的国家之一，但红树林总面积偏小、生境退化、生物多样性降低、外来生物入侵等问题还比较突出，区域整体保护协调不够，保护和监管能力还比较薄弱。为了实现对浙江省、福建省、广东省、广西壮族自治区、海南省现有红树林的全面保护，同时，扩大红树林面积，提升红树林生态系统质量和功能，2020年8月，国家林业和草原局印发了《红树林保护修复专项行动计划（2020—2025年）》（以下简称《行动计划》）。《行动计划》坚持按照整体保护、系统修复、综合治理的思路实施红树林保护和修复，维护红树林生境连通性和生物多样性，实现红树林生态系统的整体保护；遵循红树林生态系统演替

---

① 《国家发展改革委 自然资源部关于印发〈全国重要生态系统保护和修复重大工程总体规划（2021—2035年）〉的通知》（发改农经〔2020〕837号），http：//gi. mnr. gov. cn/202006/t20200611_2525741.html，2020年11月20日登录。

规律和内在机理，采用自然恢复和适度人工修复相结合的方式实施生态修复；针对红树林保护修复的突出问题，明确优先在红树林自然保护地内开展修复，逐步扩大到其他适宜恢复区域；健全红树林保护修复的责任机制，积极引导社会力量参与保护修复工作。

《行动计划》强化了对红树林的保护措施，要求将现有红树林、经科学评估确定的红树林适宜恢复区域划入生态保护红线。严格红树林地用途管制，除国家重大项目外，禁止占用红树林地。各地要按照保护面积不减少的要求，完成现有红树林自然保护地的优化调整，并推进新建一批红树林自然保护地。在自然保护地内养殖塘清退的基础上，优先实施红树林生态修复，坚持宜林尽林，优先选用本地红树物种，扩大红树林面积。到 2025 年，计划营造和修复红树林面积 18 800 公顷，其中营造红树林 9050 公顷，修复现有红树林 9750 公顷。同时，强化红树林生态修复规划指导与科技支撑、加强红树林监测评估、完善红树林保护修复法律法规和制度体系以及资金政策支持、公众参与等。①

（二）严格海洋生态环境保护监督

1. 自然保护地体系不断优化整合

为推动构建中国特色的以国家公园为主体的自然保护地体系，建立自然生态系统保护的新模式，2019 年 6 月，《关于建立以国家公园为主体的自然保护地体系的指导意见》（以下简称《指导意见》）正式颁布实施，中国正在快速推进自然保护地体系重构以提升保护地的管理效能，自然保护地进入全面深化改革的新阶段。1963 年，中国建立了第一个海洋保护地——辽宁蛇岛老铁山国家级自然保护区。半个多世纪以来，中国已逐步建成了以海洋自然保护区、海洋特别保护区（含海洋公园）为代表的海洋保护地网络。然而，由于不同类别的保护区大多由部门主导、自下而上申报建立，地方分割、部门分治问题严重，缺乏涉及各保护主体的系统性整体规划，大部分保护区没有起到实质性的保护效果，亟待整合优化。按照《指导意见》中的要求，自然保护地整合优化，要从整合优化对象、目标任务等方面出发，系统梳理现有保护中存在的保护空缺区，合理规划，将其纳入整合规划中。在不减少保护面积、不降低保护强度、不改变保护性质的前提下，解决自然保护地交叉重叠的问题；打破按行政区划设置、按资源分类造成的条块割裂局面；做到一个保护地、一套机构、一块牌子；满足自然

---

① 《自然资源部 国家林业和草原局印发〈红树林保护修复专项行动计划（2020—2025 年）〉》，国家林业和草原局，2020 年 8 月 28 日，http://www.forestry.gov.cn/main/586/20200828/143227685406582.html，2020 年 11 月 20 日登录。

保护地全部纳入生态红线的需求，为中国自然保护地整合优化方案提供指导和依据，实现山水林田湖草生命共同体系统性、原真性、完整性保护。①《自然保护区等自然保护地勘界立标工作规范》和《关于启动自然保护地整合优化前期工作的通知》等的实施，为自然保护地整合优化提供了具体规范。

2. 近海海域污染治理工作不断推进

按照国务院《水污染防治行动计划》和《近岸海域污染防治方案》有关要求，2019年，生态环境部采取一系列相关措施，加大促进沿海地区产业转型升级、减少陆源污染排放、加强海上污染源控制、防范近岸海域环境风险等。在加快推进陆源污染治理方面，完成全国近岸海域602个两类排污口（非法入海排污口和设置不合理入海排污口）清理工作。截至2019年年底，全国11个沿海省（区、市）核发排污许可证8.8万张以上。在防范近岸海域环境风险方面，不断健全海上突发环境事件应急管理机制，初步形成与企业应急队伍合作框架协议，加强国家环境应急物资储备信息库建设。

为强化对海洋倾废监管，根据《中华人民共和国海洋环境保护法》《中华人民共和国海洋倾废管理条例》等相关规定，生态环境部编制实施了《全国倾倒区规划》，并于2020年3月发布了《2020年全国可继续使用倾倒区名录》和《2020年全国暂停使用倾倒区名录》。通过加快审批海洋废弃物倾倒许可证和选划临时性海洋倾倒区，强化海洋倾废非现场监管。同时，强化海洋倾废监管和公共服务，优化全国倾倒区整体布局，新批准设立5个临时性海洋倾倒区，组织开展倾倒区容量评估，并建设海洋倾废监督管理系统，实现"互联网+监管"。

3. "碧海2020"海洋生态环境保护专项执法行动成效显著

近年来，中国海洋环境保护取得积极成效，但盗采海砂、非法倾废、破坏湿地等问题仍比较突出。自2020年4月起，生态环境部、自然资源部、交通运输部和中国海警局部署开展了为期8个月的"碧海2020"海洋生态环境保护专项执法行动。重点围绕海洋工程建设项目监督管理、海洋石油勘探开发活动监督管理、海洋废弃物倾倒污染防治、海砂开采运输综合整治和陆源污染物排放污染防治等八个方面，全域覆盖、全程管理，集中整治破坏珊瑚礁、盗采海砂、非法倾废、岸线破坏、湿地侵占等突出问题，取得了明显成效。

"碧海2020"具体分为以下三个方面。一是加强常态监督。建立常态巡查、定期巡

---

① 唐芳林、吕雪蕾、蔡芳：《自然保护地整合优化方案思考》，载《风景园林》，2020年第3期，第8-13页。

查和动态巡查制度，全面强化重点项目、热点区域、关键环节监督检查。截至 2020 年 8 月底，累计检查海洋工程建设项目 572 个（次）、倾废项目 293 个（次）、海洋自然保护地 247 个（次）、无居民海岛 892 个（次）、有居民海岛 243 个（次）、海洋油气勘探开发设施 381 个（次）。二是整治突出问题。针对盗采海砂、非法倾废、非法捕捞等重点违法违规行为，共查获海砂案件 620 起，同比增长 425%；查扣涉案船舶 678 艘、海砂 560 万吨，分别同比增长 360% 和 337%。三是深化执法协作配合。各地海警机构与自然资源、生态环境、海事部门协作配合。福建海警局与自然资源部门建立疑似违规线索通报机制，全面提高监管合力和执法效率。广东生态环境部门牵头海警、海事和海洋综合执法总队开展"近岸海域污染防治联合行动"，严格海上监督执法。①

（三）提升海洋防灾减灾能力

1. 海洋防灾减灾行业技术标准进一步完善

海洋灾害风险评估和区划是海洋减灾领域的一项基础性工作，制定统一、科学、操作性强的海洋灾害风险图编制标准能够有效推进海洋灾害风险评估和区划工作。2020 年，自然资源部相继发布了一系列行业标准。《海洋灾害风险图编制规范》规定了海洋灾害风险图编制的一般要求以及风暴潮、海浪、海冰、海啸和海平面上升五种海洋灾害风险图分尺度制图要求。该规范将提高海洋灾害风险图的制作水平，保证海洋灾害风险评估和区划成果的科学性、适用性和可读性，为沿海地区海洋灾害应对、空间规划编制等提供科学参考。而风暴潮灾害重点防御区划定是贯彻落实《海洋观测预报管理条例》的有效举措。《风暴潮灾害重点防御区划定技术导则》根据海洋减灾工作现状、特点和发展要求，借鉴国内外相关工作经验，建立了风暴潮灾害重点防御区划定技术方法。②。

2. 海洋观测预警业务平稳运行

2019 年，自然资源部各级海洋预报机构及时为沿海各级地方政府和公众应对海洋灾害提供预警信息。各级海洋观测预报机构保持 24 小时值班，通过及时巡检、加固和修复海洋观测设施，有效保障了观测系统和数据传输系统的正常运行。以赤潮的监测预警为例，为加快推进赤潮灾害预警监测体系建设，2019 年赤潮灾害预警监测工作实

---

① 《中国海警"碧海 2020"专项执法行动成效明显》，中国海警，2020 年 9 月 25 日，https：//mp. weixin. qq. com/s/NZZHf-SEaINNP5BQvHLQOg，2020 年 11 月 20 日登录。

② 《自然资源部关于发布〈海域价格评估技术规范〉等 12 项行业标准的公告》（2020 年第 46 号），自然资源部，http://gi. mnr. gov. cn/202007/t20200701_2530333. html，2020 年 11 月 20 日登录。

现了由"灾中监控"向"灾前防控"的转化。此外，通过在全国共 36 个赤潮高风险区开展赤潮灾害早期预警监测机制，稳步推进秦皇岛、福州、深圳赤潮灾害预警试点工作，为赤潮灾害的应急处置和防灾减灾提供技术支撑。①

3. 中国海平面观测能力稳步提升

近年来，中国海平面观测站点不断增多，布局日趋合理，观测手段也更加丰富，观测能力稳步提升。同时，业务化开展基准潮位核定工作，进行验潮系统相关技术培训，逐年对海洋站站址变迁、环境变化、零点调整和仪器更换等引起的资料均一化问题进行核定，形成了长期、连续、稳定的高质量海平面数据序列，为海平面与气候变化研究、海洋防灾减灾和海洋生态文明建设等提供重要支撑。沿海地区地面沉降导致相对海平面上升。自 2009 年起，中国沿海有 50 余个海洋站陆续增设了全球导航卫星系统（GNSS）连续观测。近 10 年观测资料分析结果显示，长江以北沿海地面总体以上升为主，但天津沿海地面下降明显；长江以南沿海地面总体以下降为主，而广西、海南岛东部和西部沿海地面略有上升，与中国大陆构造环境监测网络 GNSS 基准站监测结果基本一致。该项工作为下一步开展验潮基准与 GNSS 连续观测，以及将中国沿海海平面统一到全球基准提供了支撑。②

三、海洋环境保护的地方实践

2020 年，沿海各省（区、市）海洋环境保护工作进展明显，区域海岸带保护修复管理制度落实完善，海岸带保护与利用立法有序推进，海洋环境保护的地方实践取得显著成效，区域海洋灾害预警能力不断提高。

（一）海洋保护修复地方管理不断完善

1. 山东省实现海岸带立法全覆盖

山东海岸线长达 3345 千米，占全国海岸线的 1/6。为保护海岸线生境，遏制海岸带功能退化，保护近岸海洋环境，山东省沿海七市均制定了符合自身实际的海岸带保护地方性法规。截至 2019 年 12 月，威海、日照、青岛、烟台、潍坊、东营和滨州山东

① 《自然资源部：2019 年我国海洋观测预警业务平稳运行》，央视新闻，2020 年 5 月 6 日，http：//m. news. cctv. com/2020/05/06/ARTIHdljEs6oNpTZ62dr0ZI3200506. shtml，2020 年 11 月 20 日登录。
② 《2019 年中国海平面公报》，自然资源部，http：//gi. mnr. gov. cn/202004/P020200430591277899817. pdf，2020 年 11 月 20 日登录。

沿海七市的海岸带保护与利用管理条例均已通过。东营是全国第二大石油工业基地，《东营市海岸带保护条例》聚焦油气开采等重点领域监管。该条例对东营两区范围内的油气勘探开发项目分别提出了要求，即重点保护区内已有油气开发项目，应当依据采矿权期限制订方案，有序退出；一般保护区内油气勘探开发项目应当进行环境影响评价，按标准规范要求配备环保设备设施和应急器材，定期开展环境风险评估和事故的应急演练，消除安全隐患。同时，还对海岸带范围内进行油气勘探开发作业产生的污染物如何处置做出了原则性规定。而拥有丰富天然卤水资源的潍坊市，为了规范天然卤水开采，有效管控无证开采、超范围开采、开采后浪费等乱象，对天然卤水的开采管控及溴素生产企业管理等事项做出明确规定，并对违法开采天然卤水、溴素企业擅自开机等行为规定了相应的处罚，弥补了《中华人民共和国矿产资源法》及《山东省实施〈中华人民共和国矿产资源法〉办法》等相关法律、法规对溴素科学生产、节约利用的空白。①

2. 浙江省生态海岸带建设有序推进

浙江省拥有全国最长的海岸线和最丰富多样的海洋资源。为了推动生态海岸带建设，形成自然生态优美、文化底蕴彰显、人文活力迸发的滨海绿色发展带，2020年6月，浙江省正式印发了《浙江省生态海岸带建设方案》（以下简称《建设方案》），以保护纳入本次规划范围的长度约1800千米的生态海岸带。《建设方案》作为浙江省推进生态海岸带建设的总体性指导性文件，分为总体要求、建设任务、示范引领、保障措施四个部分，提出了绿色生态、人流交通、历史文化、休闲旅游和美丽经济五个方面的廊道建设计划。此外，《建设方案》还确定了通过"联通""增绿"和"衍生"三条特色途径实现两个发展目标，到2025年，基本贯通公路绿道系统，完成海洋湿地、重要水源地、防护林（含红树林）等生态建设与海塘修复、环境治理，建成3~5条示范岸段作为滨海品质生活共享新空间。到2035年，全面建成绿色生态廊道、客流交通廊道、历史文化廊道、休闲旅游廊道、美丽经济廊道"五廊合一"的生态海岸带。②

3. 广东省确立海岸线使用占补制度及海岸线价值评估技术规范

为加强和规范海岸线保护与利用管理，确保自然岸线保有率管控目标，2020年4月，《广东省海岸线使用占补制度实施意见（试行）》，确定在广东省全面实施海岸线

---

① 《山东立法保护海岸带 沿海七市全覆盖》，央广网，2019年12月31日，http://www.cnr.cn/sd/gdbb/20191231/t20191231_524920683.shtml，2020年11月28日登录。

② 《1800公里、4类示范段！浙江省生态海岸带建设，开拓经济发展新空间》，浙江新闻，2020年7月18日，https://zj.zjol.com.cn/news.html?id=1487972，2020年11月20日登录。

占补制度。大陆自然岸线保有率低于或等于 35% 的地级以上市，项目建设需使用大陆海岸线和海岛岸线的，按照占用自然岸线 1:1.5 的比例、占用人工岸线 1:0.8 的比例整治修复岸线，形成具有自然海岸形态特征和生态功能的岸线。同时，建立岸线有偿使用制度，制定岸线价值评估技术规范，对可开发利用的自然、人工岸线进行价值评估。2020 年 5 月，广东省审定通过了《海岸线价值评估技术规范》（以下简称《技术规范》）。作为广东省海岸线使用占补制度的重要配套文件，《技术规范》探索通过海岸线指标交易推动海岸线生态修复，提升海岸线自然岸线保有率，促进自然资源的高质量供给。《技术规范》可应用于经营性项目用海占用海岸线的价值评估，依据海岸线利用类型确定评估方法、编制评估报告，参考评估结果指导用海主体有偿使用海岸线。《技术规范》还可应用于海岸线交易中的价值评估，根据海岸线自然属性，评估海岸线的生态服务功能价值和潜在开发利用价值，依据评估结果制定岸线指标交易购买指导价，推动岸线指标交易。①《技术规范》是中国首个海岸线价值评估地方标准，为全国海岸线价值评估提供一定的技术指导。

（二）海洋环境保护地方实践成效显著

1. 渤海综合治理攻坚战有序推进

为贯彻落实党中央、国务院打赢污染防治攻坚战的重要决策部署，按照《渤海综合治理攻坚战行动计划》（以下简称《行动计划》）要求，生态环境部以改善渤海生态环境质量为核心，积极推进陆源污染治理、海域污染治理、生态保护修复、环境风险防范四项攻坚行动。《行动计划》及其配套文件的出台，进一步明确了任务分工，形成"国家—部门—省份—城市"任务链条，渤海综合治理攻坚战成效显著。2020 年，渤海近岸海域春季优良水质（第一、第二类水质）比例达到 81.6%，同比增加 2.2%；夏季初步监测评价结果显示，渤海近岸海域优良水质比例为 87.1%，继续呈现向好态势；1—8 月，纳入"消劣行动"的 10 个入海河流国控断面水质，实现消除劣五类水质；渤海入海排污口排查实现了"应查尽查"，生态恢复修复项目全部开工，已修复滨海湿地面积超过 3300 公顷，修复岸线长度约 58 千米。② 海域污染治理取得成效，清理非法和不符合分区管控要求的海水养殖面积 53 万余亩，重点县区出台养殖水域滩涂规

① 《[厅属动态] 先行先试，全国首创，广东省海岸线有偿使用市场价值评估将有规可依》，广东省自然资源厅，2020 年 5 月 6 日，http://nr.gd.gov.cn/zwgknew/zwwgk/zxgk/content/post_3049258.html，2020 年 11 月 20 日登录。

② 《生态环境部 9 月例行新闻发布会参考（上）｜海洋生态环境保护整体工作稳步提升、有序推进》，生态环境部，2020 年 9 月 26 日，http://www.mee.gov.cn/ywgz/hysthjbh/hyzhzljdxdbhzhzlgjz/202009/t20200929_801163.shtml，2020 年 11 月 25 日登录。

划，明确划定养殖区、限制养殖区和禁止养殖区，认定渔港 320 余座并编制名录向社会公开，创建水产健康养殖示范场超过 800 家，沿海城市全部建立了"海上环卫"制度。渤海综合治理攻坚战是海洋领域污染防治攻坚战的首战，保护好渤海，对中国探索海洋生态环境治理新机制、新模式具有重要意义。

2. 大连市海洋保护工作进一步完善

继 2019 年修订《大连市环境保护条例》后，一系列符合大连海洋环境保护实际的地方性法规又相继制定，为大连海洋环境问题提供了解决方案。2020 年 5 月制定的《大连市海洋环境保护条例（草案）》（以下简称《条例（草案）》），是贯彻落实习近平生态文明思想，保护海洋生态环境，建设美丽大连的重要地方性法规。《条例（草案）》对海洋环境监督管理、海洋生态保护、海岸带保护、海洋污染损害防治以及法律责任等做出明确规定[1]，各级政府的主体责任得到有效落实。《条例（草案）》规定市政府制定海洋环境保护规划，确立"三线一单"（生态保护红线、环境质量底线、资源利用上线和生态环境准入清单）分区管控制度和措施。在生态保护方面，《条例（草案）》重视治理养殖污染，规定畜禽养殖管控、海水养殖管控的约束措施。为促进海洋牧场发展，《条例（草案）》规范人工鱼礁建设及管理。关于海岸带的保护，明确规定实施"海岸建筑退缩线"制度。退缩线内不得新建、改建、扩建建筑物、构筑物，已建成的，应当逐步调整至线外；除国家重大项目外，禁止围填海。此外，根据渤海污染综合治理攻坚战的要求，《条例（草案）》强化了陆海污染的联防联控措施，全面规范入海排污口管理、排海污水处理设施建设和临海农村生活污水治理。[2]

3. 海南省推动海洋环卫常态化

为保护海南全省海岸线和近岸海域免受海洋垃圾的威胁，2020 年 3 月，海南省出台《海南省建立海上环卫制度工作方案（试行）》。该工作方案规定从 2020 年起，以海口市、三亚市、洋浦经济开发区为试点全面启动海上环卫工作，到 2023 年全省海上环卫工作实现常态化和规范化管理；建立海上环卫制度，与陆上环卫实现无缝对接；除近岸滩涂、海滩等，沿海港口、码头、河流入海口等水域海面也纳入环卫范围，将实现海洋垃圾常态化治理，进一步打造整洁海滩和洁净海面；将沿海岸低潮线向海一

---

① 《保护海洋环境！〈大连市海洋环境保护条例〉亮点解读来了》，大连天健网，2020 年 8 月 18 日，http：//dalian. runsky. com/2020-08/18/content_6070734. html，2020 年 12 月 20 日登录。

② 《大连市海洋环境保护条例》，大连新闻网，2020 年 8 月 19 日，http：//www. dlxww. com/news/content/2020-08/19/content_2461205. htm，2020 年 12 月 20 日登录。

侧 200 米、河流入海口及沿海港口、码头水域海面作为海上垃圾打捞作业范围。① 此外，海上环卫实行属地化管理，各市县将结合"湾长制"制度，广泛开展环境教育，并将鼓励社会公众积极参与海洋垃圾处理与监督工作，全民呵护海洋健康。②

（三）海洋灾害预警能力提升

1. 黄海浒苔灾害处理处置初见成效

浒苔绿潮灾害防治是海洋生态文明建设的重要内容，对于解决困扰山东、江苏两省多年的海洋生态灾害具有重大意义。2007 年以来，浒苔绿潮灾害连续 13 年在黄海海域暴发，给山东和江苏两省带来了严重的生态损害和经济损失。国家和地方各级政府都十分重视浒苔绿潮灾害防控工作，不断完善联防联控机制，加强浒苔绿潮监测预警。自然资源部积极推动海洋灾害风险防范能力建设，针对浒苔绿潮灾害及时发布预警信息并启动应急响应，统筹做好浒苔绿潮灾害防御和应急处置等工作。山东省投入大量资金进行修复，2016—2020 年累计安排投入修复资金共约 14.5 亿元。江苏省采取多项措施应对浒苔灾害：一是逐步建立浒苔绿潮预警监测和应急处置机制，持续开展浒苔绿潮监测，在灾害明显年份积极配合有关部门开展打捞处置；二是指导紫菜养殖规划发展，不断优化养殖措施、技术和方法；三是有序推进入海排污管控，积极开展近岸海域污染防治科技创新等。山东、江苏两省建立浒苔绿潮综合处置队伍和海上应急保障队伍，协同做好跨区域海上拦截、清理、处置工作，确保海洋生态环境安全。③ 2020 年，青岛市通过实施关口前移、航道外线打捞等措施，浒苔海陆清理比例由 2015 年的 1∶1 提高到 2020 年的 30∶1，浒苔上岸量是 2008 年以来的最低水平。④

2. 粤港澳大湾区灾害应急搜救能力不断提高

建设粤港澳大湾区是党中央做出的重大战略决策。大湾区内航行船舶众多，珠江口水域通行环境复杂，也是台风高发地区，海洋防灾抗灾机制将为保障大湾区建设的有序发展提供有力保障。2020 年 6 月，《交通运输部关于推进海事服务粤港澳大湾区发

---

① 《海南省人民政府办公厅关于印发海南省建立海上环卫制度工作方案（试行）的通知》（琼府办函〔2020〕56 号），海南省人民政府，http://www.hainan.gov.cn/hainan/szfbgtwj/202003/f6a6e597ffeb439bb085217fb2130bb6.shtml，2020 年 11 月 20 日登录。

② 《海南建立海上环卫制度——解决"垃圾上岸"问题》，载《人民日报》，2020 年 3 月 3 日第 14 版。

③ 《对十三届全国人大三次会议第 5709 号建议的答复》（自然资人议复字〔2020〕042 号），自然资源部，http://gi.mnr.gov.cn/202010/t20201008_2563442.html，2020 年 11 月 28 日登录。

④ 《青岛"十三五"海洋经济成绩单出炉：年均增速达 13.3%》，半岛网，2020 年 12 月 31 日，http://news.bandao.cn/a/448893.html，2021 年 1 月 10 日登录。

展的意见》提出，完善粤港澳大湾区水上应急搜救合作机制，提升粤港澳大湾区水上应急搜救能力。具体包括以下两方面[①]。一是完善粤港澳搜救联动合作机制，签订大湾区海上搜救合作框架协议，完善大湾区防抗台风等自然灾害应急联动机制。联合制定大湾区防抗台风应急预案，协调台风预警工作。在考虑锚地范围功能及使用限制基础上，统筹使用防抗台风锚地等资源。协同开展灾害天气后交通组织、海难救助打捞、海道测量和导助航设施恢复。二是促进大湾区水上应急搜救资源共享，推动粤港澳建设、开放搜救飞机和船舶补给与起降点。优化粤港澳三地海上救助移送流程，提高大湾区海上救助移送工作效率。发挥行业协会、公益性社会组织和水上搜救志愿者队伍作用，加强大湾区水上搜救志愿者队伍建设，逐步构建"政府主导、社会参与、协调力量、共建共享"的大湾区水上应急搜救新格局。

四、小结

2020 年是全面建成小康社会和"十三五"规划的收官之年，在习近平生态文明思想的指导下，中国海洋环境保护工作取得显著进展，海洋生态环境状况整体稳中向好发展，海洋生态环境保护和海洋防灾减灾管理制度和手段不断完善，"碧海 2020"等一系列环境保护专项执法行动取得进展，自然保护地体系不断优化，保护成效明显提高。2021 年是"十四五"规划的开局之年，也是全面建设社会主义现代化国家新征程、向第二个百年奋斗目标进军的开局之年。在习近平生态文明思想的指引之下，海洋生态文明建设必将取得新的进步。

---

① 《交通运输部关于推进海事服务粤港澳大湾区发展的意见》（交海发〔2020〕57 号），交通运输部，http://www.gov.cn/zhengce/zhengceku/2020-06/17/content_5519874.htm，2020 年 11 月 19 日登录。

第四部分

海洋法治建设与国际合作

第十章　中国的海洋立法

"十三五"期间，中国海洋法治建设成果显著，为维护国家海洋权益和安全、规范海洋开发秩序、保护海洋生态环境提供了有力的制度保障。2020年，各级立法机关稳步推进涉海领域立法工作，着力推进科学立法和民主立法，围绕海上执法力量建设、海洋生态文明建设、海洋资源利用和保护等内容开展海洋法律法规的制定和修改工作。

一、中国海洋法律制度概述

海洋法是关于各种海域的法律地位以及调整国家在各种不同海域中从事航行、资源开发、生态环境保护以及科学研究等方面的原则、规则和规章、制度的总称[①]。中国海洋法律制度是管理海洋事务相关法律规则和原则的总称，在维护国家海洋权益、规范海洋活动秩序、保护海洋环境方面发挥着重要作用。

（一）"十三五"时期海洋法治建设成就

海洋是富民强国的重要发展空间，"十三五"时期是全面建成小康社会的关键阶段。"十三五"以来，在党中央和国务院"坚持陆海统筹，发展海洋经济，科学开发海洋资源，保护海洋生态环境，维护海洋权益，建设海洋强国"的发展思路和发展方向指引下，中国海洋法治建设取得新发展新突破，涉海法律体系和框架基本稳定，海洋法律制度不断完善，海洋行政管理和执法体制不断革新，海事司法作用不断加强，为维护国家海洋权益、建设海洋生态文明、加强海洋综合管理、发展海洋经济提供了有力的法治支撑。

1. 海洋法律规范得到进一步完善

一是强化海洋生态环境保护立法。为贯彻落实习近平生态文明思想，满足人民日益增长的对高品质海洋生态环境的需求，立法机关重点推进海洋生态环境法律的修订和完善。《中华人民共和国海洋环境保护法》（以下简称《海洋环境保护法》）于2016年和2017年进行了两次修订，加强海洋污染的源头治理，设立海洋生态保护补偿制

[①]　魏敏：《海洋法》，北京：法律出版社，1995年，第4页。

度，加大对违法行为的处罚力度。2016 年，中央全面深化改革领导小组审议通过了《海岸线保护与利用管理办法》和《围填海管控办法》等重要文件，全面加强对海岸线的保护与利用管理，确保到 2020 年全国大陆自然岸线保有率不低于 35%，严控围填海活动对海洋生态环境的不利影响，进一步强化海洋环境保护的法制保障。

二是填补深海海底区域资源开发立法空白。2016 年，全国人大常委会通过《中华人民共和国深海海底区域资源勘探开发法》（以下简称《深海法》）。这是我国第一部规范公民、法人或其他组织在国家管辖海域外从事相关活动的国内法，对从事深海海底区域资源勘探开发活动、海洋环境保护、科学技术研究和资源调查、监督检查及法律责任作出规定，拓展了中国海洋法律制度的适用范围，体现了我国维护国际海底秩序、履行国际条约义务的负责任大国形象。

三是其他海洋立法的修改完善。按照国家立法计划的安排，1983 年《中华人民共和国海上交通安全法》、1986 年《中华人民共和国渔业法》、1992 年《中华人民共和国海商法》和 1983 年《中华人民共和国海洋石油勘探开发环境保护管理条例》等海洋法律法规的修改工作都在积极推进中，已经向社会公布修订草案的征求意见稿，有待立法机关的进一步审议通过。

2. 海洋法治实施体系建设进一步加强

"法律的生命力在于实施，法律的权威也在于实施。"[1] 法治实施体系是一个涉及科学立法、严格执法、公正司法、全民守法等各个层面的系统，是全面开展法治建设、创造良好法治环境的核心环节。"十三五"以来，海洋法治政府建设、海洋执法体制创新、海事司法保障作用加强，海洋法治实施体系进一步朝着高效、权威方向发展。

一是改革海洋行政管理体制。2018 年，国务院发布《国务院机构改革方案》，整合原国家海洋局海洋战略规划、海洋经济和海洋空间管理的职责和原国土资源部有关职责，组建自然资源部，对外仍保留国家海洋局的牌子。同时，将原国家海洋局的海洋环境保护职责整合到新组建的生态环境部，解决了海洋资源管理和海洋污染防治领域多头管理的问题，为实施陆海统筹发展和海洋综合管理提供了体制保障。

二是统一海上执法队伍。2018 年，中共中央决定"将国家海洋局领导管理的海警队伍转隶武警部队"，调整组建中国人民武装警察部队海警总队，称中国海警局。2018

---

① 《中共中央关于全面推进依法治国若干重大问题的决定（2014 年 10 月 23 日中国共产党第十八届中央委员会第四次全体会议通过）》，中国人大网，2014 年 10 月 28 日，http：//www.npc.gov.cn/zgrdw/npc/zt/qt/sbjszqh/2014-10/29/content_1883449.htm，2020 年 11 月 28 日登录。

年 6 月，全国人大常委会通过《关于中国海警局行使海上维权执法职权的决定》①，由中国海警局统一履行海上维权、打击海上犯罪和海洋行政执法的职责，有利于解决原来执法力量分散、执法效率不高等问题，推进海上综合执法，提高维护国家海洋权益的能力。

三是海事司法保障作用加强。"十三五"期间，最高人民法院颁布了《关于海事法院受理案件范围的规定》《关于海事诉讼管辖问题的规定》《最高人民法院关于审理发生在我国管辖海域相关案件若干问题的规定》《关于审理海洋自然资源与生态环境损害赔偿纠纷案件若干问题的规定》等一系列司法解释，扩大了海事法院的受案范围，突出海事法院对海洋资源开发利用、海洋生态环境保护、海洋科学考察等纠纷的管辖，以及对海洋行政诉讼案件的管辖，明确了海洋自然资源与生态环境损害索赔诉讼的性质、索赔主体和诉讼规则。进一步加强了海事司法在服务海洋强国建设、维护国家海洋安全和司法主权、保障海洋生态文明建设以及促进海洋部门依法行政方面的重要作用。

3. 海洋法治监督体系更加严密

法治监督体系的有效运行，需要充分发挥党内监督、人大监督、人民监督和国家监察等各种监督方式的合力，通过制度化、规范化方式实现党政群联合监督的有机统一。"十三五"期间，国家通过监察体制改革、实施海洋督察制度，织就严密有效的海洋法治监督体系。

为了深化国家监察体制改革、加强对行政权力的监督，《中华人民共和国监察法》于 2018 年 3 月通过。该法是对国家监督制度的重大顶层设计，实现了对所有行使公权力的公职人员监察全覆盖，为实施海洋督察过程中追究公职人员职务违法和职务犯罪的法律责任提供了法律依据和途径。

实施海洋督察制度、开展常态化海洋督察是"十三五"规划纲要的重要任务。2016 年，经国务院批准，国家海洋局印发了《海洋督察方案》，对督察依据、督察对象、督察内容、督察方式、督察程序、督察机构及职责做出了具体规定。海洋督察是针对海洋资源环境进行的一体化督察，是对地方政府落实海域海岛资源监管和海洋生态环境保护法定责任的督察，丰富了海洋领域的法治监督手段，为全面推进海洋生态文明建设、强化政府内部监督、实施海洋综合管理提供了制度保障。

---

① 《全国人民代表大会常务委员会关于中国海警局行使海上维权执法职权的决定》，中国法院网，2018 年 6 月 23 日，https：//www.chinacourt.org/article/detail/2018/06/id/3367526.shtml，2020 年 11 月 28 日登录。

（二）"十四五"时期海洋立法发展方向

2020年11月，习近平总书记在中央全面依法治国工作会议上发表重要讲话①，从全局和战略高度提出推进全面依法治国的总体要求，用"十一个坚持"系统阐述了新时代推进全面依法治国的重要思想，为建设法治国家指明了前进方向。习近平法治思想内涵丰富、论述深刻，特别是其中关于"坚持依法治国、依法执政、依法行政共同推进，法治国家、法治政府、法治社会一体建设"，"坚持全面推进科学立法、严格执法、公正司法、全民守法"和"坚持统筹推进国内法治和涉外法治"的重大决策部署，既为建设法治海洋提供了科学指导和根本遵循，更为当前和今后一个时期完善海洋立法、严格海洋执法、公正海事司法提供了实现路径。

海洋法治是全面依法治国在海洋领域的具体实践，旨在发挥法律制度的规范和指导功能，提升海洋治理能力和工作成效，维护国家海洋权益、保护海洋生态环境和实现海洋经济高质量发展。为了实现这一目标，必须坚定不移走中国特色社会主义法治道路，形成完备的海洋法律规范体系，建立高效的海洋法治实施体系和权威的法治监督体系，在海洋领域实现法治政府和法治海洋一体化建设。

2020年10月，党的十九届五中全会通过了《中共中央关于制定国民经济和社会发展第十四个五年规划和二〇三五年远景目标的建议》（以下简称《建议》），指出"十四五"时期，中国发展仍然处于重要战略机遇期。《建议》提出了多项自然资源和海洋领域的重点发展任务，包括"坚持陆海统筹，发展海洋经济，建设海洋强国""强化国土空间规划和用途管控，落实生态保护……强化绿色发展的法律和政策保障""继续开展污染防治行动，建立地上地下、陆海统筹的生态环境治理制度""健全自然资源资产产权制度和法律法规……提高海洋资源、矿产资源开发保护水平"，② 为涉海领域立法指明了方向。

面对更加复杂多变的国际海洋形势和能源资源相对短缺的国内发展环境，海洋将日益成为提升国家经济发展质量、维护国家安全、拓展海洋利益、参与全球海洋治理的重要舞台。贯彻习近平法治思想，进一步推动海洋事业发展，应进一步完善海洋立法，发挥海洋立法的引领、推动和保障作用，创造良好的法治环境。

一是制定"海洋基本法"。中国的海洋法律体系基本确立，但是仍然缺乏处于统领

---

① 《习近平在中央全面依法治国工作会议上强调 坚定不移走中国特色社会主义法治道路 为全面建设社会主义现代化国家提供有力法治保障》，新华网，2020年11月17日，http：//www.xinhuanet.com/politics/leaders/2020-11/17/c_1126751678.htm，2020年11月30日登录。

② 《中共中央关于制定国民经济和社会发展第十四个五年规划和二〇三五年远景目标的建议》，中国政府网，2020年11月3日，http：//www.gov.cn/zhengce/2020-11/03/content_5556991.htm，2020年12月1日登录。

地位、为单项海洋立法和海洋政策提供基本准则的"基本法"。2018年9月，第十三届全国人大常委会将"海洋基本法"列入本届任期内条件成熟时提请审议的法律草案。"海洋基本法"是对中国涉海法治成果的巩固，应当体现国家海洋观和海洋工作基本方针和基本政策，确立海洋基本制度和原则，有机协调海洋法律体系，为维护和拓展国家海洋利益、确保国家在参与全球海洋治理中发挥积极作用提供强有力的法律依据。

二是制定和完善自然资源基础性制度。《建议》提出要健全自然资源资产产权制度和法律法规，加强自然资源调查评价监测和确权登记。2020年通过的《中华人民共和国民法典》（以下简称《民法典》）建立了自然资源所有权和用益物权的基本制度，但是，关于自然资源权利流转、自然资源生态修复制度的具体规定，还需要在配套立法中进一步明确。"十四五"时期需要加快相关问题研究论证，进一步完善自然资源共性制度的立法，建立统一的自然资源确权登记、权利流转制度和生态补偿制度，提高海洋资源的保护水平，推进海洋资源的节约集约利用。

三是推进陆海统筹综合立法。坚持陆海统筹是推进海洋强国建设、实现海洋资源可持续利用、海洋经济高质量发展的重要途径。海岸带区域的海陆复合性决定了应以陆海统筹理念进行法律规制，单就海洋或陆地资源要素立法，难以实现陆海关系的协调。因此，"十四五"时期，加快海洋空间规划立法和海岸带管理立法，将成为实现区域协调发展、实施海洋综合管理的重要抓手。《海洋环境保护法》的修改，也应贯彻陆海统筹理念，对陆地和海洋污染防治实行统一监管，以海洋环境承载力确定陆源污染物排放总量，从源头遏制污染，为海洋环境保护提供绿色发展的法律保障。

四是制定和完善海洋治理相关规则。2016年，习近平总书记在主持中共中央政治局第三十五次集体学习时指出，党的十八大以来，我们抓住机遇、主动作为，坚决维护以联合国宪章宗旨和原则为核心的国际秩序，积极参与制定海洋、极地、网络、外空、核安全、反腐败、气候变化等新兴领域治理规则，推动改革全球治理体系中不公正不合理的安排。① 中国作为重要的发展中国家，全面参与了联合国框架内海洋治理机制和相关规则的制定与实施。通过制定和修改相应的国内法律法规，积极行使和履行所加入的国际条约赋予缔约国的权利义务，可以更好维护国家主权、安全、发展利益。作为《南极条约》协商国，"十四五"期间应加快推动"南极法"的制定和审议工作，规范中国在南极的活动，维护中国在南极的利益。同时，《深海法》配套制度和法规的制定也成为海洋立法的重点任务。

---

① 《习近平：加强合作推动全球治理体系变革 共同促进人类和平与发展崇高事业》，人民网，2016年9月28日，http://cpc.people.com.cn/n1/2016/0928/c64094-28747882.html，2021年2月22日登录。

二、《民法典》与自然资源管理

2020 年 5 月 28 日，第十三届全国人民代表大会第三次会议审议通过了《民法典》。这是我国第一部以法典命名的法律，是新时代中国特色社会主义法治建设的重大成果，为提升国家治理体系和治理能力现代化提供了坚实的法律保障。《民法典》是市场经济的基本法，进一步完善了我国民商事领域各项基本法律制度和行为规则①，其中，现代产权制度、生态环境损害责任制度，为自然资源管理部门履行自然资源管理"两统一"职责提供了制度保障，又对管理部门依法行政提出了更高要求。

（一）自然资源管理职责与《民法典》

根据《中共中央关于深化党和国家机构改革的决定》和自然资源部"三定"方案的规定，自然资源部统一行使全民所有自然资源资产所有者职责，统一行使所有国土空间用途管制和生态修复职责。主要包括：履行全民所有土地、矿产、森林、草原、湿地、水、海洋等自然资源资产所有者职责和所有国土空间用途管制职责；拟订自然资源和国土空间规划及测绘、极地、深海等法律法规草案，制定部门规章并监督检查执行情况；负责自然资源调查监测评价；制定自然资源调查监测评价的指标体系和统计标准，建立统一规范的自然资源调查监测评价制度；实施自然资源基础调查、专项调查和监测；负责自然资源调查监测评价成果的监督管理和信息发布等。②

在全面推进依法治国的背景下，《民法典》成为市场经济和人民社会生活的基本法，是民法领域国家治理的基本遵循。《民法典》将节约资源、保护生态环境确立为民事活动的基本原则，丰富了自然资源的国家所有权制度和用益物权制度的有关规定。《民法典》设专章规定了环境污染和生态破坏责任，赋予主管部门生态环境损失赔偿请求权，为自然资源部门统一行使自然资源管理职责提供了坚实的法律保障。

（二）《民法典》中关于自然资源管理的内容

《民法典》有关规定涉及自然资源管理的诸多方面，主要内容体现在基本原则、物权制度、环境污染和生态破坏责任部分。这些规定为自然资源部门依法履职和依法行政提出了更严格的要求。深入学习贯彻《民法典》的有关内容，对于完善自然资源制度体系、提升自然资源治理能力现代化具有重要意义。

---

① 《法治建设的里程碑——写在民法典通过之际》，人民网，2020 年 5 月 29 日，http://ah.people.com.cn/n2/2020/0529/c358317-34050612.html，2020 年 6 月 30 日登录。

② 《自然资源部》，中国政府网，http://www.gov.cn/fuwu/bm/zrzyb/index.htm，2021 年 3 月 1 日登录。

1. 《民法典》中的"绿色原则"

《民法典》在总则第九条中明确规定"民事主体从事民事活动，应当有利于节约资源、保护生态环境"，将"绿色原则"确定为民事活动的基本准则。"绿色原则"是社会主义生态文明理念在民法中的具体体现，是联结社会主义生态文明理念和民法具体制度的原则。[1]

"绿色原则"对民事主体实施民事行为提出了义务性要求，体现在物权编、合同编、侵权责任编等具体法律规定中，构建起自然资源和生态环境保护的规则体系。物权编中规定，不动产权利人不得违反国家规定弃置固体废物，排放污染环境的有害物质；用益物权人行使权利遵守保护和合理开发资源、保护生态环境的规定。合同编中规定，当事人在履行合同过程中，应当避免浪费资源、污染环境和破坏生态；债权债务终止后，当事人负有履行旧物回收的义务，有助于形成绿色节约的合同履行方式。侵权责任编中规定，因污染环境、破坏生态造成他人损害的，侵权人应当承担侵权责任，有助于对污染环境和破坏生态行为责任的全面追究。[2]

2. 自然资源的所有权制度

《民法典》遵循了《中华人民共和国物权法》（以下简称《物权法》）的既有体例，确认了由所有权、用益物权、担保物权组成的物权权利体系，并对国家所有权、业主权利保护、征收征用、动产抵押和权利质押规则等制度进行了完善。

物权编关于自然资源所有权的制度，在坚持了《中华人民共和国宪法》（以下简称《宪法》）规定的矿藏、水流、森林、山岭、草原、荒地等自然资源的所有权制度外，完善了海域和无居民海岛资源属于国家所有，加强了对国家海洋权益的保护。《宪法》第九条规定："矿藏、水流、森林、山岭、草原、荒地、滩涂等自然资源，都属于国家所有，即全民所有；由法律规定属于集体所有的森林和山岭、草原、荒地、滩涂除外。"代表国家行使所有权的主体为国务院，具体到管理部门就是自然资源部。自然资源的"国家所有"并不是简单的占有自然资源而直接获取利益，而应理解为国家在充分发挥市场的决定性作用的基础上，通过使用负责任的规制手段，确保社会成员持续性共享自然资源。[3]《民法典》的有关规定，为保证实现自然资源的生态价值和经济价

---

[1] 张新宝：《〈中华人民共和国民法总则〉释义》，北京：中国人民大学出版社，2017年，第17页。

[2] 参见《民法典》第294条、第326条、第509条、第558条、第1229条等。

[3] 参见王旭：《论自然资源国家所有权的宪法规制功能》，载《中国法学》，2013年第6期，第5—19页。另见：徐以祥、杨昌彪：《生态文明理念下自然资源国家所有的物权法表达》，载《中国矿业大学学报（社会科学版）》，2020年第6期，第28—43页。

值的统一提供了坚实的法律基础。

3. 海域、无居民海岛的所有权和使用权制度

2001 年颁布的《中华人民共和国海域使用管理法》（以下简称《海域使用管理法》），旨在加强海域使用管理，维护国家海域所有权和海域使用权人的合法权益，促进海域的合理开发和可持续利用。《海域使用管理法》适用于在内水、领海持续使用特定海域三个月以上的排他性用海活动。单位和个人使用海域，应该依法取得海域使用权。① 2009 年颁布的《中华人民共和国海岛保护法》（以下简称《海岛保护法》）明确规定无居民海岛的所有权属于国家，从保护海岛及其周边海域生态系统的角度，对无居民海岛的保护和开发利用作出严格规定。②《民法典》吸收了《海域使用管理法》和《海岛保护法》的有关内容，规定海域属于国家所有，依法取得的海域使用权受法律保护。无居民海岛属于国家所有，由国务院代表国家行使所有权。

4. 不动产统一登记

不动产登记，是指不动产登记机构依法将不动产权利归属和其他法定事项记载于不动产登记簿的行为。③ 一般而言，只有依法登记的不动产物权才可以发生效力。我国自 2013 年启动全国不动产统一登记工作，2014 年正式颁布《不动产登记暂行条例》，2016 年实现"颁发新证，停发旧证"。目前，不动产登记工作实现了登记机构、登记簿册、登记依据和信息平台的全面统一。④《民法典》有关规定从法律上对不动产统一登记制度予以确认，确保不动产权利人财产权益得到法律保护，为不动产市场交易构建了明晰的产权基础。《民法典》针对不动产登记工作中的问题对相关条款进行了完善：一是统一登记机构，把所有涉及不动产登记的主体全部修改为由登记机构进行登记；二是增加利害关系人在不动产登记资料查询、复制中的义务，利害关系人不得公开、非法使用权利人的不动产登记资料。⑤ 按照《不动产登记暂行条例》的规定，纳入登记范围的不动产包括土地、海域以及房屋、林木等定着物，应当办理登记的不动产权利包括：集体土地所有权、房屋所有权、林木所有权，耕地、林地、草地等土地承

---

① 参见《中华人民共和国海域使用管理法》。

② 参见《中华人民共和国海岛保护法》。

③ 参见《不动产登记暂行条例（国务院令第 656 号）》第 2 条，2014 年 12 月 22 日，http://www.gov.cn/zhengce/2014-12/22/content_2795318.htm，2020 年 12 月 16 日登录。

④ 《不动产登记工作全面实现"四统一"改革目标》，中国政府网，2019 年 3 月 25 日，http://www.gov.cn/xinwen/2019-03/25/content_5376555.htm，2020 年 12 月 16 日登录。

⑤ 魏莉华：《〈民法典〉中的不动产物权制度》，腾讯新闻，https://xw.qq.com/cmsid/20200701A0EO4U00，2020 年 12 月 16 日登录。

包经营权和海域使用权等十种。《民法典》同时明确了登记机构的责任，因登记错误造成他人损害的，应当承担赔偿责任。

5. 自然资源的用益物权制度

用益物权指的是用益物权人对他人所有的不动产或者动产，依法享有占有、使用和收益的权利。《民法典》明确依法取得的用益物权受法律保护，并对某些种类用益物权的行使增加了新的规定。第 325 条、第 328 条和第 329 条规定对于自然资源，国家实行有偿使用制度，并再次确认了依法取得的海域使用权、探矿权、采矿权、取水权和使用水域、滩涂从事养殖、捕捞的权利受法律保护。

6. 担保物权制度的完善

《民法典》在《物权法》的基础上，扩大了抵押财产的范围，明确了海域使用权作为可以抵押财产的地位，为海域使用权的顺畅流转融资提供了强有力的法律保障，有助于体现海域资源的经济价值，提高海域资源利用效率，合理配置海域资源。第 399 条删除了耕地使用权不得抵押的规定，与农村承包地"三权分置"的规定保持一致。

7. 环境污染和生态破坏责任

《民法典》侵权责任编第七章扩展了原《中华人民共和国侵权责任法》的"环境污染责任"，补充了"生态破坏责任"，不仅对污染环境造成的损害责任做出规定，对破坏生态造成损害的归责原则、责任范围、承担责任方式和程度都做出了详细规定，扩展了生态环境民事权益的保护范围，进一步完善了生态环境损害赔偿制度。同时，《民法典》扩大了通过私权利救济途径对生态环境利益的维护，第 1232 条增加了对恶意侵权人请求惩罚性赔偿的权利，第 1234 条增加了法定机关或组织请求侵权人承担修复责任的权利，第 1235 条对侵权人应承担的损失赔偿范围做出了规定。这些规定极大地加重了侵权人的违法成本，加强了对于破坏和损害环境生态的补偿性手段，并与《中华人民共和国民事诉讼法》中的公益诉讼制度进行良好的衔接，形成系统的绿色制度体系，为进一步推进生态文明建设提供了民法制度保障。

三、海洋立法的发展与完善

中国现行的立法体制，是在中央集中统一领导下的中央和地方两级、多层次的立法体制。2020 年，国家和地方各级立法机关深入推进科学立法，稳步推进海上执法力量建设以及海洋生态环境、海洋资源利用等方面立法的研究、论证、制定和修改工作。

(一) 涉海立法计划情况

立法规划和计划是指享有立法权的国家机关根据党和国家的方针政策，结合国家经济、政治、文化、社会和生态文明建设发展的实际需要，对一定时间内立法思路和需要完成的立法项目做出的总体计划安排。① 全国各级立法机关不断加强立法的科学性、民主性，不断提高立法质量和效率，将立法工作计划作为制定和审议法律法规的执行依据。

2020 年 6 月，全国人大常委会发布了 2020 年度立法工作计划②，提出了立法工作遵循的原则和法律审议的重点。立法机关认真贯彻习近平总书记关于全面依法治国的重要论述，做好国家重大战略法治保障工作和重点领域立法工作。涉及海洋领域的立法项目包括：制定《海南自由贸易港法》和修改《中华人民共和国海上交通安全法》（以下简称《海上交通安全法》）。

2020 年 7 月，国务院办公厅印发了《国务院 2020 年立法工作计划》③，提出了立法工作的具体要求和立法项目的具体安排。围绕坚持和完善中国特色社会主义制度、推进国家治理体系和治理能力现代化等重点工作的需求，发挥立法的引领推动作用，对海洋领域的重点立法项目安排为拟提请全国人大常委会审议的《海上交通安全法》修订草案。

2020 年 6 月，自然资源部公布了《自然资源部 2020 年立法工作计划》④，将加强国土空间开发保护、深化"放管服"改革作为立法重点，充分发挥法治对自然资源管理改革的引领和保障作用。涉及海洋领域的立法项目包括：研究起草《国土空间开发保护法》，配合立法机关推进"南极法"立法，研究修改《铺设海底电缆管道管理规定》，积极开展自然资源资产保护、自然资源权属争议处理、海岸带管理、涉外海洋科学研究管理、深海海底资源勘探开发许可等立法研究工作。

---

① 李培传：《论立法》，北京：中国法制出版社，2013 年，第 172-188 页。
② 《［最新版］全国人大常委会 2020 年度立法工作计划》，百度网，2020 年 6 月 23 日，https://baijiahao.baidu.com/s? id=1670257024955897530&wfr=spider&for=pc，2020 年 7 月 7 日登录。
③ 《国务院办公厅关于印发国务院 2020 年立法工作计划的通知》（国办发〔2020〕18 号），中国政府网，http://www.gov.cn/zhengce/content/2020-07/08/content_5525117.htm，2020 年 7 月 18 日登录。
④ 《自然资源部办公厅关于印发〈自然资源部 2020 年立法工作计划〉的通知》（自然资办函〔2020〕974 号），自然资源部，http://gi.mnr.gov.cn/202006/t20200604_2524522.html，2020 年 7 月 7 日登录。

（二）海洋法律法规的制定、修改和废止

1. 《中华人民共和国海警法》与海上执法

2020年2月，最高人民法院、最高人民检察院和中国海警局共同发布了《关于海上刑事案件管辖等有关问题的通知》①，对海上刑事案件的管辖原则、立案侦查、提请批准逮捕或移送起诉的程序衔接等问题做出明确规定，为惩治海上犯罪、办理海上刑事案件提供司法指导和法制保证。主要内容包括：①法院对于海上刑事案件的管辖，依据犯罪行为发生地或犯罪结果发生地是否在中国的内水或领海，实施犯罪行为的是否是中国公民进行确定；② ②海上刑事案件的立案侦查，由海警机构根据法院管辖原则进行，管辖地未设立海警机构的，由海警局商同级人民检察院、人民法院指定管辖；③海上刑事案件的提请批捕或移送起诉，按照同级移送的原则，沿海省（区、市）海警局办理的刑事案件，需要提请批准逮捕或者移送起诉的，依法向所在地省级人民检察院提请或者移送；省级海警局下属海警局和中国海警局各分局、直属局办理刑事案件，需要提请批准逮捕或者移送起诉的，依法向所在地设区的市级人民检察院提请或者移送；海警工作站办理的刑事案件，需要提请批准逮捕或者移送起诉的，依法向所在地基层人民检察院移送；④对于需要指定管辖的案件，海警机构在移送起诉前向人民检察院通报，由人民检察院商同级人民法院办理指定管辖；⑤海警机构办理刑事案件应接受检察机关的监督，并与检察机关建立信息共享机制。

2020年6月，全国人大常委会通过了对《中华人民共和国人民武装警察法》（以下简称《人民武装警察法》）的修订。此次修订是武警部队领导指挥体制调整后，国家以法律形式对武警部队领导体制、职能任务、保障体制等重大改革成果予以明确。

---

① 《最高人民法院 最高人民检察院 中国海警局关于海上刑事案件管辖等有关问题的通知》，最高人民法院，2020年2月28日，http://www.court.gov.cn/fabu-xiangqing-221561.html，2020年12月21日登录。

② 具体管辖原则参见《最高人民法院 最高人民检察院 中国海警局关于海上刑事案件管辖等有关问题的通知》：在中华人民共和国内水、领海发生的犯罪，由犯罪地或者被告人登陆地的人民法院管辖，如果由被告人居住地的人民法院审判更为适宜的，可以由被告人居住地的人民法院管辖；在中华人民共和国领域外的中国船舶内的犯罪，由该船舶最初停泊的中国口岸所在地或者被告人登陆地、入境地的人民法院管辖；中国公民在中华人民共和国领海以外的海域犯罪，由其登陆地、入境地、离境前居住地或者现居住地的人民法院管辖；被害人是中国公民的，也可以由被害人离境前居住地或者现居住地的人民法院管辖；外国人在中华人民共和国领海以外的海域对中华人民共和国国家或者公民犯罪，根据《中华人民共和国刑法》应当受到处罚的，由该外国人登陆地、入境地、入境后居住地的人民法院管辖，也可以由被害人离境前居住地或者现居住地的人民法院管辖；对中华人民共和国缔结或者参加的国际条约所规定的罪行，中华人民共和国在所承担的条约义务的范围内行使刑事管辖权的，由被告人被抓获地、登陆地或者入境地的人民法院管辖。

主要修订内容包括：明确人民武装警察部队由党中央、中央军委集中统一领导；明确武警部队使命任务涵盖执勤、处置突发社会安全事件、防范和处置恐怖活动、海上维权执法、抢险救援和防卫作战；明确武警部队执行海上维权执法任务由法律另行规定。①《人民武装警察法》的修订，标志着武警部队进入依法履行职责和依法建设的新阶段，为《中华人民共和国海警法》（以下简称《海警法》）的制定提供了上位法依据和基础制度保障。2020 年 11 月，全国人大常委会公布了《海警法（草案）》文本，并向社会公开征求意见。② 2021 年 1 月 22 日，第十三届全国人民代表大会常务委员会第二十五次会议通过《海警法》。《海警法》共 11 章 84 条，主要内容包括：海警机构和职责，海警机构开展海上安全保卫、海上行政执法和海上犯罪侦查的职责权限、措施及程序，海警机构工作人员使用警械和武器的条件、方式和限制，海警机构在开展海上维权执法的工作保障、协作配合与国际合作，海警机构及其工作人员应接受的监督等。③《海警法》的出台，为我国海警机构开展海上维权执法活动提供了更为坚实的法律依据和保障。

2. 海南自贸区调整适用有关法律的决定

2020 年 4 月，全国人大常委会做出《关于授权国务院在中国（海南）自由贸易试验区暂时调整适用有关法律规定的决定》，在海南自贸区暂时调整适用《中华人民共和国土地管理法》《中华人民共和国种子法》和《中华人民共和国海商法》有关条款的规定，为海南逐步探索和推进中国特色自由贸易港建设提供法律支持。暂时调整实施的法律规定中，涉及海洋领域的是《中华人民共和国海商法》第四条第二款的适用，将原由国务院交通主管部门行使的权限下放至海南省交通运输主管部门。这是为支持海南开通跨国邮轮旅游航线、支持三亚等邮轮港口开展公海游航线试点、支持三亚等邮轮港口参与中资方便旗邮轮公海游试点所做出的暂时调整，试行期限至 2024 年 12 月

---

① 《人大常委会法工委发言人"发声"：就立法工作有关情况答记者问》，中国人大网，2021 年 4 月 22 日，http：//www.npc.gov.cn/npc/c30834/202004/ad747d3a56e74171a12fc7e23a840189.shtml；《人民武装警察法完成修订 为有效履行职责使命提供坚强法律保障》，中国人大网，2020 年 6 月 22 日，http：//www.npc.gov.cn/npc/rm-wzjcfxd003/202006/f38139d2498e4e908f0b3cc0c5415fb3.shtml，2020 年 12 月 19 日登录。

② 《海警法（草案）征求意见》，搜狐网，2020 年 11 月 5 日，https：//www.sohu.com/a/429714317_120065720，2020 年 12 月 19 日登录。

③ 《中华人民共和国海警法（2021 年 1 月 22 日第十三届全国人民代表大会常务委员会第二十五次会议通过）》，中国人大网，2021 年 1 月 22 日，http：//www.npc.gov.cn/npc/c30834/202101/ec50f62e31a 6434bb6682d4 35a90 6045.shtml，2021 年 1 月 25 日登录。

31 日。① 法律调整适用的同时，必须建立健全事中事后监管制度，有效防控风险。

3. 《远洋渔业管理规定》的修订

为了与国际渔业管理规则更好接轨，加强对远洋渔业安全生产的管理，2020 年 2 月，农业农村部通过了对《远洋渔业管理规定》的修订，为远洋渔业高质量发展提供更加完善的制度支撑。修订后的《远洋渔业管理规定》分为总则、远洋渔业项目申请和审批、远洋渔业企业资格认定和年审、远洋渔业船舶和船员、安全生产、监督管理、罚则和附则 8 章，共 44 条。主要修订内容包括：一是与现行国际规则相衔接，强调对公海渔业资源的养护与可持续利用，与渔业组织打击非法、不报告和不受管制（IUU）渔业活动的管理措施保持一致，体现中国负责任渔业大国的坚定立场；二是强化涉外安全管理，对渔船变更国籍、淘汰报废、悬挂国旗、配备船员等作出明确要求，强化远洋渔业企业、管理人员和船长的安全生产责任，强化安全监管措施，减少涉外违规事件发生；三是加大违规处罚力度，将从事 IUU 捕捞、故意关闭船位监测设备列入违法行为，确立远洋渔业从业人员"黑名单"制度；四是适应"放管服"改革要求，简化远洋渔业项目审批环节，在有效信息可查的情况下，减少纸质材料的提供。②

4. 自然资源部门规章的修改和废止

2020 年 3 月，自然资源部公布了《自然资源部关于第二批废止和修改的部门规章的决定》③，对有关自然资源管理的部门规章进行了清理，保证国家法律、行政法规的

① 具体调整内容："暂时调整适用《中华人民共和国海商法》第四条第二款的有关规定，将中国（海南）自由贸易试验区港口开展中资方便旗邮轮海上游业务的邮轮企业（经营主体）及邮轮的市场准入许可、仅涉及中国（海南）自由贸易试验区港口的外籍邮轮多点挂靠航线许可权限由国务院交通运输主管部门下放至海南省交通运输主管部门。基于海南海域情况及海南国际邮轮发展状况，在五星红旗邮轮投入运营前，允许中资邮轮运输经营主体在海南三亚、海口邮轮港开展中资方便旗邮轮海上游业务。由海南省人民政府制定具体管理办法，组织相关部门及三亚、海口市人民政府依职责落实监管责任，加强对试点经营主体和邮轮运营的监管。"参见《全国人民代表大会常务委员会关于授权国务院在中国（海南）自由贸易试验区暂时调整适用有关法律规定的决定》，中国人大网，2020 年 4 月 30 日，http：//www.npc.gov.cn/npc/c30834/202004/263151fba56240d49bacdf832f5528fd.shtml，2020 年 4 月 30 日登录；《关于〈关于授权国务院在中国（海南）自由贸易试验区暂时调整实施有关法律规定的决定（草案）〉的说明———2020 年 4 月 26 日在第十三届全国人民代表大会常务委员会第十七次会议上》，中国人大网，2020 年 5 月 12 日，http：//www.npc.gov.cn/npc/c30834/202005/6ed77f50868d4ef99065815b3a2c1f0f.shtml，2020 年 12 月 19 日登录。

② 《新〈远洋渔业管理规定〉公布，4 月 1 日起施行》，农业农村部，2020 年 2 月 24 日，http：//www.moa.gov.cn/xw/bmdt/202002/t20200224_6337614.htm；《中华人民共和国农业农村部令 2020 年第 2 号》，农业农村部，http：//www.moa.gov.cn/gk/tzgg_1/bl/202003/t20200310_6338553.htm，2020 年 12 月 21 日登录。

③ 《自然资源部关于第二批废止和修改的部门规章的决定》（自然资源部令第 6 号），自然资源部，http：//gi.mnr.gov.cn/202003/t20200327_2503462.html，2020 年 12 月 21 日登录。

有效实施。废止了《土地利用年度计划管理办法》《测绘行政处罚程序规定》等规章，并对《国土资源听证规定》《国土资源行政处罚办法》《国土资源执法监督规定》等程序性部门规章进行了修改。修改的主要内容包括：一是将规章中的"国土资源"统一修改为"自然资源"，将"国土资源行政主管部门"统一修改为"自然资源主管部门"，修改后的部门规章更名为《自然资源听证规定》《自然资源行政处罚办法》《自然资源执法监督规定》；二是对《自然资源行政处罚办法》中"全国范围内重大、复杂的自然资源违法案件"做出界定；三是对《自然资源执法监督规定》中"自然资源执法监督"的定义做出解释，健全执法巡查、抽查制度，实行行政执法全过程记录制度，完善执法程序。

同月，自然资源部还发布了《自然资源部关于公布第二批已废止或者失效的规范性文件目录的公告》①，及时清理与国家新颁布的法律、行政法规不一致的政策规定，避免与上位法相抵触。根据"放管服"改革要求和国家建立国土空间规划体系的有关要求，对《关于印发〈海域使用论证资质管理规定〉的通知》《关于进一步加强海域使用论证工作的若干意见》《关于印发〈省级海岛保护规划编制管理办法〉的通知》《国家海洋局关于组织开展市县级海洋功能区划编制工作的通知》等海洋领域文件予以废止。

（三）地方海洋立法进展

2020年，沿海地方立法机构围绕海洋生态环境保护、海洋空间资源使用管理、海上交通安全保障等重要问题推进立法项目，有效贯彻落实国家各项法律制度，并根据当地实际需求开展创新性立法，填补上位法规定的空白，为社会、经济发展提供制度保障。

1. 海洋空间资源管理

2020年5月1日，《深圳经济特区海域使用管理条例》正式实施。② 该条例共8章91条，在海域使用规划管理、海岸线保护管理、海域使用权取得、海域使用管理等环节做出了创新性规定，力求实现海洋生态环境保护和海域合理开发利用的有机统一。该条例的主要内容包括：一是按照保护优先原则，规定除国家批准建设的重大项目外，全面禁止围填海，并明确有关项目禁止采取的围填海方式；二是在规划管理方面，明

---

① 《自然资源部废止和宣布失效规范性文件31件》，自然资源部，2020年3月31日，http://www.mnr.gov.cn/dt/ywbb/202003/t20200331_2505098.html，2020年12月21日登录。

② 《深圳经济特区海域使用管理条例》，广东省地方性法规库，http://basc.gdrd.cn/securityJsp/nfrr_inner/internet/lawRule/lawRuleDetail_temp.jsp? id=24999377-a6d0-486a-9dcf-f179d72b7d4a，2020年12月10日登录。

确了国土空间规划、海域和海岸线规划与海洋生态环境保护规划之间的关系；三是专章设置了海岸线保护有关规定，通过分类保护制度严格控制对海岸线开发的程度；四是创新海域使用权取得方式，除了申请批准目录规定的用海情形，其他用海均采取招拍挂方式出让海域使用权，并对海域使用权的收回、续期和终止进行明确规定；五是创新海洋工程建设管理制度，严格规范海域使用行为，提升海洋生态资源保护水平。①

2019 年 12 月，海南省人大常委会对《海南经济特区海岸带保护与开发管理规定》进行了修改。② 修改的主要内容包括：将法规名称改为《海南经济特区海岸带保护与利用管理规定》；明晰了海岸带保护与利用综合规划与国土空间专项规划的关系；提出在 Ⅱ 类生态保护红线区和非生态保护红线区，新建、改建、扩建建筑物的，应当符合国土空间规划的要求；删除了海岸带土地成片开发的有关规定，更符合国家节约、集约利用岸线资源和按照国土空间规划使用海域资源的要求。

2. 海洋生态环境保护

2020 年 7 月，河北省人大常委会通过了《关于加强船舶大气污染防治的若干规定》。③ 这是国内首个针对船舶大气污染防治的专门地方立法，通过立法从不同环节控制船舶污染气体的排放，达到改善沿海城市空气质量的目的。该法规在制度设计上有一些创新之处，一是鼓励船舶使用低硫燃油，对供油单位燃油质量实施严格监管，从源头解决气体排放超标问题；二是推进岸电设施使用，加快港口岸电设施建设，对使用岸电的船舶给予优先靠泊、优先通行等鼓励措施；三是强化船舶污染物管控措施，将船舶作业活动纳入重污染天气应急预案管理，建立船舶大气污染防治的信用信息管理制度。

2020 年 7 月，天津市人大常委会通过了对《天津市海洋环境保护条例》的修改，根据海洋环境保护的实际需求，对于海洋环境管理部门职责分工、海洋环境监管措施、海洋环境影响评价和法律责任的有关规定做出了调整。④ 首先，根据机构改革情况对海洋环境管理部门的职责分工进行了修改，由生态环境主管部门负责海洋环境保护的监

---

①《深圳海域使用管理条例今年 5 月起实施》，人民网，2020 年 1 月 3 日，http://sz.people.com.cn/n2/2020/0103/c202846-33686149.html，2020 年 12 月 10 日登录。

②《海南省人民代表大会常务委员会关于修改〈海南经济特区海岸带保护与开发管理规定〉的决定》，海南省人民政府网，2020 年 1 月 11 日，http://www.hainan.gov.cn/hainan/dfxfg/202001/5e5425fc1ac2445d95da49032b5bdeb3.shtml，2020 年 12 月 21 日登录。

③《河北立法加强船舶大气污染防治》，搜狐网，2020 年 8 月 14 日，https://www.sohu.com/a/413080142_120130170，2020 年 12 月 21 日登录。

④《天津市人民代表大会常务委员会关于修改〈天津市海洋环境保护条例〉的决定》，新华网，2020 年 7 月 31 日，http://www.tj.xinhuanet.com/news/2020-07/31/c_1126309686.htm，2020 年 12 月 24 日登录。

督管理，其他部门在职责范围内承担相应管理工作；第二，加强海洋环境监管，注重应急预案的制定和实施，由相关部门制定重大海洋环境污染事故应急预案和自然灾害应急观测预报预警预案，一旦发生相应事故或灾害，立即启动应急预案；第三，在海洋生态保护方面，加强海洋保护区建设，可以建立海洋特殊地理条件保护区、海洋生态保护区、海洋公园、海洋资源保护区等不同类型保护区，禁止在保护区从事可能造成海洋生态系统或环境破坏的活动；第四，增加对于海洋工程拆除和弃置的规定，需要拆除的海洋工程应当在作业前进行备案，可能产生重大环境影响的，要进行环境影响评价，弃置海洋工程，要拆除对海洋环境和资源有损害的部分；第五，依据国家法律的规定，加大违法处罚力度，对于造成重大或特大污染事故的，可处以直接损失百分之三十的罚款。

此外，河北省制定的《河北省港口污染防治条例》于 2020 年 10 月对外公布征求意见①，通过地方立法对船舶和港口污染物接收、转运、处置环节和港口建设运营环节制定严格的管理规则，加强对港口及船舶污染的防治。

3. 海上交通安全维护

2020 年 9 月，《天津市海上搜寻救助规定》开始实施，原 2007 年制定的规章同时废止。该规定共分 7 章 54 条，从海上搜救机构、搜救工作准备和保障、海上预警信息和报告、处置和救援、法律责任等方面做出规定，提高海上突发事件应急处置制度的规范性和可操作性。一是健全海上搜救体系和应急反应机制，明确政府、海上搜救中心和社会组织的职责分工；二是完善搜救基础设施和物资储备，从资金、通信、医疗、科技支持、安全培训等方面保障海上搜救工作；三是增加对于参加搜救人员伤亡的抚恤优待的规定，体现以人为本的立法原则；四是明确海上险情报告和分级处置制度，按照海上突发事件等级启动搜救应急预案，并对海上搜救行动的中止、恢复或终止情形做出规定。

四、小结

"十三五"期间，我国海洋法治建设取得显著成就，海洋立法进一步完善、海洋法治实施体系建设进一步加强，海洋法治监督体系更加严密，为加强海洋资源管理、推进海洋生态文明建设、参与全球海洋治理提供了有力法治支持。2020 年，国家和地方

---

① 《关于公开征求〈河北省港口污染防治条例（草案）〉（征求意见稿）的函》，河北省生态环境厅，2020 年 10 月 16 日，http://hbepb.hebei.gov.cn/hbhjt/gzhd/yijianzhengji/101608622141525.html，2020 年 12 月 24 日登录。

各级立法机关在涉海法律法规的研究、制定、修改和清理等工作稳步开展。"十四五"时期，海洋立法工作将在习近平法治思想的指导下，向着陆海统筹、综合治理、服务海洋强国建设方向不断推进，"海洋基本法"制定、自然资源基本法律法规的制定完善、陆海统筹综合立法、海洋治理规则的制定和完善将成为重点。

第十一章　中国海洋法律的实施

改革开放四十余年来的海洋法制建设为海洋事业的发展提供了较为全面的制度保障。海洋法律制度需要得到实施方可实现海洋治理效能。海洋立法与法律实施是海洋法治的两个主要方面。本章介绍中国海洋法律的行政执法、法律监督和司法审判相关情况及近年若干进展。

一、中国海洋法律实施概述

中国海洋法律主要通过执法、司法、守法和监督等途径，将法律规范中的原则、规则和制度逐步适用于海洋治理实践，实现海洋立法的目的和价值，发挥其规范作用及引导功能。

（一）海洋法律实施的任务及方式

2021 年 1 月，中共中央印发《法治中国建设规划（2020—2025 年）》，提出"建设高效的法治实施体系，深入推进严格执法、公正司法、全民守法"[①]任务。法的实施是实现立法目的，实现法的价值的必由之路，也是建立法治国家的必要条件。[②] 以法律实施的主体和法的内容为标准，法的实施的基本方式主要分为法的执行（执法）、法的适用（司法）、法的遵守（守法）和法律监督。[②]

执法主要是指国家行政机关及得到授权的机构依照法定职权和程序，贯彻实施法律的活动。司法是指国家司法机关依据法定职权和程序，具体应用法律处理涉海法律争议案件的专门活动，海事法院等适用涉海法律法规解决各类涉海争议，在海洋法律实施中起着重要作用。守法是指国家机关、社会组织和公民个人依照法律规定，行使权利（权力）和履行义务（职责）的活动。法律监督主要是指专门国家机关依照法定职权和程序，对法律实施所进行的监督，可分为权力机关的监督、行政机关的监督、司法机关的监督和监察机关的监督等。在我国法律实施中，各国家机关、社会组织和

[①] 《法治中国建设规划（2020—2025 年）》，人民网 2021 年 1 月 11 日，http://jl.people.com.cn/n2/2021/0111/c349771-34521889.html，2021 年 2 月 12 日登录。

[②] 舒国滢：《法理学导论》（第二版），北京：中国政法大学出版社，2012 年，第 191 页。

个人等，往往承担多种职能、责任和义务，发挥多重作用。①

2020 年 11 月，习近平总书记在中央全面依法治国工作会议上指出："要坚持全面推进科学立法、严格执法、公正司法、全民守法。要继续推进法治领域改革，解决好立法、执法、司法、守法等领域的突出矛盾和问题。"② 海洋法律实施是将海洋法律制度中的原则、规则在社会生活中切实执行、落实和适用，得到普遍遵守，是多部门多主体协调联动、相互促进的动态过程。

中国海洋法律实施或海洋法治的主要任务是执行和适用海洋领域的基本性法律，解决海洋治理中的突出矛盾和问题。这些法律主要包括：明确中国在领海、毗连区、专属经济区和大陆架等国家管辖海域权益的《中华人民共和国领海及毗连区法》《中华人民共和国专属经济区和大陆架法》，对海域、海岛进行保护管理的《中华人民共和国海域使用管理法》（以下简称《海域使用管理法》）、《中华人民共和国海岛保护法》，保护海洋环境、建设海洋生态文明的《中华人民共和国海洋环境保护法》（以下简称《海洋环境保护法》），保护、开发和合理利用海洋生物资源和非生物资源的《中华人民共和国渔业法》（以下简称《渔业法》）、《中华人民共和国矿产资源法》，规范海上交通管理、保障人民生命财产安全的《中华人民共和国海上交通安全法》，以及规范深海海底资源勘探开发活动的《中华人民共和国深海海底区域资源勘探开发法》，等等。在我国现阶段，履行海洋行政执法职能的部门包括自然资源部（国家海洋局）、生态环境部、交通运输部、农业农村部等，通过行政许可、行政处罚、部门规划、行业标准等，执行海域海岛使用保护、海洋环境保护、海上交通、海洋渔业等法律法规。

《海域使用管理法》的实施较为典型地反映了我国目前海洋法律实施的方式及途径。2001 年颁布的《海域使用管理法》确立了海洋功能区划制度，要求海域使用必须符合海洋功能区划，并规定了海洋功能区划的编制、审批、修改、公布以及海洋功能区划与各行业规划、土地利用规划、城市规划的关系。2002 年 8 月，国务院发布实施《全国海洋功能区划》。2012 年 3 月，《全国海洋功能区划（2011 —2020 年）》经国务院批准实施，进一步细化了近岸部分的规划目标，11 个沿海省级海洋功能区划已经全部编制完成并获国务院批准。③ 为落实该法规定的海域有偿使用制度，2006 年财政部和国家海洋局联合颁发了《海域使用金减免管理办法》（财综〔2006〕24 号），2007年财政部和国家海洋局联合发布《关于加强海域使用金征收管理的通知》，再次强调要严格按照规定要求，统一按照用海类型、海域使用金征收标准计算征收。

---

① 刘作翔：《对法律实施问题的几点认识》，载《人民法院报》，2013 年 4 月 26 日第 5 版。

② 《习近平出席中央全面依法治国工作会议并发表重要讲话》，中国新闻网，2020 年 11 月 17 日，https：//www.chinanews.com/gn/2020/11-17/9340781.shtml，2021 年 4 月 30 日登录。

③ 王小军：《论我国〈海域使用管理法〉的修订》，载《上海法学研究》集刊，2019 年第 21 卷，第 59 页。

中国海洋法律的行政执法、司法审判和法律监督等方面存在的具体问题是多种多样的，在不同时期关注的突出矛盾和问题随社会经济发展而不断变化。我国并没有一部统领性的海洋基本法，诸多海洋事务主要依据众多海洋单行法和行政法规加以规范，涉及内容主要包括海洋权益维护、海域使用、海岛保护、海洋生态修复、海洋环境保护、海上交通、海洋资源利用等多个领域，目前在海洋法律实施中关注较多的问题包括海洋环境保护、个人及企业的权益保护等。此外，海洋法律的实施也涉及多个部门，包括海洋行政主管部门、外交、渔业、环保、矿产、交通、军事等。[①]

（二）海洋法律实施效果

海洋法律实施效果反映了在执法、司法、守法和法律监督等方面取得的实际影响在多大程度上达到了立法宗旨和目的。以海洋环境保护为例，我国在海洋环境保护领域的立法起步早，制度体系比较完备。检验海洋环境保护法律的实施效果，主要应看海洋环境状况是否得到改善及海洋环境保护工作对相关法律制度所提出的新需求。

以海洋环保法律为例，我国已颁布实施的海洋生态修复和环境保护法律规范主要有《中华人民共和国环境保护法》《中华人民共和国海洋环境保护法》《中华人民共和国渔业法》《中华人民共和国港口法》《中华人民共和国水污染防治法》《中华人民共和国固体废物污染环境防治法》等基本法律及相关配套法规规章，诸如《中华人民共和国海洋石油勘探开发环境保护管理条例》《中华人民共和国海洋倾废管理条例》《中华人民共和国防止拆船污染环境管理条例》《中华人民共和国防治陆源污染物污染损害海洋环境管理条例》《中华人民共和国自然保护区管理条例》等行政法规。此外，还包括一些部门规章制度以及行业标准，如《船舶水污染物排放控制标准》和《船舶工业污染物排放标准》等。另外，我国加入了许多国际条约，也支持国际组织所制定的相关倡议或文件，如《21世纪议程》《里约宣言》《2030可持续发展目标》等，这些条约和倡议对海洋生态建设所提出的要求，在我国立法中也得到了比较充分的体现。

以上制度共同构成了海洋环境治理政策的法律基础，也是我国海洋环境执法的主要依据。当前，我国对海洋污染控制取得了较好的成效。据统计，党的十八大以来，我国管辖海域海水水质状况整体改善，第四类和劣四类水质海水面积连续5年呈下降趋势，由2012年的9.3万平方千米减少到2017年的5.2万平方千米。国务院及有关部

[①]　海洋法律实施情况较为复杂，因数据材料难以获取及本报告篇幅限制，本章根据公开资料，主要以举例方式介绍近年来的一些相关工作或案件。

门加强海洋生态环境保护工作，发布渤海综合治理攻坚战行动计划，制定全国海洋主体功能区规划和近岸海域污染防治方案等，严格管控围填海，加强海洋生态保护修复。2012 年以来，中央财政直接安排专项资金 110 多亿元支持海域、海岛和海岸带整治修复工作。国务院及有关部门出台《防治海洋工程建设项目污染损害海洋环境管理条例》等 7 部行政法规、16 件部门规章和 100 多件规范性文件，发布 200 余项标准规范，依法建立海洋生态保护红线等 20 余项基本管理制度。①

海洋环境治理是一个系统工程，我国生态修复和环境保护制度仍存在空白和不足，尤其是为了适应新时代生态文明建设的需求，尚有许多法律发展与完善的工作有待推进。例如，我国对于海洋生态环境建设和非点源的海洋污染制度相对缺失，尚未形成体系。现有的法律法规内容过于简单、法律条文过于原则化，不利于损害海洋环境的法律责任追究。

二、中国海洋法律的执行

各级政府和政府相关部门在海洋法律实施中具有重要地位及特殊作用。一是依法颁发许可证、做出行政处罚、颁布涉海规划和计划管理海洋事务，这通常被视为海洋管理工作。二是通过制定相关法律的配套法规或规章来落实、执行相关涉海法律，这一般被视为立法活动而不是执法。② 通常所说执法是指中国海警、中国海事等海上执法部门开展的执行法律的活动，这部分执法活动最集中、最直观地反映了海洋法律的实施情况及实际效果。

（一）海域使用及海岛保护执法

海域海岛的使用及保护一直是各级自然资源管理部门的执法重点，是较为典型的行政执法活动。近年来，全国范围内未出现大规模违法用海、用岛现象。

2020 年，各级自然资源主管部门继续坚持"早发现、早制止、严查处"，及时发现制止违法用海、用岛倾向，移交涉嫌违法案件。发现、制止涉嫌违法填海 12 处，涉及海域面积约 3.02 公顷。发现、制止涉嫌违法构筑物用海 95 处，涉及海域面积约 31.78 公顷。发现、制止涉嫌违法用岛 17 处，面积约 3 公顷。《自然资源部公开通报涉嫌违法用海用岛情况》还具体列明了 2020 年第四季度发现并制止的各沿海省（区、

① 《全国人民代表大会常务委员会执法检查组关于检查〈中华人民共和国海洋环境保护法〉实施情况的报告——2018 年 12 月 24 日在第十三届全国人民代表大会常务委员会第七次会议上》，中国人大网，2018 年 12 月 25 日，http://www.npc.gov.cn/zgrdw/npc/zfjc/zfjcelys/2018-12/25/content_2069494.htm，2021 年 4 月 30 日登录。
② 相关内容见本报告第二章"中国的海洋管理"及第十章"中国的海洋立法"。

市）涉嫌违法用海用岛数量及面积，并附有详细清单。①

（二）中国海警的维权执法

2018 年 6 月 22 日，全国人大常委会通过《关于中国海警局行使海上维权执法职权的决定》，中国海警海上维权执法职责包括：打击海上违法犯罪活动、维护海上治安和安全保卫、海洋资源开发利用、海洋生态环境保护、海洋渔业资源管理、海上缉私等，以及协调指导地方海上执法工作。中国海警依法行使公安机关、行政机关相应执法职权。同时，中国海警局与最高人民检察院、最高人民法院以及公安部、自然资源部、生态环境部、农业农村部和海关总署等国务院有关部门建立了执法协作机制。2020 年以来，中国海警海上接处警 9652 起，侦办刑事案件 774 起，查处各类行政案件 3060起，成功破获一批大案要案。中国海警局围绕海上执法热点难点问题，与相关部门协同配合，先后部署开展了多种专项执法行动。②

一是"碧海 2020"海洋生态环境保护专项执法行动。2020 年 4 月 1 日至 11 月30 日，中国海警局联合生态环境部、自然资源部、交通运输部开展"碧海 2020"海洋生态环境保护专项执法行动，全面强化重点项目、热点区域、关键环节监督检查，全力强化重点问题整治，共巡查海洋工程、倾废项目 1125 个（次）、海岛 1228 个（次），检查海洋自然保护区 358 个（次），登检石油勘探开发设施 391 个（次），查处非法倾废案件 45 起，查实倾倒废弃物 120 余万立方米，破获 2 起非法猎捕、出售珍贵、濒危野生动物案，查获红珊瑚 113 千克。推动采取司法手段对非法运砂活动实施打击，查获涉砂案件 621 起，其中"4. 27"特大非法采矿案初步查明非法盗采海砂 7500 万吨，案值超 50 亿元，是目前查获海砂数量、涉案金额最多的盗采海砂案件。

二是"亮剑 2020"海洋伏季休渔专项执法行动。中国海警局与农业农村部联合开展了"亮剑 2020"海洋伏季休渔专项执法行动，累计出动舰艇 12 290 艘次，登检渔船4307 艘次，查获各类违法违规渔船 1493 艘次，取缔涉渔"三无"船舶 273 艘，没收渔获物 429 万千克，涉渔刑事案件立案 213 起。

三是"深海卫士 2020"国际海底光缆管护专项执法行动。2020 年 4 月下旬，中国海警局开展了为期半个月的专项执法行动。出动舰艇 328 艘次，劝离和驱离位于国际海底光缆保护范围内活动的各类船舶 272 艘，登临检查 24 艘，联合工业和信息化部等

---

① 《自然资源部公开通报涉嫌违法用海用岛情况》，百度网，https：//baijiahao. baidu. com/s？id =1691189849633909336&wfr=spider&for=pc，2021 年 2 月 12 日登录。

② 《中国海警局举行海上执法专题访谈》，中国海警局，2020 年 12 月 30 日，http：//www. ccg. gov. cn/2020/xwfbh_1230/264. html，2021 年 2 月 12 日登录。以下中国海警维权执法工作情况及相关数据均源自该专题访谈。

部门向沿海群众发送护缆宣传和普法公益短信 7.3 亿条，全面提升群众保护海缆意识。专项行动结束后，中国海警局建立和完善了以日常巡护为主，专项管护和联合整治为辅的常态管护制度，全面加强管护。

四是"国门利剑 2020"打击海上走私专项行动。中国海警局部署开展"国门利剑 2020"打击海上走私专项行动，联合相关部门开展打击成品油走私、打击进口食品走私等整治行动，查获各类走私案件 1046 起，查扣成品油 4.2 万吨、冻品 3.4 万吨、香烟 6.5 万件（箱）、白糖 8687 吨，杂货、洋垃圾等其他物品，案值达 89 亿元，同比上升 62%。

五是禁毒"两打两控"专项行动。2020 年中国海警局持续推进禁毒"两打两控"专项行动，侦破毒品案件 4 起，现场缴获氯胺酮、冰毒等毒品约 1 吨，查扣涉案船舶 3 艘、车辆 6 部，抓获犯罪嫌疑人 16 名、吸毒人员 12 名，打掉贩毒团伙 2 个。

此外，2020 年度中国海警在执法规范化建设、能力建设等方面也取得了显著进展。2020 年 1 月 1 日，中国海警正式启用中国海警执法证，并持续强化执法规范化建设，不断提升依法履职能力和执法公信力。加快推进海警基层执法单位正规化建设，推进执法信息化建设，研发执法办案系统，实现案件网上流转。组织海警侦查人员专业培训、海警工作站站长业务集训和一线执法人员轮训，组织 6000 余人参加基本级执法资格考试，执法队伍建设稳步推进。中国海警与公检法机关和海关、渔政、海事、烟草等部门建立了执法协作配合机制，加快推动与地方涉海部门、检法机关建立协作配合机制，签订各类协作办法 623 个，信息共享、海陆联动的执法局面逐步形成。

（三）中国海事执法

中华人民共和国海事局（交通运输部海事局）是中国海警局之外另一个主要海上执法机构。海事局为交通运输部直属行政机构，实行垂直管理体制，履行水上交通安全监督管理、船舶及相关水上设施检验和登记、防止船舶污染和航海保障等行政管理和执法职责。[1] 海事行政执法最直接的依据是《中华人民共和国海上海事行政处罚规定》[2]《交通运输行政执法程序规定》[3] 以及依据该程序规定制定的《海事行政处罚程

---

[1] 《中华人民共和国海事局（交通运输部海事局）简介》，中国海事局，2014 年 12 月 11 日，https：//www.msa.gov.cn/page/article.do？articleId=86183E24-A5E6-4476-9DB6-B954A3E287DE，2021 年 2 月 1 日登录。

[2] 《中华人民共和国交通运输部令》〔2019 年第 10 号〕，中国政府网，http：//www.gov.cn/gongbao/content/2019/content_5416172.htm，2021 年 2 月 2 日登录。

[3] 《交通运输行政执法程序规定（中华人民共和国交通运输部令 2019 年第 9 号）》，中国政府网，2019 年 4 月 28 日，http：//www.gov.cn/xinwen/2019-04-28/content_5387040.htm，2021 年 2 月 2 日登录。

序实施细则》①。

中国海事局也针对突出问题，组织实施专项整治活动或专项行动。2020年启动了"水上交通安全专项整治三年行动"，专项治理行动开展时间为2020年5月至2022年年底。专项行动总目标是：水上交通安全监管设施设备明显改善，"四类重点船舶"得到有效监管，水上交通重特大事故得到有效遏制，水上交通安全形势持续稳定向好。该专项行动要求强化风险防控和隐患排查治理，其中包括：开展重点领域治理，开展水上涉客运输安全治理，强化琼州海峡、渤海湾、台湾海峡、长江干线、岛际和封闭水域客船安全监管；开展载运危化品船舶安全治理，严厉查处瞒报、谎报、非法作业等违法违规行为；开展商渔船防碰撞安全治理，配合渔业部门推动建设渔业与海事系统航行安全和海上搜救信息共享平台。②

违反水上无线电通信秩序的违法违规行为是要集中整治的突出问题之一。2020年6月1日起，首次在全国范围内针对水上无线电管理开展了专项执法行动。各级海事管理机构集中查处违法行为，维护水上无线电通信秩序。各级海事管理机构、航海保障中心与各级无线电、通信、渔政、公安、海警部门配合，在通航密集区、船舶聚集区等重点水域，对非法占用频道、干扰通信秩序和非法使用海上移动业务标识码及影响航行安全的渔网示位标等行为，开展联合执法和整治。③ 至2021年1月，本次专项整治行动累计检查船舶37.7万艘次，发现问题船舶2.2万艘次，纠正违法船舶1.78万艘次，开展各类联合执法行动1077次，实施行政处罚8275起，共处罚没金额2400多万元，列入协查船舶205艘次，列入重点跟踪船舶24艘次，约谈航运公司600余家。此次行动"严厉打击水上无线电违法行为，夯实水上无线电管理制度基础，强化船舶船员遵纪守法意识，提升水上无线电执法能力，形成了良好的水上无线电管理秩序"④。

---

① 《中华人民共和国海事局关于印发〈海事行政处罚程序实施细则〉的通知》（海政法〔2019〕275号），中国海事局，https：//www.msa.gov.cn/page/article.do? articleId = 1C66939B － 7C9A － 4CF6 － 90C4 － EB569CE07AF8&channelId = 76C4DDE6 － ED2C － 467B － A155 － FD1900108450，2021年2月11日登录。

② 《交通运输部海事局发布〈水上交通安全专项整治三年行动实施方案〉》，中国海事局，2020年6月8日，https：//www.msa.gov.cn/page/article.do? articleId = 8A092885 － 1871 － 496D － B671 － 1FBF022FFA70&channelId = A1C5D4CC － DB15 － 493C － B2FC － A14C490D6331，2021年2月16日登录。

③ 《全国水上无线电秩序管理专项整治全面启动》，中国海事局，2020年6月1日，https：//www.msa.gov.cn/page/article.do? articleId = A45BB8E6 － 5353 － 4BA6 － 9AA4 － 4C18929953C7&channelId = A1C5D4CC － DB15 － 493C － B2FC － A14C490D6331，2021年2月12日登录。

④ 《全国水上无线电秩序管理专项整治工作总结会在京召开》，中国海事局，2021年2月1日，https：//www.msa.gov.cn/page/article.do? articleId = 2E144641 － 91A6 － 46A9 － A35A － B416494D3E2B&channelId = A1C5D4CC － DB15 － 493C － B2FC － A14C490D6331，2021年2月1日登录。

三、海事司法与仲裁

目前，国际航运中心继续向亚太地区转移，中国作为全球航运中心的地位日益巩固。多年来，中国港口吞吐总量、集装箱吞吐总量、全国造船完工量及船队规模均位居世界前列，海事审判承担着重要的司法保障任务。此外，我国还需大力推动海事仲裁发展，以解决国内外海事海商、交通物流等争议。

（一）海事司法[①]

1984 年 6 月 1 日，上海、天津、青岛、大连、广州和武汉六个海事法院成立以来，审理了大量各类海事海商案件。1984 年 11 月 14 日，第六届全国人大常委会第八次会议通过《关于在沿海港口城市设立海事法院的决定》，正式规定海事法院的设立、监督、管辖等事项，各海事法院与所在地的中级人民法院同级。最高人民法院 1990 年批准设立海口、厦门海事法院，1992 年设立宁波海事法院，1999 年设立北海海事法院。[②]

1984—2014 年的 30 年间，中国海事审判发展迅速。全国海事法院实行跨行政区域管辖，从 1984 年至 2013 年 12 月底共受理各类海事案件 225 283 件，审结执结215 826件，结案标的额人民币 1460 多亿元，涉及亚洲、欧洲、非洲和南美洲、北美洲 70 多个国家和地区。30 年来，海事案件数量总体上逐年以约 10% 的幅度持续增长。我国已成为世界上设立海事审判专门机构最多、最齐全的国家，也是受理海事案件最多的国家，具备较为完善的海事法律制度，形成了与我国国际航运中心建设相适应的海事法治服务保障体系。最高人民法院于 1997 年提出的在 2010 年之前将我国建设成为亚太地区海事司法中心的目标已经如期实现。[②]

2019 年设立了第十一个海事法院即南京海事法院，依照《最高人民法院关于海事法院受理案件范围的规定》受理六大类共 108 种类型第一审案件[③]：海事侵权纠纷案件（第 1~10 种）、海商合同纠纷案件（第 11~52 种）、海洋及通海可航水域开发利用与环境保护相关纠纷案件（第 53~67 种）、其他海事海商纠纷案件（第 68~78 种）、海事行政案件（第 79~85 种）和海事特别程序案件（第 86~108 种）[④]。

---

① 本部分所称海事司法包括海事法院及各级法院处理的海事海商案件、海洋行政案件及海上刑事案件。

② 最高人民法院：《中国海事审判白皮书（1984—2014）（摘要）》，载《人民法院报》，2014 年 9 月 4 日第 4 版。

③ 《南京海事法院简介》，南京海事法院，http：//www.njhsfy.gov.cn/zh/about/index.html，2021 年 2 月 27 日登录。

④ 《最高人民法院关于海事法院受理案件范围的规定》，最高人民法院，2016 年 2 月 24 日，http：//www.court.gov.cn/fabu-xiangqing-16682.html，2021 年 1 月 1 日登录。

　　我国已形成"三级法院二审终审制"的海事审判机构体系，受理案件地理范围北起黑龙江，南至南海诸岛等中华人民共和国管辖的全部港口和水域。2020年2月，最高人民法院、最高人民检察院、中国海警局联合印发了《关于海上刑事案件管辖等有关问题的通知》，对海上刑事案件的立案侦查和移送起诉作了专门规定，为海事法院日后"三审合一"奠定基础。[①] 中国海事法院审理的案件中，除海事海商等传统的民事案件外，关于环境保护案件不断增加。青岛海事法院于1985年受理了"大庆232"轮油污损害赔偿纠纷案，是海事司法保护海洋环境的开端。至2013年年底，全国海事法院共受理各类海洋环境污染损害赔偿纠纷案件2017件。[②]

　　根据最高人民法院发布的《中国海事审判（2015—2017）》白皮书，2015—2017年，最高人民法院出台了服务保障"一带一路""海洋强国"等党和国家重大决策部署的司法文件，制定修改了关于海事法院受理案件范围、海洋生态环境保护等方面的海事司法解释，加强审理海洋环境污染责任纠纷案件，保障海洋生态文明建设。2015—2017年，全国海事法院共审理涉及海洋环境污染责任纠纷案件1690件。全国海事法院根据《联合国海洋法公约》和我国国内法的规定，对钓鱼岛、黄岩岛、西沙群岛、南沙群岛及其附近海域的海事案件行使司法管辖权，依法维护当事人合法权益。[③] 对"康菲"溢油污染案等海洋环境污染责任纠纷案件依法行使海事司法管辖权，保护海洋生态环境，维护当事人合法权益。[④]

　　近年来，海事法院逐步将海事行政案件正式纳入海事法院专门管辖范围，制定海洋自然资源与生态环境损害赔偿司法解释，加强海洋生态环境保护。[⑤] 根据《最高人民法院关于审理海洋自然资源与生态环境损害赔偿纠纷案件若干问题的规定》，涉及海洋生物资源损害赔偿的案件由海事法院管辖。2019年，宁波海事法院审理了破坏海洋野生动物资源保护民事公益诉讼案。2019年5月22日，舟山市人民检察院向宁波海事法院提起民事公益诉讼，2019年11月19—20日，宁波海事法院对系列案件作出一审判

---

　　① 南京海事法院课题组：《海事司法服务保障经济高质量发展研究——以国际海事司法中心建设为视角》，载《人民司法》，2020年第13期，第46页。

　　② 最高人民法院：《中国海事审判白皮书（1984—2014）（摘要）》，载《人民法院报》，2014年9月4日第4版。

　　③ 《中国海事审判白皮书（2015—2017）》，法信网，http：//www.faxin.cn/lib/lfsf/sfContent.aspx？gid＝H7183&userinput＝%E4%B8%AD%E5%9B%BD%E6%B5%B7%E4%BA%8B%E5%AE%A1%E5%88%A4，2021年4月30日登录。

　　④ 《最高人民法院发布〈中国海事审判（2015—2017）〉白皮书》，中国法院网，2019年4月15日，https：//www.chinacourt.org/article/detail/2019/04/id/3825308.shtml，2021年3月26日登录。

　　⑤ 王淑梅：《全面加强海事审判正当其时》，载《人民法院报》，2018年8月2日第5版。

决，支持检察院全部诉讼请求。[①]

交通运输部上海打捞局所涉海难救助与船舶污染损害责任纠纷案中[②]，涉事船舶发生碰撞，约 613.278 吨燃油泄漏入海。宁波海事法院一审认为，有关防污清污费应由漏油船所有人、光船承租人而不应由非漏油船所有人赔偿，判决上海打捞局对漏油船公司享有防污清污费 8 958 539 元人民币的海事债权。浙江省高级人民法院二审基本认同一审判决，维持原判。最高人民法院再审认为：本案应当适用中国加入的《1989 年国际救助公约》和《2001 年国际燃油污染损害民事责任公约》；对于有关国际条约没有规定的事项，适用《中华人民共和国海商法》《中华人民共和国侵权责任法》等中国国内法及其司法解释的规定。有关国际条约和国内法分别对污染者与第三人实行无过错责任原则、过错责任原则，即原则上污染者负全责，另有过错者相应负责。非漏油船所有人也应当按照其 50% 的碰撞过失比例承担污染损害赔偿责任。[③]

除各海事法院外，我国沿海地区相关法院处理的海洋行政案件、民事案件和海上刑事案件也在不断增加。2018 年 7 月 2 日，招远市人民检察院向招远市法院提起行政诉讼，请求判令招远市海洋与渔业局履行法定监管职责，对伟龙公司未经批准实施填海施工建设小码头的违法行为依法做出行政处罚。检察机关认为，该局未对违法主体进行行政处罚，遭受破坏的海域未能恢复原状，国家利益和社会公共利益持续受到侵害。2018 年 8 月 6 日，招远市法院依法作出判决，支持了检察机关的全部诉讼请求。该案是海洋生态环境行政公益诉讼案件，行政公益诉讼的目的，是通过督促行政机关依法履职、恢复受侵害的公共利益。行政机关根据判决作出行政决定后，检察机关持续跟进，督促判决和行政决定的落实，受损的公共利益得到全面修复。[④] 2019 年，唐山市路北区法院审理了非法捕捞水产品刑事附带民事案件。在该案中，被告人分别于禁渔期多次在河港和码头附近海域，使用禁用工具捕捞水产品约 5 万千克。2019 年 4 月 4 日，唐山市路北区人民检察院向路北区法院提起刑事附带民事公益诉讼，请求法院判令被告通过增殖放流或支付生态环境修复费的方式进行环境修复，并承担鉴定评

---

① 参见中华人民共和国最高人民检察院：《"守护海洋"检察公益诉讼专项监督活动典型案例》，最高人民检察院，2020 年 4 月 29 日，https://www.spp.gov.cn/xwfbh/wsfbt/202004/t20200429_460199.shtml#1，2020 年 10 月 29 日登录。

② 交通运输部上海打捞局与普罗旺斯船东 2008-1 有限公司（Provence Shipowner 2008-1 Ltd）、法国达飞轮船有限公司（CMA CGM SA）、罗克韦尔航运有限公司（Rockwell Shipping Limited）海难救助与船舶污染损害责任纠纷案。

③ 《2019 年全国海事审判典型案例》，最高人民法院，2020 年 9 月 7 日，http://www.court.gov.cn/zixun-xiangqing-252691.html，2020 年 11 月 1 日登录。

④ 《"守护海洋"检察公益诉讼专项监督活动典型案例》，最高人民法院，2020 年 4 月 29 日，https://www.spp.gov.cn/xwfbh/wsfbt/202004/t20200429_460199.shtml#1，2020 年 10 月 29 日登录。

估费 12 万元。唐山市路北区法院以非法捕捞水产品罪作出刑事判决，同时对检察机关的民事公益诉讼请求全部予以支持。此外，渔政部门接到检察建议后，开展了渔业执法监督活动，并回复落实改进措施。通过加强渔业执法监督活动，码头和海域秩序及渔政管理水平都有了较大提升。[①]

（二）海事仲裁

仲裁因其经济、保密、高效、当事人自治及一裁终局等特点成为海商事领域当事人偏好的争议解决方式。根据国务院 1958 年 11 月 21 日决定，1959 年 1 月 22 日在中国国际贸易促进委员会内设立中国海事仲裁委员会（以下简称"中国海仲"），解决国内外海事海商、交通物流以及其他契约性或非契约性争议。[②] 从海事仲裁案件的数量上来看，中国海仲成立至今共受理仲裁案件数量 2000 多件[③]，而伦敦海事仲裁员协会（LLMA）会员在 2018 年接受了 2600 次指定，并出具了超过 500 份裁决书。[④] 相比之下，我国在国际海事仲裁上的影响力与我国的经济和政治地位仍不相符。

中国海事仲裁机构还不够强大，存在着体制机制受困受限、海事仲裁专家人才不足、国际影响力亟待大力提升等问题。[⑤] 实务界及学术界对修改《中华人民共和国仲裁法》（以下简称《仲裁法》）已形成共识，2018 年《仲裁法》修改被列入二类立法规划。修改《仲裁法》应关注两个问题：一是放宽对仲裁协议效力的严格限制，承认临时仲裁协议的有效性，以进一步释放仲裁需求，从总体上促进我国海事仲裁（机构仲裁和临时仲裁）发展；二是放松对仲裁程序的限制，现行《仲裁法》有不少条款是比照法院的诉讼程序来设计的，仲裁的灵活性受限，与国际上的仲裁实践脱节。[⑥]

四、中国海洋法律的监督

2021 年《法治中国建设规划（2020—2025 年）》提出，"建设法治中国，必须抓

---

① 《"守护海洋"检察公益诉讼专项监督活动典型案例》，最高人民法院，2020 年 4 月 29 日，https：// www. spp. gov. cn/xwfbh/wsfbt/202004/t20200429_460199. shtml#1，2020 年 10 月 29 日登录。

② 《海仲简介》，中国海事仲裁委员会，http：//www. cmac. org. cn/%e6%b5%b7%e4%bb%b2%e7%ae%80% e4%bb%8b，2021 年 4 月 30 日登录。

③ 毛晓飞：《风雨六十载扬帆再续航——访中国海事仲裁委员会秘书长顾超》，中国海事仲裁委员会，http：//www. cmac. org. cn/? p=6926，2021 年 4 月 30 日登录。

④ LMAA，http：//lmaa. org. uk/about-us-Introduction. aspx，In：2018 LMAA Members received about2, 600 new arbitration appointments and more than 500 awards were published by them。

⑤ 张莉：《中国海事仲裁 60 年历程 共促海洋强国建设》，载《中国对外贸易》，2020 年第 1 期。

⑥ 司玉琢、初北平、李垒：《我国海事仲裁的发展目标、困境及对策》，载《商事仲裁与调解》，2020 年第 1 期，第 86 页。

紧完善权力运行制约和监督机制，规范立法、执法、司法机关权力行使，构建党统一领导、全面覆盖、权威高效的法治监督体系"[①]。海洋法律的执行和海事司法等活动，也应接受多方面的监督。本章仅简述近年来立法机关及检察机关具有代表性的法律监督工作。

（一）立法监督

根据《中华人民共和国各级人民代表大会常务委员会监督法》的相关规定，全国人大常委会每年会选择若干关系改革发展稳定大局和群众切身利益、社会普遍关注的重大问题，组织执法检查组，有计划地对有关法律、法规实施情况进行执法检查。

继 1998 年对海洋环境保护法开展执法检查后，2018 年全国人大常委会再次对这部法律开展执法检查。本次执法检查组分别赴天津、河北、辽宁、浙江、福建、山东、广东、海南八个省（市）开展执法检查工作，深入到 24 个地市实地察看了 135 个单位和项目，对我国海洋环境保护工作进行了全面检查。在肯定我国海洋环境保护制度建设和监管体系构建取得的显著成绩的同时，详细指出了法律贯彻实施中的具体问题，并提出了未来改进的建议和要求。[②] 这次执法检查发现的主要问题包括：入海排污口设置与管理问题突出；陆源污染防治力度不够；海上污染防控措施不到位；海洋生态保护与修复工作相对滞后；海洋环境监督管理制度落实不到位；科技支撑有待加强；海洋生态环境保护法律法规不完善。

检查组提出了整改建议和意见。第一，针对入海污染源的问题，要从加强入海排污口监管、强化流域环境和近岸海域污染综合治理以及海洋工程污染防治和海洋倾废管理、加强海水养殖污染治理以及船舶港口和岸滩污染整治等多方面入手。第二，海洋生态保护与修复则要坚持保护优先。划定并验收海洋生态保护红线，实施最严格的围填海管控措施，严格国土空间用途管制，强化海岸带保护和自然保护区建设。第三，开展全国海洋生态环境风险评估和区划工作，建立海洋环境灾害及重大突发事件风险排查和评估体系，构建风险信息库，建立信息共享机制。第四，推动建立反映市场供求和资源稀缺程度、体现生态价值和代际补偿的资源有偿使用和生态补偿制度，统筹优化海洋生态保护和污染防治工作机制，推进中央和地方在海洋环境保护方面的财政事权和支出责任划分。第五，强化科技支撑，建设渤海生态环境保护与治理研究平台，

---

① 《法治中国建设规划（2020—2025 年）》，人民网，2021 年 1 月 11 日，http：//jl.people.com.cn/n2/2021/0111/c349771-34521889.html，2021 年 2 月 12 日登录。

② 《全国人民代表大会常务委员会执法检查组关于检查〈中华人民共和国海洋环境保护法〉实施情况的报告——2018 年 12 月 24 日在第十三届全国人民代表大会常务委员会第七次会议上》，中国人大网，2018 年 12 月 25 日，http://www.npc.gov.cn/zgrdw/npc/zfjc/zfjcelys/2018-12/25/content_2069494.htm，2021 年 4 月 30 日登录。

加强陆海统筹污染防治、滨海湿地生态保护修复、近海资源环境承载能力等理论和技术方法研究。运用互联网、大数据、云计算、智能化等科技手段提升海洋生态环境监管技术水平。[①]

（二）检察监督

检察监督是人民检察院依法对国家机关及其公职人员执法、司法活动的合法性和刑事犯罪活动所进行的监督。[②] 在生态环境和资源保护、国有资产保护、国有土地使用权转让等领域，一些行政机关违法行使职权或者不作为，造成国家利益和社会公共利益受到侵害。党的十八届四中全会《中共中央关于全面推进依法治国若干重大问题的决定》提出，探索建立检察机关提起公益诉讼制度。2015 年 7 月 1 日，全国人大常委会决定授权北京等 13 个省（区、市）检察机关开展为期两年的提起公益诉讼试点工作。经过两年的试点之后，2017 年 7 月 1 日新修订的《中华人民共和国民事诉讼法》和《中华人民共和国行政诉讼法》开始实施，正式确立了检察机关提起公益诉讼的制度。

2019 年 2 月，最高检察院开展"守护海洋"检察公益诉讼专项监督活动，沿海检察机关海洋公益诉讼案件办理全面展开，收效明显。检察机关共获得线索 2468 件，立案 1773 件，发出诉前检察建议 1411 件，公告 85 件；向法院提起公益诉讼 152 件，其中行政公益诉讼 7 件，民事公益诉讼 34 件，刑事附带民事公益诉讼 111 件。督促清理沿海滩涂固体废物 126 885 吨，垃圾 332 287 立方米，违规养殖场 426 处；封堵和治理入海排污口 260 个；治理海域面积 815 平方千米；修复海岸线 25.3 千米，河道 168 千米；增殖放养 13 436 万尾，追缴各类赔偿修复金共 2.18 亿元。[③] 在这次"守护海洋"检察公益诉讼专项监督活动结束后，最高检察院对外发布了 14 件"守护海洋"检察公益诉讼专项监督活动典型案例。[④] 此次专项监督活动中未进入诉讼程序的"行政公益诉讼诉前程序"案例，彰显了"诉前实现保护公益目的是最佳司法状态"的理念。检察院与行政机关同向而行，充分考虑区域经济发展实际情况等因素，积极和相关行政机关沟通，形成海洋环境保护工作合力。

---

①　《全国人民代表大会常务委员会执法检查组关于检查〈中华人民共和国海洋环境保护法〉实施情况的报告——2018 年 12 月 24 日在第十三届全国人民代表大会常务委员会第七次会议上》，中国人大网，2018 年 12 月 25 日，http://www.npc.gov.cn/zgrdw/npc/zfjc/zfjcelys/2018-12/25/content_2069494.htm，2021 年 4 月 30 日登录。

②　舒国滢：《法理学导论》（第三版），北京：北京大学出版社，2019 年，第 209 页。

③　《最高检：陆海统筹，全方位"守护海洋"》，人民网，2020 年 4 月 17 日，http://legal.people.com.cn/n1/2020/0417/c42510-31677777.html，2020 年 10 月 29 日登录。

④　《"守护海洋"检察公益诉讼专项监督活动典型案例》，最高人民检察院，2020 年 4 月 29 日，https://www.spp.gov.cn/xwfbh/wsfbt/202004/t20200429_460199.shtml#1，2020 年 10 月 29 日登录。

五、小结

　　近年来，我国在执法、司法、监督等法律实施的各环节持续努力，海洋法治水平和综合治理效能取得了长足进步。在执法领域切实贯彻执行各项制度要求，查漏补缺推动制度建设进一步健全完善。通过司法审判，行政机关全面依法履职的主动性和积极性得到加强，海洋综合治理效能得以充分发挥。立法机关和检察机关多种形式的法律监督，使法律实施实效得以及时评估，法律适用偏差得以及时纠正，相关问题整改得以及时落实。中国海洋法律实施、监督和保障工作将随着中国法制建设整体水平和效能的提高而不断取得进展。

第十二章　周边海洋法律秩序

海洋秩序是基于规范之上的利益结构和规则体系[1]，海洋法律秩序是以有关海洋的条约、机制化安排及国家实践为基础而建立的海洋秩序。近年来，中国周边海洋形势相对稳定，但消极和不确定因素依然存在。一些周边国家在争议海域不断采取单边行动，美国不断加强在南海的军事活动，新冠肺炎疫情严重影响了周边海上合作项目的实施。中国致力于与周边国家一起，持续推动周边海洋法律秩序的完善，共同维护周边海洋形势稳定发展。

一、周边海洋法律秩序形成背景

周边海洋法律秩序是在相对独立的政治地理范围内，周边国家通过双多边条约、机制化安排等，就海洋问题形成的相对稳定的法律关系。中国周边海域（包括黄海、东海及南海）均为闭海或半闭海，只有台湾岛东部面向太平洋。

在国际法及国内法框架下，各国具有稳定局势、开展多层面海上合作的政治意愿及相关法律义务。构建周边海洋法律秩序，也包含妥善处置和解决长期存在的海洋争端以及海洋生态环境保护等方面问题。

（一）开展海洋合作的国际法义务

开展海洋合作是一般性法律义务，受多种国际性文件指导，如《联合国宪章》《联合国海洋法公约》（以下简称《公约》）、1970 年的《国际法原则宣言》[2] 和 1992 年的《里约环境与发展宣言》[3]。中国和周边海洋邻国（朝鲜除外）都已批准《公约》。

---

[1]　余晓强：《全球海洋秩序的变迁：基于国际规范理论的分析》，载《边界与海洋研究》，2020 年 3 月第 2 期。

[2]　UN General Assembly, Declaration of Principles of International Law Concerning Friendly Relations and Co-operation Among States in Accordance with the Charter of the United Nations, October 1970, www. unhcr. org/refworld/docid/3dda1f104. html, 2019 年 11 月 19 日登录。

[3]　《里约环境与发展宣言》，中国网，http：//www. china. com. cn/environment/txt/2003－04/24/content_5320117. htm; also see, Rio Declaration on Environment and Development, United Nations Conference on Environment and Development, 3-14 June 1992, available at www. unep. org/Documents. Multilingual/Default. asp? documentid=78&articleid=1163, 2019 年 11 月 19 日登录。

在建立周边合作的法律制度方面，《公约》规定的原则、制度和规则都具有重要意义。

《公约》在序言中多次强调各缔约国应加强合作，"本着以互相谅解和合作的精神解决与海洋法有关的一切问题的愿望，并且认识到本公约对于维护和平、正义和全世界人民的进步作出重要贡献的历史意义"，"相信在本公约中所达成的海洋法的编纂和逐渐发展，将有助于按照《联合国宪章》所载的联合国的宗旨和原则巩固各国间符合正义和权利平等原则的和平、安全、合作和友好关系，并将促进全世界人民的经济和社会方面的进展"。

关于沿海国开展海洋合作的原则精神贯穿于《公约》始终，并体现在航行、资源开发与养护、环境保护、海洋科学研究及科技转让等制度中。《公约》一些条款还规定了明确的合作措施或机制。

关于渔业等生物资源的养护、开发及管理，《公约》第 61 条规定沿海国"应决定其专属经济区内生物资源的可捕量"，并"应通过正当的养护和管理措施，确保专属经济区内生物资源的维持不受过度开发的危害。在适当情形下，沿海国和各主管国际组织，不论是分区域、区域或全球性的，应为此目的进行合作"。

关于海洋划界的第 74 条第 3 款和第 83 条第 3 款，用完全相同的语句规定"有关各国应基于谅解和合作精神，尽一切努力作出实际性的临时安排，并在此过渡期间内，不危害或阻碍最后协议的达成。这种安排应不妨害最后界限的划定"。这被认为是海洋油气资源共同开发的重要国际法依据。

联合国可持续发展峰会在 2015 年通过的《2030 年可持续发展议程》中提出，将"保护和可持续利用海洋及海洋资源以促进可持续发展"作为 17 项可持续发展目标（SDGs）之一。这意味着保护海洋、确保海洋资源的可持续利用、促进海洋可持续发展，已成为世界性议题。对各国而言，摒弃传统的对抗思维，加强彼此合作，推动全球海洋治理，已成为时代紧迫需要。

（二）闭海和半闭海的合作义务

《公约》第九部分规定的闭海或半闭海制度，适用于包括中国周边海域在内的许多重要海域，如地中海、黑海、波罗的海、北海、墨西哥湾、加勒比海、鄂霍次克海、白令海、亚丁湾、波斯湾和红海等。[①]"闭海或半闭海"是指两个或两个以上国家所环绕并由一个狭窄的出口连接到另一个海或洋，或全部或主要由两个或两个以上沿海国的领海和专属经济区构成的海湾、海盆或海域。[②] 中国周边的日本海、黄海、东海和南

---

① 郑凡：《半闭海视角下的南海海洋问题》，载《太平洋学报》，2015 年第 23 卷第 6 期，第 52 页。
② 《联合国海洋法公约》第 122 条。

海等都属于典型的闭海或半闭海。闭海或半闭海沿岸国的合作主要集中于海洋生物资源利用、海洋环境保护和海洋科学研究等方面。闭海或半闭海沿岸国应互相合作，"尽力直接或通过适当区域组织，协调海洋生物资源的管理、养护、勘探和开发；协调行使和履行其在保护和保全海洋环境方面的权利和义务"①。《公约》所规定的闭海和半闭海制度是基于此类海域特殊的地理条件及其生态特征等客观条件，赋予周边国家开展合作的义务。②

《东南亚友好合作条约》是东盟成立以来通过的第一个具有法律约束力的文件，被视为东盟国家相互关系的行为准则。③该条约以"促进该地区各国人民间的永久和平、友好和合作，以加强他们的实力、团结和密切关系"为宗旨。④中国于 2003 年作为东盟对话伙伴率先加入该条约，与东盟建立了面向和平与繁荣的战略伙伴关系。⑤东盟与中国、日本、韩国（10+3）合作始自 20 世纪 90 年代，于 1997 年正式启动合作进程。2004 年，各方一致同意，将"10+3"作为建立东亚共同体这一长期目标的主渠道。该合作机制已先后发表了《东亚合作联合声明》（1999 年）和《第二份东亚合作联合声明》（2007 年）。⑥这些区域性条约的签署和相关高层对话机制的设立，为开展区域海洋合作、共同构建符合各方利益的海洋秩序提供了重要政治保障。

（三）周边海洋法律秩序的双多边基础

中国与周边国家达成的多项涉海协定、共识等，是构建周边海洋法律秩序的重要基础。2020 年，中国与周边国家继续推动落实双边协定，促进周边海洋法律秩序的建立。

中国与韩国推动战略合作伙伴关系不断迈上新台阶。2020 年 11 月 26 日，中韩外长举行会谈，取得丰富成果。双方商定将成立"中韩关系未来发展委员会"，启动中韩外交安全"2+2"对话，启动海洋事务对话，举办新一轮中韩外交部门高级别战略对

---

① 《联合国海洋法公约》第 123 条。

② Myron H. Nordquist, Satya N. Nandan, Shabtai Rosenne（eds.）, United Nations Convention on the Law of the Sea 1982: A Commentary, vol. Ⅲ（1995）, 343（MN Ⅸ.1）.

③ 1976 年由东盟五个创始成员国印度尼西亚共和国、马来西亚联邦、菲律宾共和国、新加坡共和国和泰王国在巴厘岛签署。

④ 《东南亚友好合作条约》，中国人大网，http://www.npc.gov.cn/wxzl/gongbao/2003-08/12/content_5318793.htm，2020 年 12 月 25 日登录。

⑤ 《中国-东盟关系（10+1）》，外交部，https://www.fmprc.gov.cn/web/gjhdq_676201/gjhdqzz_681964/lhg_682518/zghgzz_682522/，2020 年 12 月 25 日登录。

⑥ 《东盟与中日韩（10+3）合作》，外交部，https://www.fmprc.gov.cn/web/gjhdq_676201/gjhdqzz_681964/lhg_682542/jbqk_682544/，2020 年 12 月 25 日登录。

话，增进外交安全互信，促进海洋事务合作。①

中国与日本努力构建契合新时代要求的中日关系。中日高级别政治对话机制发挥作用，2020 年相继举行了中日第八次高级别政治对话②、第十五次中日战略对话。中日外长在 2020 年 11 月 24 日的会见中，达成了五点重要共识和六项具体成果。中日一致同意发挥中日高级别政治对话机制作用，增进政治互信，加强沟通协调合作，进一步巩固两国关系改善发展势头，推动新时代中日关系迈上新台阶。③

中国与越南在《关于指导解决中越海上问题基本原则协议》（2011）④、《中越联合声明》（2015 年⑤、2017 年⑥）等文件基础上，不断推进海洋问题的沟通交流。中越于 2006 年成立了双边合作指导委员会，对加强中越各领域合作的宏观指导、统筹规划和全面推进，协调解决合作中出现的问题发挥了重要作用。2020 年 7 月 21 日，该委员会举行第十二次会议，就下阶段双边合作提出有益建议，达成诸多共识，愿共同维护南海和平稳定，推动海上合作和共同发展。⑦

中国与马来西亚呈现高水平全面战略伙伴关系。2020 年 10 月 13 日，中马决定建立外长牵头的高级别合作委员会，制定政府间合作框架文件，统筹推进两国各领域合

① 《王毅国务委员兼外长同韩国外长康京和会谈 达成 10 项共识》，外交部，2020 年 11 月 26 日，https：//www. fmprc. gov. cn/web/gjhdq_676201/gj_676203/yz_676205/1206_676524/xgxw_676530/t1835759. shtml，2020 年 11 月 27 日登录。

② 《中日第八次高级别政治对话在东京举行》，外交部，2020 年 2 月 28 日，https：//www. fmprc. gov. cn/web/gjhdq_676201/gj_676203/yz_676205/1206_676836/xgxw_676842/t1750668. shtml，2020 年 11 月 28 日登录。

③ 《王毅：中日达成五点重要共识和六项具体成果》，外交部，2020 年 11 月 24 日，https：//www. fmprc. gov. cn/web/gjhdq_676201/gj_676203/yz_676205/1206_676836/xgxw_676842/t1835081. shtml，2020 年 11 月 27 日登录。

④ 协议指出，中越将通过谈判和友好协商加以解决双方海上争议，如争议涉及其他国家，将与其他争议方进行协商。双方一致认为，妥善解决中越海上问题符合两国人民的根本利益和共同愿望，有利于本地区的和平、稳定、合作与发展。"积极探讨不影响双方立场和主张的过渡性、临时性解决办法，包括积极研究和商谈共同开发问题"，"积极推进海上低敏感领域合作，包括海洋环保、海洋科研、海上搜救、减灾防灾领域的合作。努力增进互信，为解决更困难的问题创造条件"。《中越签署指导两国解决海上问题基本原则协议（全文）》，中国新闻网，2011 年 10 月 12 日，http：//www. chinanews. com/gn/2011/10-12/3382401. shtml，2019 年 11 月 10 日登录。

⑤ "同意共同管控好海上分歧，全面有效落实《南海各方行为宣言》（DOC），推动在协商一致的基础上早日达成'南海行为准则'（COC），不采取使争议复杂化、扩大化的行动，及时妥善处理出现的问题，维护中越关系大局以及南海和平稳定"。《中越联合声明（全文）》，新华网，2015 年 11 月 6 日，http：//www. xinhuanet. com//world/2015-11/06/c_1117067753. htm，2019 年 11 月 2 日登录。

⑥ 特别指出 "双方一致同意做好北部湾湾口外海域共同考察后续工作，稳步推进北部湾湾口外海域划界谈判并积极推进该海域的共同开发，继续推进海上共同开发磋商工作组工作，有效落实商定的海上低敏感领域合作项目。双方高度评价北部湾渔业资源增殖放流与养护项目"。《中越联合声明》，新华网，2017 年 11 月 13 日，http：//www. xinhuanet. com/2017-11/13/c_1121949420. htm，2019 年 11 月 3 日登录。

⑦ 《中越双边合作指导委员会举行第十二次会议》，外交部，2020 年 7 月 21 日，https：//www. fmprc. gov. cn/web/gjhdq_676201/gj_676203/yz_676205/1206_677292/xgxw_677298/t1799427. shtml，2020 年 11 月 27 日登录。

作，推动中马全面战略伙伴关系迈上新台阶。① 双方还一致同意维护南海和平稳定，应排除外部因素干扰，继续落实《南海各方行为宣言》（以下简称《宣言》），争取早日达成有效并有实质意义的"南海行为准则"（以下简称"准则"）。

中国与文莱的战略合作伙伴关系稳定发展。2020 年 1 月 21 日，中文政府间联合指导委员会召开首次会议。双方同意致力于在海上合作领域成立工作组，重申致力于维护南海的和平、稳定和安全，强调应由直接有关的主权国家根据包括《公约》在内的公认的国际法原则，通过和平对话和协商解决领土和管辖权争议。全面有效落实《宣言》，尽早达成实质有效的"准则"。②

中国与菲律宾就通过双边谈判解决在南海的有关争议达成明确共识。2020 年 10 月 10 日，中菲外长在会谈时表示，过去四年多，双方就正确处理南海问题积累了很多有益经验，支持两国企业按照中菲《关于油气开发合作的谅解备忘录》有序推进共同开发。③

中国在区域性多边机制下也与各方就共同关心的海上问题形成共识。中国与东盟积极加强和提升战略伙伴关系、睦邻友好和互利合作。中国和东盟明确表示，将根据各自承担的国际法义务，各国国内法律、法规和政策，努力开展合作。④ 中国与东盟国家之间对和平解决南海争端和维护南海地区的安全秩序没有分歧，这成为此后双方之间磋商"准则"的重要前提。⑤ 在南海问题上，多数东盟国家普遍认为，地区国家有权利实现自身发展，有权利探索符合本国国情的发展道路。面对域外势力在南海挑动事端、制造紧张，南海不应成为大国博弈之海、炮舰横行之海。各国同意坚持通过友好协商解决矛盾分歧，全面有效落实《宣言》，致力于尽快达成更有约束力、行之有效的"准则"，共同维护南海的和平稳定。⑥

东亚峰会是成员涵盖亚太主要国家、具有广泛代表性和影响力的地区机制。2020

---

① 《王毅谈中马八点共识》，外交部，2020 年 10 月 13 日，https：//www.fmprc.gov.cn/web/gjhdq_676201/gj_676203/yz_676205/1206_676716/xgxw_676722/t1823555.shtml，2020 年 11 月 27 日登录。

② 《中华人民共和国和文莱达鲁萨兰国政府间联合指导委员会首次会议联合新闻稿》，外交部，2020 年 1 月 22 日，https：//www.fmprc.gov.cn/web/gjhdq_676201/gj_676203/yz_676205/1206_677004/1207_677016/t1734984.shtml，2020 年 11 月 27 日登录。

③ 《王毅同菲律宾外长洛钦举行会谈》，外交部，2020 年 10 月 10 日，https：//www.fmprc.gov.cn/web/gjhdq_676201/gj_676203/yz_676205/1206_676452/xgxw_676458/t1823058.shtml，2020 年 12 月 7 日登录。

④ 《落实中国—东盟面向和平与繁荣的战略伙伴关系联合宣言的行动计划（2021—2025）》，外交部，2020 年 11 月 12 日，https：//www.fmprc.gov.cn/web/zyxw/t1831837.shtml，2020 年 11 月 18 日登录。

⑤ 骆永昆：《"南海行为准则"：由来、进程、前景》，载《国际研究参考》，2017 年第 8 期，第 7 页。

⑥ 《开启后疫情时期周边外交新征程——王毅国务委员兼外长接受新华社记者专访》，外交部，2020 年 10 月 16 日，https：//www.fmprc.gov.cn/web/gjhdq_676201/gj_676203/yz_676205/1206_676716/1209_676726/t1824664.shtml，2020 年 11 月 27 日登录。

年 11 月 14 日，第 15 届东亚峰会发表了"关于海洋可持续性的声明"。包括中国在内的 18 个国家重申关于加强区域海洋合作和应对海洋塑料垃圾的承诺，加强海洋经济可持续发展，保护及维护包括生物多样性，生态系统和资源在内的海洋和沿岸环境，以及保护依靠海洋维持生计以免受如陆源和海源污染等有害活动和其他威胁。中国表示，愿就海上救灾等领域开展合作。[①]

中国与周边国家在双多边框架下已达成多项协议及共识，这对维护周边海域的和平稳定，加强海上合作等具有重要意义。中国与东盟国家均决心排除外部因素干扰，和平对话和协商解决海洋争端，继续落实《宣言》，早日达成"准则"。

二、周边海洋法律秩序的发展

周边海洋法律秩序构建的一个重要原因是周边各国提出的权利主张及管辖权存在重叠和冲突。相关国家通过油气和渔业资源开发及养护为主题的海洋合作，缓解相关争议，初步建立了以双边协定和机制化安排为主的法律秩序。

（一）海洋划界及海上问题磋商

中国与韩国为落实两国领导人启动海域划界谈判的共识，于 2015 年举行中韩海域划界首轮会谈。双方同意建立政府谈判代表团、司局级谈判工作组和若干专家组三级谈判机制。[②] 中韩通过友好协商解决海域划界问题，对于两国关系长期稳定发展，进一步加强海洋合作，推动中韩战略合作伙伴关系不断发展具有重要意义。[③]

中国与日本就海洋问题设立了海洋事务高级别磋商平台，迄今已举行了 11 轮磋

---

① 《李克强在第 15 届东亚峰会上的讲话（全文）》，外交部，2020 年 11 月 15 日，https：//www. fmprc. gov. cn/web/gjhdq_676201/gjhdqzz_681964/dyfheas_682566/zyjh_682576/t1832474. shtml，2020 年 11 月 28 日登录。REAFFIRMING the commitment we made in the 2015 East Asia Summit Statement on Enhancing Regional Maritime Cooperation and the 2018 East Asia Summit Statement on Combating Marine Plastic Debris, and as outlined in the Manila Plan of Action to Advance the Phnom Penh Declaration on the East Asia Summit Development Initiative（2018–2022）, to enhance our cooperation in sustainable marine economic development, in protecting and preserving the marine and coastal environment, including biodiversity, ecosystem and resources, as well as in protecting people who depend on oceans for their livelihoods from harmful activities and other threats, such as land–based and sea–based pollution; East Asia Summit Leaders' Statement on Marine Sustainability, https：//asean. org/east-asia-summit-leaders-statement-marine-sustainability/，2020 年 11 月 28 日登录。

② 《中韩海域划界首轮会谈成功举行》，外交部，2015 年 12 月 22 日，https：//www. fmprc. gov. cn/web/wjbxw_673019/t1326878. shtml，2019 年 12 月 20 日登录。

③ 《2019 年 7 月 26 日外交部发言人华春莹主持例行记者会》，外交部，2019 年 7 月 26 日，https：//www. fmprc. gov. cn/web/wjb_673085/zzjg_673183/gjs_673893/gjzz_673897/lhgyffz_673913/fyrth_673921/t1683670. shtml，2019 年 12 月 24 日登录。

商。2020 年 7 月 31 日，中日以海洋事务高级别磋商团长会谈的形式就涉海问题交换意见。双方强调，应全面落实两国领导人共识，共同维护东海稳定与安宁，把东海建设成为和平、合作、友好之海。双方还表示将加强中日海洋事务高级别磋商等双边渠道的沟通，建设性管控分歧，妥善处理有关问题，积极推进海洋领域的交流与合作。①

中国和越南之间尚存在北部湾湾口外海域划界、南沙群岛及其附近海域的主权和海洋权益争议等问题。2020 年以来，越南向联合国递交多份照会，一再宣称对南海的非法主张，反对中国在三沙市设立西沙区、南沙区，否定中国在南海的主权和权益。②相关消极举动成为不利于海上形势稳定的不和谐因素。尽管如此，中越之间的基本共识还是通过友好协商，寻求妥善解决海上问题的办法，探讨开展合作的可能性和机制建设。

1995 年成立了中越海上问题专家小组，就南海争议问题举行谈判。2000 年 12 月，中越签署北部湾划界协定，划定两国在北部湾内的领海、专属经济区和大陆架界线，对渔业和油气等自然资源开发利用问题进行了妥善安排。③中越北部湾划界协定执行情况良好。2020 年 12 月，中越海警开展了第 20 次北部湾联合巡航行动，共同维护海上秩序。④

中越于 2011 年签署《关于指导解决中越海上问题基本原则协议》。为落实该协议，双方成立了北部湾湾口外海域工作组、海上低敏感领域合作专家工作组和海上共同开发磋商工作组。⑤截至 2021 年 1 月，北部湾湾口外海域工作组已举行 14 轮磋商，海上共同开发磋商工作组已举行 11 轮磋商。双方一致强调，要继续认真落实中越两党两国领导人达成的重要共识和协议，同步推进湾口外海域划界与南海共同开发，并将认真研究对方提出的具体方案；双方就南海共同开发指导原则深入交换意见，同意进一步加强沟通，争取早日达成一致；双方还同意尽快完成北部湾湾口外海域共同考察成果报告，共同推进南海渔业合作，深化北部湾地区海上合作，并开展无争议海域的油气

---

①《中日举行海洋事务高级别磋商团长会谈》，外交部，2020 年 7 月 31 日，https：//www.fmprc.gov.cn/web/wjdt_674879/sjxw_674887/t1802860.shtml，2020 年 11 月 28 日登录。

②《2020 年 4 月 20 日外交部发言人耿爽主持例行记者会》，外交部，2020 年 4 月 20 日，https：//www.fmprc.gov.cn/web/wjdt_674879/fyrbt_674889/t1771635.shtml，2020 年 11 月 28 日登录。

③ 参见周健：《中越北部湾划界的国际法实践》，载《边界与海洋研究》，2019 年第 4 卷第 5 期。

④《中越海警开展北部湾海域联合巡航》，国防部，2020 年 12 月 25 日，http：//www.mod.gov.cn/action/2020-12/25/content_4876010.htm，2021 年 3 月 24 日登录。

⑤《中国同越南的关系》，外交部，https：//www.fmprc.gov.cn/web/gjhdq_676201/gj_676203/yz_676205/1206_677292/sbgx_677296/，2020 年 11 月 27 日登录。

合作等。①

中国与东盟国家全面有效落实《宣言》，稳步推进"准则"磋商。"准则"磋商遵循平等协商原则，体现中国和东盟国家共识。作为《宣言》升级版，"准则"将更富实质内容、更有效力、更具可操作性。② 2020年9月3日，中国和东盟国家举行了落实《宣言》联合工作组特别会议，各方就全面有效落实《宣言》、加强海上务实合作以及"准则"磋商等议题坦诚、深入交换意见，取得了积极成果。在新冠肺炎疫情形势下，继续推进落实《宣言》进程和"准则"磋商，有助于增强地区国家间互信和信心，有助于各方共同维护南海和平与稳定，有助于建设符合国际法、符合地区国家共同利益的法律秩序。③

（二）油气资源共同开发

中国对海上油气资源共同开发的设想最初是与处理领土问题联系在一起的。在中国与周边邻国的共同努力下，从21世纪初开始，海洋油气资源的共同开发取得实质进展。

公开报道的第一个中外共同开发协议是中国与朝鲜于2005年签署的《中朝政府间关于海上共同开发石油的协定》。④ 中日于2008年就东海问题达成原则共识。中日双方一致同意在实现划界前的过渡期间，在不损害双方法律立场的情况下进行合作。⑤

中国与越南自2006年开始商谈北部湾湾口外海域油气资源共同开发问题，2013年成立磋商工作组。双方在2015年12月至2016年4月开展了北部湾湾口外海域共同考察工作。⑥

2005年3月，中国海洋石油总公司、菲律宾国家石油公司与越南石油和天然气公司共同签署了《在南中国海协议区三方联合海洋地震工作协议》。根据该协议的联合地震勘探是"搁置争议，共同开发"原则的历史性、实质性突破，也是三方共同落实

① 《中越举行北部湾湾口外海域工作组第十四轮磋商和海上共同开发磋商工作组第十一轮磋商》，外交部，2020年1月8日，http://russiaembassy.fmprc.gov.cn/web/wjb_673085/zzjg_673183/bjhysws_674671/xgxw_674673/t1845235.shtml，2021年1月14日登录。

② 《李克强出席第23次中国-东盟领导人会议》，外交部，2020年11月12日，https://www.fmprc.gov.cn/web/gjhdq_676201/gj_676203/yz_676205/1206_676452/xgxw_676458/t1831899.shtml，2020年11月27日登录。

③ 《落实〈南海各方行为宣言〉联合工作组特别视频会成功举行》，外交部，2020年9月3日，https://www.fmprc.gov.cn/web/wjdt_674879/sjxw_674887/t1811830.shtml，2020年11月28日登录。

④ 《国务院副总理曾培炎会见朝鲜副总理卢斗哲》，中国政府网，2005年12月24日，http://www.gov.cn/ldhd/2005-12/24/content_136402.htm，2019年12月26日登录。

⑤ 《中日就东海问题达成原则共识》，载《人民日报》，2008年6月19日第4版。

⑥ 《中国同越南的关系》，外交部，https://www.fmprc.gov.cn/web/gjhdq_676201/gj_676203/yz_676205/1206_677292/sbgx_677296/，2020年11月30日登录。

《宣言》的重要举措。①

中国与菲律宾就在南海开展油气资源共同开发达成共识，建立了相关磋商合作机制。② 2018 年签署中菲《关于油气开发合作的谅解备忘录》，积极商讨包括海上油气勘探和开发，矿产、能源及其他海洋资源可持续利用等在内的海上合作。③ 中菲成立油气开发合作政府间联合指导委员会，于 2019 年举行首次会议，就该谅解备忘录下的合作安排交换意见，同意继续推进油气开发合作沟通与协调，争取根据该谅解备忘录取得进展。④

中国与文莱于 2011 年签署《中文关于能源领域合作谅解备忘录》，2013 年两次发表联合声明，支持两国企业本着相互尊重、平等互利的原则共同勘探和开采海上油气资源，探讨两国相关企业在其他方面共同勘探和开采海上油气资源，有关合作不影响两国各自关于海洋权益的立场。两国企业也深化双方在能源领域的合作。中国海洋石油总公司与文莱国家石油公司于 2011 年签署《中国海洋石油总公司与文莱国家石油公司油气领域商业性合作谅解备忘录》，在 2013 年签署合作协议以及关于成立油田服务领域合资公司的协议。⑤

共同开发的法律性体现在需要制定关于资源开发的双边或者多边协议，来保障共同开发的实施。⑥ 在全球处于和平时代的新秩序重建时期，南海的共同开发问题更需要机制化的管控。

（三）渔业资源养护与开发

渔业争端容易引发海上冲突，中国与周边国家通过协定的方式来协调海上渔业活动秩序，管控渔业纠纷。

中国与韩国于 2001 年再次签订《中韩渔业协定》，在双方海域划界前，对中韩渔民共用的黄海渔场渔业生产做出临时安排。在该协定所设立的机制下，双方每年召开

---

① 《中菲越三国南海联合地震勘探第一阶段提前完成》，中国政府网，2005 年 11 月 17 日，http：//www. gov. cn/jrzg/2005-11/17/content_101057. htm，2021 年 1 月 14 日登录。

② 《2020 年 10 月 16 日外交部发言人赵立坚主持例行记者会》，外交部，2020 年 10 月 16 日，https：//www. fmprc. gov. cn/web/wjdt_674879/fyrbt_674889/t1824608. shtml，2020 年 11 月 30 日登录。

③ 《中华人民共和国与菲律宾共和国联合声明》，外交部，2018 年 11 月 21 日，https：//www. fmprc. gov. cn/web/gjhdq_676201/gj_676203/yz_676205/1206_676452/1207_676464/t1615198. shtml，2020 年 11 月 30 日登录。

④ 《中国—菲律宾油气开发合作政府间联合指导委员会第一次会议在北京召开》，外交部，2019 年 10 月 29 日，http：//new. fmprc. gov. cn/web/wjbxw_673019/t1711665. shtml，2020 年 11 月 30 日登录。

⑤ 《中华人民共和国和文莱达鲁萨兰国联合声明》，外交部，2013 年 4 月 6 日，https：//www. fmprc. gov. cn/web/gjhdq_676201/gj_676203/yz_676205/1206_677004/1207_677016/t1028639. shtml，2020 年 11 月 30 日登录。

⑥ 孔庆江、吴盈盈：《管控南海争端的共同开发制度探讨》，载《中国海洋大学学报（社会科学版）》，2020 年第 6 期。

渔业联合委员会年会，协商下一年度有关工作。2020 年以来，为维持海上作业秩序、减少中韩渔业纠纷、中韩举行了资源专家组会谈、执法工作会谈以及两轮筹备会谈，最终就 2021 年相互入渔规模等重点问题达成共识。中韩渔业联合委员会第二十届年会，就 2021 年两国专属经济区管理水域对方国入渔安排、维护海上作业秩序以及渔业资源养护等重要问题进行了深入磋商，达成共识并签署了会议纪要。2021 年，双方各自许可对方国家进入本国专属经济区管理水域作业的渔船数和捕捞配额基本维持稳定。双方将加强协定水域渔业生产监管，推动暂定措施水域资源养护和评估，开展海洋垃圾防治的交流与合作。[①]

中国与日本就渔业问题合作多次达成协议，最新的中日渔业协定签订于 1997 年，2000 年 6 月 1 日生效。2016 年 11 月 24 日，中日渔业联合委员会第十七次会议在厦门召开，双方对 2015 年度《中日渔业协定》执行情况进行了回顾，就 2016 年 6 月 1 日至 2017 年 5 月 31 日期间相互入渔作业条件、暂定措施水域资源管理措施、中间水域资源管理措施和非法采捕红珊瑚船等问题进行了会谈并签署了会谈纪要。

中越双方还签订了《中越北部湾渔业合作协定》的"补充议定书"及《北部湾共同渔区资源养护和管理规定》。[②] 根据中越海警第三次工作会晤达成的共识，2006 年以来，中越海上执法部门在北部湾海域开展联合巡航行动。2020 年 12 月，中越海警开展了第 20 次北部湾联合巡航行动，在北部湾共同渔区开展了两次渔业联合检查。[③] 中越海警联合巡航行动，在促进两国海上执法机构交流合作、维护北部湾渔业生产秩序方面发挥了重要作用。

（四）管控争议和建立信任措施

中国与周边国家努力深化合作，积极管控分歧，促进了周边海洋局势的总体稳定。

2015 年 12 月，中韩海警签署合作谅解备忘录。两国建立了高级别工作例会机制，就海上渔业执法，打击走私、偷渡、贩毒等跨国犯罪活动，以及在北太平洋地区海岸警备执法机构论坛等多边机制下开展合作深入交换意见，达成广泛共识。[④] 2020 年 12 月 17 日，中韩海警第四次高级别工作例会以视频形式举行，双方积极评价了以往合作成果，围绕联合巡航、合作备忘录续签、共同维护海上渔业生产秩序等议题进行了会谈，就下一步合作项目安排交换了意见。① 中韩通过渔业执法工作会谈机制，维护中韩渔业协定水域作业秩序。根据会谈机制的共识，中韩于 2020 年首次开展渔业协定暂定措施水域联合巡航，对于双方加强海上执法合作，共同维护中韩渔业协定暂定措施水域正常渔业生产秩序有积极作用。②

虽然中日之间还存在诸多不确定因素③，但双方基本认同中日关系的重要性，有意愿强化两国外交主管部门和海上执法部门之间沟通交流；双方防务部门也在推动两国防务部门海空联络机制建设，进一步加强风险管控，增进安全互信。④

中越建立北部湾联合巡逻机制。中越于 2016 年 6 月签署《中国海警局与越南海警司令部合作备忘录》，建立了中越海警工作会晤机制，迄今已举行了三次会晤。在该备忘录框架下，中越海警深入加强海上执法交流合作，共同维护北部湾海域安全稳定。2020 年 12 月 8 日，双方以视频形式举行了中越海警第四次高层工作会晤。会议积极评价双方工作成果，确定了下一步合作方向。双方一致认为，近年来中越海警通过加强海上务实合作，不断加深友谊、提升互信，妥善管控分歧，共同维护了海上安全稳定，已成为地区海上执法合作样板。⑤ 根据中越两军相关协议和例行年度计划，2005 年以来，中越已成功实施联合巡逻 29 次。2020 年 12 月进行的中越北部湾第 29 次联合巡逻开展了通信校验和联合搜救等演练，有助于提升共同应对海上安全问题的能力，维护北部湾海域的秩序与稳定。⑥

根据 2016 年《中国海警局和菲律宾海岸警卫队关于建立海警海上合作联合委员会的谅解备忘录》，中菲建立了海警海上合作联合委员会，为两机构增进互信、拓展合作、加强协调提供了制度保障。中菲海警海上合作联合委员会已举行了三次会议。⑦ 2020 年 11 月 18 日，中菲海警以视频形式举行第三次高层工作会晤，双方高度评价了

---

① 《中韩海警举行第四次高级别工作例会》，中国海警局，2020 年 12 月 18 日，http：//www.ccg.gov.cn//2020/gjhz_1218/236.html，2021 年 3 月 9 日登录。

② 《中韩海警首次开展中韩渔业协定暂定措施水域联合巡航》，新华网，2020 年 11 月 12 日，http：//www.xinhuanet.com/world/2020-11/12/c_1126731678.htm，2020 年 11 月 28 日登录。

③ 《王毅谈钓鱼岛问题》，外交部，2020 年 11 月 25 日，https：//www.fmprc.gov.cn/web/gjhdq_676201/gj_676203/yz_676205/1206_676836/xgxw_676842/t1835471.shtml，2020 年 11 月 27 日登录。

④ 《王毅：中日达成五点重要共识和六项具体成果》，外交部，2020 年 11 月 24 日，https：//www.fmprc.gov.cn/web/wjbzhd/t1835081.shtml，2020 年 11 月 27 日登录。《魏凤和同日本防卫大臣视频通话》，国防部，2020 年 12 月 14 日，http：//www.mod.gov.cn/topnews/2020-12/14/content_4875450.htm，2020 年 12 月 21 日登录。

⑤ 《中越海警举行第四次高层工作会晤视频会议》，中国海警局，2020 年 12 月 9 日，http：//www.ccg.gov.cn//2020/gjhz_1209/235.html，2021 年 3 月 9 日登录。

⑥ 《中越北部湾第 29 次联合巡逻圆满结束》，"南部战区"微信公众号，2020 年 12 月 7 日发布。

⑦ 《中菲海警深化海上执法合作 推动稳固伙伴关系迈上新台阶》，新华网，2021 年 1 月 17 日，http：//www.xinhuanet.com/mil/2020-01/17/c_1210442009.htm，2020 年 11 月 30 日登录。

以往工作成果，就中菲海警联合委员会第三次会议期间起草的相关合作文本草案深入交换了意见，并在热线联络机制、法务合作等方面达成共识。①

中国与东盟国家建立应对海上紧急事态外交高官热线平台。2016 年达成《中国与东盟国家应对海上紧急事态外交高官热线平台指导方针》，并正式启动。该平台旨在海上紧急事态发生且需要政策层面介入的情形下，为各国外交部门之间提供即时、有效的联络渠道。平台建立后，各国外交部高官之间可直接就有关紧急事态进行沟通协调，以管控风险，共商对策，维护南海的和平稳定。② 2016 年《中国与东盟国家关于在南海适用〈海上意外相遇规则〉的联合声明》，为中国和东盟国家海军的船舶和航空器在南海意外相遇时的应急处置和操作规范提供了明确指引。③

整体而言，中国周边海域的既有法律秩序及相关机制的构建仍在提升过程中。以南海地区为例，现有机制尚存在诸多方面的不足，例如，并非所有沿岸国家均参加同一相关机制，需要对海洋生物资源养护、海洋环境保护、海上航行安全及安保等方面加以更多关注。④

三、周边海洋法律秩序展望

中国坚持以多边主义推进周边海洋治理与合作，呼吁周边国家共同构建基于国际法的、和平稳定公平的地区海洋秩序。中国先后提出共建"21 世纪海上丝绸之路"及"海洋命运共同体"倡议，这是对传统霸权竞争性海洋秩序的超越，为周边海洋法律秩序的未来发展提供建设性方案。

（一）"21 世纪海上丝绸之路"建设不断夯实周边海洋合作

习近平主席在 2013 年谈及与东盟国家加强海上合作时提出了建设"21 世纪海上丝

① 《中菲海警举办第三次高层工作会晤视频会议》，中国海警局，2020 年 11 月 19 日，http：//www. ccg. gov. cn//2020/gjhz_1119/175. html，2021 年 3 月 9 日登录。

② 《第 19 次中国—东盟领导人会议通过〈中国与东盟国家应对海上紧急事态外交高官热线平台指导方针〉》，外交部，2016 年 9 月 8 日，https：//www. fmprc. gov. cn/web/gjhdq_676201/gjhdqzz_681964/lhg_682518/zywj_682530/t1395698. shtml，2020 年 12 月 25 日登录。

③ 《第 19 次中国—东盟领导人会议发表〈中国与东盟国家关于在南海适用《海上意外相遇规则》的联合声明〉》，外交部，2016 年 9 月 8 日，https：//www. fmprc. gov. cn/web/gjhdq_676201/gjhdqzz_681964/lhg_682518/zywj_682530/t1395685. shtml，2020 年 12 月 25 日登录。

④ Shih-Ming Kao, Nathaniel Sifford Pearre, Jeremy Firestone. Regional Cooperation in the South China Sea：Analysis of Existing Practices and Prospects, Ocean Development & International Law, 2012, 43：3, 283-295.

绸之路”重大倡议。① 在 2015 年发布《推动共建丝绸之路经济带和 21 世纪海上丝绸之路的愿景与行动》② 中，中国对共建“21 世纪海上丝绸之路”倡议做进一步阐释，“重点方向是从中国沿海港口过南海到印度洋，延伸至欧洲；从中国沿海港口过南海到南太平洋”，“海上以重点港口为节点，共同建设通畅安全高效的运输大通道”。围绕共建“21 世纪海上丝绸之路”的海上合作问题，中国于 2017 年发布《“一带一路”建设海上合作设想》，推动建立全方位、多层次、宽领域的蓝色伙伴关系，开展全方位、多领域的海上合作。③

　　海洋合作平台建设是“一带一路”建设规划优先推进项目。东亚海洋合作平台是落实国家“一带一路”倡议的标志性项目，是东盟与中国、日本、韩国（10+3）在海洋领域的合作平台，主要任务是在海洋经济、海洋科技、海洋环保与防灾减灾、海洋人才与文化四大领域，推动东盟与中日韩（10+3）开展多层次务实合作。2020 年 9 月，2020 东亚海洋合作平台青岛论坛在青岛举行。④ 本次论坛以“开放融通、智享未来”为主题，落实秉持中国“共商、共建、共享”的全球治理观和“一带一路”建设理念，突出“智享”“共享”理念，让东亚海洋领域交流合作成果共同享有，让“一带一路”建设成果惠及各方。

　　开展海洋规划研究与应用，共谋合作治理之路。在东亚海洋合作平台支持下，中柬海洋空间规划合作进入实施阶段。⑤ 中国与柬埔寨于 2013 年开展海洋空间规划合作，开启了中国与“21 世纪海上丝绸之路”沿线国家开展相关合作的大门。2020 年，由中柬联合编制的《柬埔寨海洋空间规划（2018—2023 年）》正式移交给柬埔寨政府。该规划被列为柬方首个海洋领域指导性法律文件，用于指导柬埔寨政府开展海洋资源管理、海洋环境保护和促进海洋经济发展。这标志着中国在持续推进海洋空间规划国际合作上取得了新的进展。⑥

　　深化海洋科学研究与技术合作，共建智慧创新之路。自然资源部开展了印度洋联

　　① 《习近平：中国愿同东盟国家共建 21 世纪“海上丝绸之路”》，新华网，2013 年 10 月 3 日，http://www.xinhuanet.com/world/2013-10/03/c_125482056.htm，2020 年 12 月 1 日登录。

　　② 《推动共建丝绸之路经济带和 21 世纪海上丝绸之路的愿景与行动》，http://www.mee.gov.cn/ywgz/gjjlhz/lsydyl/201605/P020160523240038925367.pdf，2020 年 2 月 25 日登录。

　　③ 《“一带一路”建设海上合作设想》，http://www.gov.cn/xinwen/2017-11/17/5240325/files/13f35a0e00a845a2b8c5655eb0e95df5.pdf，2020 年 12 月 25 日登录。

　　④ 《2020 东亚海洋合作平台青岛论坛开幕》，自然资源部，2020 年 9 月 23 日，http://www.mnr.gov.cn/dt/ywbb/202009/t20200923_2559492.html，2020 年 11 月 18 日登录。

　　⑤ 《中柬海洋空间规划合作进入实施阶段》，自然资源部，2020 年 7 月 29 日，http://www.mnr.gov.cn/dt/hy/202007/t20200729_2534774.html，2020 年 11 月 18 日登录。

　　⑥ 《走出国门的海洋空间规划合作》，自然资源部，2020 年 4 月 27 日，http://www.mnr.gov.cn/dt/hy/202004/t20200427_2510204.html，2020 年 11 月 18 日登录。

合海洋与生态研究计划（Joint Advanced Marine and Ecological Studies，JAMES）。该计划旨在研究印度洋海洋生态环境变化及其对季风、气候以及人类活动的响应，与斯里兰卡、缅甸、泰国、孟加拉国等"21世纪海上丝绸之路"沿线国家共同落实"一带一路"愿景和"海洋命运共同体"建设。2020年，中国相继与斯里兰卡、缅甸完成了国际合作海洋科考航次。①

　　共建"21世纪海上丝绸之路"是"旨在促进经济要素有序自由流动、资源高效配置和市场深度融合，推动沿线各国实现经济政策协调，开展更大范围、更高水平、更深层次的区域合作，共同打造开放、包容、均衡、普惠的区域经济合作架构"②。共建"21世纪海上丝绸之路"要推进港口建设合作、打击海盗、保障海上运输通道安全，实现设施联通、贸易畅通。共建"21世纪海上丝绸之路"从经贸、人文等领域拉近中国与沿线国家的关系，周边国家也有意愿将本国的发展理念与中国的倡议对接。菲律宾的"大建特建"规划③、印度尼西亚的"全球海洋支点"构想④、越南的"两廊一圈"⑤以及韩国的"新南方""新北方"⑥政策都有与中国的"21世纪海上丝绸之路"倡议对接合作的意愿。东盟就其《东盟互联互通总体规划2025》也与中国达成了对接合作的共识。⑦ 不断深入的海洋合作对增进中国与周边国家之间的合作信任具有重要意义，为不断完善周边海上法律秩序奠定重要基础，有利于推动周边海洋法律秩序的稳

　　① 《自然资源部印度洋联合科考航次收获多》，自然资源部，2020年3月17日，http：//www.mnr.gov.cn/dt/hy/202003/t20200317_2501795.html，2020年12月1日登录；《中缅国际合作海洋科考航次结束》，自然资源部，2020年2月28日，http：//www.mnr.gov.cn/dt/hy/202002/t20200228_2500075.html，2020年11月18日登录；《中国与斯里兰卡海洋与生态联合科考收官》，自然资源部，2020年1月22日，http：//www.mnr.gov.cn/dt/hy/202001/t20200122_2498584.html，2020年11月18日登录。

　　② 《推动共建丝绸之路经济带和21世纪海上丝绸之路的愿景与行动》，http：//www.mee.gov.cn/ywgz/gjjlhz/lsydyl/201605/P020160523240038925367.pdf，2020年2月25日登录。

　　③ the "Build Build Build" infrastructure project campaign，参见：《菲律宾推出"大建特建"基础设施建设计划》，新华网，2017年4月19日，http：//www.xinhuanet.com/2017-04/19/c_1120836319.htm，2020年12月7日登录；《王毅同菲律宾外长洛钦举行会谈》，外交部，2020年10月10日，https：//www.fmprc.gov.cn/web/gjhdq_676201/gj_676203/yz_676205/1206_676452/xgxw_676458/t1823058.shtml，2020年12月7日登录。

　　④ 《王毅同印尼总统特使卢胡特举行会谈》，外交部，2020年10月9日，https：//www.fmprc.gov.cn/web/wjdt_674879/wjbxw_674885/t1822898.shtml，2020年12月25日登录；陈榕猷、孙建党：《印尼欲从"群岛"转为"全球海洋支点"》，中国社会科学网，2020年7月10日，http：//ex.cssn.cn/sjs/sjs_rdjj/202007/t20200710_5153608.shtml? COLLCC=3238349148&，2020年12月7日登录。

　　⑤ 《王毅：不忘初心，继往开来，推动中越关系不断向前发展》，外交部，2020年8月23日，https：//www.fmprc.gov.cn/web/wjdt_674879/wjbxw_674885/t1808442.shtml，2020年12月1日登录。

　　⑥ 《中韩经贸关系更上一层楼》，载《人民日报（海外版）》，2020年8月5日第3版。

　　⑦ 《中国—东盟关于"一带一路"倡议与〈东盟互联互通总体规划2025〉对接合作的联合声明》，外交部，2019年1月14日，https：//www.fmprc.gov.cn/web/gjhdq_676201/gjhdqzz_681964/lhg_682518/zywj_682530/t1712945.shtml，2020年12月25日登录。

步发展。

（二）"海洋命运共同体"理念是对传统海洋秩序的超越

习近平主席于 2019 年首次提出构建"海洋命运共同体"理念。地球"不是被海洋分割成了各个孤岛，而是被海洋连结成了命运共同体，各国人民安危与共"，"国家间要有事多商量、有事好商量，不能动辄就诉诸武力或以武力相威胁。各国应坚持平等协商，完善危机沟通机制，加强区域安全合作，推动涉海分歧妥善解决"。① "海洋命运共同体"理念是"人类命运共同体"理念在海洋治理领域的延伸，是对共建"21 世纪海上丝绸之路"倡议精神的发展和升华，进一步展示了中国推动建立开放、包容、和平、合作的全球海洋秩序的良好愿望和坚定信念。

在"海洋命运共同体"理念指引下，中国积极推动周边海洋法律秩序向更深入更全面的方向发展。"海洋命运共同体"理念符合国际法治观念，反映了国际法的基本原则和普遍价值，倡导周边国家通过友好协商解决海洋争端问题，致力于海洋和平利用和可持续发展，谋求建立公平正义的国际海洋秩序。

（三）共同推进南海海洋治理新秩序

妥善解决南海问题事关该地区的和平、稳定和发展。作为南海周边国家，中国与东盟国家对共同管控南海争端，维护南海和平稳定有着重要共识。

1992 年，东盟发表《东盟南海宣言》，建议有关各方以《东南亚友好合作条约》为基础，制定南海国际行为准则。中国对此给予了积极回应。1996 年，中国成为东盟全面对话伙伴国。2000 年，中国与东盟国家建立制定"准则"的联合工作组，标志着中国与东盟国家开启"准则"磋商。2002 年 11 月，中国与东盟十国经过密集沟通和协商达成《宣言》。《宣言》是中国和东盟国家就南海问题签署的首个政治文件，体现了中国同东盟国家友好、团结、合作的意愿。《宣言》明确规定各方在协商一致的基础上最终朝着制定"准则"而努力。②

2011 年，中国与东盟国家通过《落实〈宣言〉指导方针》。这是继《宣言》后中国与东盟国家签署的又一重要文件，各方对致力于制定"准则"达成进一步共识。此后，"准则"磋商迈出实质性步伐。2013 年，中国与东盟国家在落实《宣言》框架下启动"准则"磋商。2017 年中国与东盟国家就"准则"框架达成共识，为最终制定"准则"奠定重要基础。2018 年"准则"案文磋商启动，2019 年 9 月完成了单一磋商

---

① 《习近平集体会见出席海军成立 70 周年多国海军活动外方代表团团长》，新华网，2019 年 4 月 23 日，http://www.xinhuanet.com/politics/leaders/2019-04/23/c_1124404136.htm，2020 年 12 月 1 日登录。

② 钟声：《务实推进"南海行为准则"》，载《人民日报》，2013 年 9 月 16 日第 5 版。

文本的第一轮审读。2020 年，中国与东盟国家在达成《落实中国—东盟面向和平与繁荣的战略伙伴关系联合宣言的行动计划（2021—2025）》中表示，要全面有效完整落实《宣言》，达成"准则"。各方将推动"准则"磋商取得实质进展，致力于在协商一致基础上和共同认可的时间框架内，早日达成有效、富有实质内容、符合国际法的"准则"，并继续为磋商营造有利环境。①

"准则"的制定事关南海沿岸国的共同利益，事关本地区的稳定发展。中国与东盟国家应努力增进互信、相向而行，共同致力于海上合作机制建设，共同塑造基于国际法的、和平开放的南海法律秩序，促进区域海洋经济融合发展，为中国—东盟命运共同体行稳致远保驾护航。

四、小结

自 20 世纪 70 年代以来，中国与周边各国不断加强磋商与协调，持续通过双边协定、机制化安排等形式，妥善处理海洋资源开发问题，有效管控海上争议，积极推进海上合作，维持周边海洋总体稳定可控局势，共同构建符合各方共同利益的本地区海洋法律秩序。

在开启全面建设社会主义现代化国家新征程、向第二个百年奋斗目标进军的新发展阶段，中国将继续与周边国家共同探索建立和平稳定的周边海洋法律秩序。这既是中国统筹推进国内法治和涉外法治的内在要求，也是深化与周边国家友好关系，积极营造良好外部环境，落实"海洋命运共同体"的具体体现。共同构建和平稳定、公平开放、可持续发展的东亚地区海洋秩序，是基于法治的海洋治理在中国周边海域的最新国际实践，也是"海洋命运共同体"理念的具体落实和体现。

构建东亚地区海洋法律秩序，应基于国际法的基本原则和准则，充分考虑中国及海上邻国的共同利益和各自重大关切，以中国和本地区周边国家为主体，以各层级的双边和多边友好对话与磋商等为主要方式。相关国家应不断建立和完善相关机制和合作平台，不断增进互信，将各方共识逐步上升为条约、协定、声明和宣言等法律和政治文件，各方秉持诚意和善意切实落实。构建东亚地区海洋法律秩序是全球海洋治理的组成部分，将促进新时代世界海洋秩序的健康发展。

---

① 《落实中国—东盟面向和平与繁荣的战略伙伴关系联合宣言的行动计划（2021—2025）》，外交部，2020 年 11 月 12 日，https://www.fmprc.gov.cn/web/zyxw/t1831837.shtml，2020 年 11 月 18 日登录。

第五部分

全球海洋治理与海洋命运共同体

第十三章　全球海洋保护目标与中国实践

海洋是人类文明的摇篮，海洋保护目标是国际政治议程上日益重要的问题，在联合国大会（以下简称"UNGA"）、《生物多样性公约》（以下简称"CBD"）以及世界自然保护联盟（以下简称"IUCN"）中深入讨论。海洋保护目标是一个逐渐演进的过程，发端于约翰内斯堡联合国可持续发展峰会提出"建立有代表性的海洋保护区网络"，发展于"爱知生物多样性目标"[①] 和可持续发展目标强调"保护10%的沿海和海洋区域"。拟于2021年10月在中国昆明举办的CBD第15次缔约国大会（COP-15）将出台"2020年后全球生物多样性框架"，海洋保护目标是其中的焦点，将描绘2020年后全球海洋保护的路线图。为更好地保护海洋生物多样性，中国加快构建以国家公园为主体的保护地体系，有序推进海洋保护地建设，建设美丽海洋。

一、全球海洋保护目标的演进及实施进展

近年来，海洋环境保护受到全球各国的广泛重视并逐渐成为国际议程中讨论的焦点，全球海洋保护目标不断发展细化，海洋保护区和其他有效的划区管理工具在全球范围内全面开花，但存在过于强调保护目标数字增长，实际保护成效低的问题。

（一）全球海洋保护目标的演进

1. 联合国大会框架下海洋保护目标

1972年，斯德哥尔摩环境与发展大会阐明了环境与发展的关系，环境问题首次登上国际政治舞台。1992年，里约热内卢环境与发展大会将可持续发展作为国际社会的发展方向，环境、社会和经济作为可持续发展的基石。2002年，约翰内斯堡联合国可持续发展峰会世界首脑会议执行计划指出，制定和便利使用多样化的方法和工具，在符合国际法和科学信息的基础上建立海洋保护区，将海洋和海岸带管理纳入决策部门

[①] 　本章部分内容曾发表于《环境保护》2020年第17期。爱知生物多样性目标11提出，"到2020年，至少17%的陆地和内陆水域以及10%的沿海和海洋区域，特别是对生物多样性和生态系统服务具有特殊重要性的地区，通过有效和公平管理，使在生态代表性和良好连接的保护区系统和其他有效的区域性保护措施受到保护，更广泛地融入陆地景观和海洋景观"。

制定的沿海土地利用规划和流域规划。2015 年 9 月，第 70 届联合国大会通过《2030 年可持续发展议程》（以下简称《2030 议程》），呼吁全世界共同采取行动，消除贫困、保护地球、改善所有人的生活和未来。《2030 议程》包括 17 个可持续发展目标（SDG）。SDG14.5 提出，"到 2020 年，根据国内和国际法，并基于现有的最佳科学资料，保护至少 10% 的沿海和海洋区域"。根据 2012 年"里约+20"联合国可持续发展峰会成果文件所述，在《联合国海洋法公约》（以下简称《公约》）法律框架下，加强海洋和海洋资源的保护和可持续利用。[1] 为在 2020 年实现 10% 的海洋保护目标，各国在内水、领海、毗连区、专属经济区和大陆架等国家管辖海域，可根据《公约》和国内立法、行政和政策措施，以多种空间管理工具保护海洋。至于国家管辖范围以外海域，2018 年，联合国大会正式启动在《公约》框架下，制定国家管辖范围以外区域海洋生物多样性国际协定（BBNJ）政府间谈判。BBNJ 将为建立包括海洋保护区在内的划区管理工具提供法律依据。[2]

2. 《生物多样性公约》框架下海洋保护目标

为配合 2002 年约翰内斯堡联合国可持续发展峰会世界首脑会议执行计划，2006 年，CBD COP-8 大会决议提出有效保护对生物多样性特别重要的地区，到 2012 年年底之前保护 10% 的沿海和海洋区域。2010 年，CBD COP-10 在日本爱知县举办，大会通过《全球生物多样性战略计划（2011—2020 年）》，五个战略目标及相关的 20 个行动目标统称为"爱知生物多样性目标"[3]。保护 10% 的海洋目标被再次纳入爱知生物多样性目标 11，要求缔约国除数量指标，"到 2020 年，保护至少 10% 的沿海和海洋区域"，突出强调空间管理工具多样化，以保护区和其他有效的区域性保护措施保护"对生物多样性和生态系统服务具有特殊重要性的区域"，并将其纳入海洋空间规划；重视保护质量，强调"有效和公平管理、代表性、连通性"等质量要素。

2020 年 2 月，在意大利罗马召开 2020 年后全球生物多样性框架不限成员名额工作组第二次会议，各方普遍赞同保护区和其他有效的区域性保护措施对于生物多样性保护有重要作用，继承爱知生物多样性目标 11 中的公平和有效管理等质量要素。欧盟、小岛屿国家以及英国、澳大利亚、加拿大和菲律宾等地理条件优越的国家支持到 2030

---

① UNGA. Transforming our world: the 2030 Agenda for Sustainable Development, A/RES/70/1. https://www.un.org/en/development/desa/population/migration/generalassembly/docs/globalcompact/A_RES_70_1_E.pdf, 2020 年 11 月 20 日登录。

② UNGA. The Future We Want, A/RES/66/288. https://sustainabledevelopment.un.org/index.php? menu = 1298, 2020 年 11 月 20 日登录。

③ 郑苗壮、赵畅：《全球海洋保护目标的演进、实施进展及对策建议》，载《环境保护》，2020 年第 17 期，第 60-64 页。

年保护全球 30% 的海洋目标（以下简称"3030 目标"），强调在海洋保护目标上要有雄心。俄罗斯、巴西和阿根廷等国认为"3030 目标"太过激进，提出海洋保护目标不应超出 CBD 授权范围，应着眼于国家主权管辖海域。日本指出 2020 年后海洋保护目标，不应干涉 BBNJ 谈判进程。

3. 其他国际论坛与海洋保护目标

对于历届世界公园大会、世界自然保护大会，保护海洋也是其关注的焦点。2003 年，第 5 届世界公园大会提出，到 2012 年至少保护 20%~30% 的栖息地，实现健康海洋的保护目标。2014 年，第 6 届世界公园大会呼吁海洋保护目标比爱知生物多样性目标 11 在数量上更进一步，强调为实现海洋可持续发展，全球 30% 的海洋禁止一切开发活动。2016 年，第 6 届世界自然保护大会决议提出了一系列保护全球海洋的目标和措施，呼吁使"3030 目标"得到严格保护，即实施完全保护或高强度保护的管理措施。

（二）全球海洋保护目标实施情况

1. 总体进展情况

在《公约》生效之前，海洋保护区的数量少、面积小，多分布在欧美发达国家的近岸海域。1994 年《公约》生效后，沿海国的管辖范围由领海拓展至专属经济区和大陆架，海洋保护区也随之由领海拓展至专属经济区和大陆架。当前，BBNJ 国际协定尚未出台，任何国家不应在国家管辖范围以外区域建立保护区。但南极作为独特的地理单元，在《南极海洋生物资源养护公约》项下，2009 年建立了南奥克尼陆架海洋保护区，2016 年建立了罗斯海海洋保护区。除南极地区，任何国家或国际组织都没有权利在国家管辖范围以外区域指定或建立海洋保护区。

为履行保护 10% 的沿海和海洋区域的政治承诺，各国可根据《公约》及国内立法和行政措施，在国家管辖范围内海域，以多种空间管理工具保护海洋。海洋保护区是衡量各国保护海洋生物多样性的主要指标。截至 2019 年年底，全球已指定或建立各类海洋保护区约 16 000 个，覆盖面积超过 2800 万平方千米，占全球海洋面积的 7.9%，占国家管辖海域面积的 18.4%，占国家管辖范围以外海域面积的 0.25%。在各国对新建或扩大保护区做出的具体承诺中，海洋保护区面积达 1250 多万平方千米。如果这些承诺能够兑现，到 2020 年年底，保护区的覆盖范围将超过全球海洋的 10%[1]。然而，

---

① GLOBAL BIODIVERSITY OUTLOOK 5, Convention on Biological Diversity, https：//www.cbd.int/gbo5，2020 年 11 月 20 日登录。

数量指标仅是海洋保护目标的一部分，有效和公平管理、连通性、代表性等质量要素是实现海洋保护的核心。

国家和国际组织还采取了其他有效的区域性保护措施。CBD COP-14 决议指出，其他有效的区域性保护措施是指保护区以外特定地理空间的保护措施，取得相关生态系统服务和功能，实现生物多样性原地保护的长期成果，达到保护文化、精神、社会经济价值和其他与当地相关价值的目的。其他有效的区域性保护措施与保护区互补，有助于实现保护区网络的一致性和连通性，将海洋生物多样性保护纳入跨部门规划管理中，对实现海洋保护目标起到了重要的促进作用。

2. 海洋保护区

国际社会普遍认为，海洋保护区是实现可持续发展的重要管理工具。1970 年，全球仅有 27 个国家建立了 118 个海洋保护区。2000 年，全球海洋保护区面积约为 200 万平方千米，占海洋面积不足 1%。2020 年，海洋保护区的面积几乎是 2000 年的 10 倍。海洋保护区的数目和面积在不断增加，但许多海洋保护区仅仅是口头上的承诺或法律上的指定，并没有制定相应的政策措施或管理计划。事实上，只有约 5.3% 的海洋面积明确了保护目标、确定了地理边界、制订了管理计划。

过去 50 年里，66% 的海洋受到人类活动的累积影响，85% 的湿地已经丧失，海洋野生脊椎动物的物种数量呈下降趋势，海洋保护区仅覆盖了少部分海洋生物多样性关键区。2010—2018 年，海洋生物多样性关键区被保护区覆盖的比率增加了 2 倍，由 5% 增加至 15.9%，但仍有 3/4 的海洋生物多样性关键区没有得到保护。

2016—2018 年，海洋生态分区保护方面发生了重大积极变化，海洋保护区覆盖率低于 1% 的海洋生态分区数量也显著减少，但仍有 24.3% 的海洋生态分区的保护面积不足 1%。在海洋保护区的连通性方面，科学认知、技术储备、资金和资源保障等存在严重不足。至 2018 年，仅有 35% 的海洋保护区的经费预算可满足保护区的管理需求，只有 9% 的海洋保护区的管理人员具备相应的管理能力。

3. 其他有效的区域性保护措施

2018 年，CBD COP-14 决议指出，在沿海和海洋区域的其他有效区域性保护措施可分为三类。①原住民和地方社区治理和管理的地区，保护目标通常与原住民和地方社区的粮食安全、获得资源挂钩。②区域渔业管理组织和各国渔业管理部门制定的区域性渔业管理措施，保护海洋生物多样性、生境或生态系统的结构和功能并减轻对其产生的不利影响，保持或恢复海洋渔业资源。③海事、矿产等其他部门出于不同的保护或可持续利用目的，为协调海洋保护与可持续利用之间的关系而实施的区域性管理措施，包括国际海事组织设立的特别敏感海域和特殊区域（含排放控制区）、国际海底管理局设立的特别环境利益区，以及海洋空间规划要求的其他部门所采取的保护措施。评估国家管辖海域内其他有效区域性保护措施，主要依赖于各国提交的国家履约报告。在国家管辖范围以外区域，其他有效的区域性保护措施主要包括区域渔业管理组织设立的深海脆弱生态系统和国际海底管理局设立的特别环境利益区。

（1）深海脆弱生态系统区

2006 年，联合国大会第 61/105 号决议明确提出加强深海底层渔业的监管要求。2009 年，联合国粮食及农业组织通过了《公海深海渔业管理国际准则》，从技术层面着手解决公海底层渔业管理，确保深海生物资源的长期养护和可持续利用，避免深海底层渔业活动对海山、热液喷口和冷水珊瑚等深海脆弱生态系统产生重大不利影响。北太平洋渔业管理委员会等区域渔业管理组织已设立约 40 个深海脆弱生态系统区，面积超过 92 万平方千米，并加强对底层渔业捕捞活动的监督，收集捕捞数据，评估底拖网作业对海洋脆弱生态系统的影响。当底拖网作业捕捞到一定数量的指示物种时，则该区域采取关闭或暂时关闭的管理措施，限制渔船的作业范围和渔获量，以保护深海脆弱生态系统。

（2）特别环境利益区

2012 年，国际海底管理局审议通过首个区域环境管理计划《克拉里昂–克利珀顿区环境管理计划》（以下简称《管理计划》），保护东太平洋克拉里昂–克利珀顿断裂带的海洋生物多样性、生态系统结构和功能不受海底采矿活动的潜在影响。国际海底管理局确定 9 个边长为 400 千米的特别环境利益区，单个面积为 16 万平方千米，合计为 144 万平方千米，在区域内禁止一切与采矿有关的活动。《管理计划》通过后，国际海底管理局在东北大西洋区域，与国际海事组织和东北大西洋渔业委员会加强协调与协商，探讨公海船舶航行、深海捕鱼等人类活动对特别环境利益区的影响。

（三）存在的问题

当前，国际社会日益重视海洋保护区建设，但保护区仅是实现海洋生物多样性养护、维持生态系统结构和功能的一种空间管理工具。除海洋保护区，各国在管辖海域建立地方社区管理的保护区、渔业资源管理区，以及由各国或国际海事组织设立了特别敏感海域和特殊区域（包括排放控制区）。在国家管辖范围以外区域，国际海底管理局设立的特别环境利益区、区域渔业管理组织设立的深海脆弱生态系统区等部门性管理方法，均可作为实现不同保护和可持续利用目标的空间管理工具。其他有效的区域性保护措施与海洋保护区互为补充，将海洋生物多样性主流化并纳入跨部门空间规划中也具有重要作用。

海洋保护区覆盖比例在沿海国之间差异很大。美国、英国、法国、澳大利亚、智利、基里巴斯和帕劳等国家，地理条件优越，海洋保护区面积占其管辖海域面积的比例一般已接近或超过30%。2006年，美国正式建立西北夏威夷群岛国家海洋保护区，引领并掀起了大型海洋保护区的建设浪潮。据统计，全球已建立约40个面积超过10万平方千米的超大型海洋保护区，大多采取禁止捕鱼、禁止采矿以及禁止或限制商业船舶航行等禁止性和限制性措施，面积约2000万平方千米，占全球海洋面积的5.5%、占保护区总面积的70%以上。这些超大型海洋保护区分布在远离大陆、人烟稀少、经济社会活动密度较低的偏远岛屿地区，管理部门开展相关管理和监测活动的能力较弱。

一些国家急于在2020年达成10%的海洋保护目标，热衷于海洋保护区的"扩张"，追求海洋保护区面积在数字上的扩大，忽略了建立海洋保护区的初衷和目的。由于海洋保护区的计算方式不同，保护比例的计算有差异，海洋保护区有沦为一些国家的政治工具之虞。有关统计数据包括了"口头上"或"纸面上"的海洋保护区，但这两者都不是实际的、已实施的以及得到有效执行的海洋保护区。总之，当前的全球海洋保护区建设存在一定的盲目性，一些海洋保护区在指定区域、设立保护目标、制定管理措施时，缺乏严谨的科学数据支撑，在保护区建设过程中"一刀切"地禁止所有人类活动，未能顾及各自不同的保护目标和预期成果。多数海洋保护区的管理能力没有提升，未能实现社会、经济及生物多样性保护的预期目标。

二、中国海洋保护目标实施进展

自20世纪60年代中国建立第一个海洋保护地以来，海洋保护区、海洋特别保护区（含海洋公园）以及海洋生态红线、海洋水产种质资源区等各类保护措施发展迅速，但也面临保护地规划亟待完善、管理效能有待提升等问题。

（一）中国海洋保护地体系的发展

海洋保护地作为海洋生态环境管理、实现海洋可持续发展的有效手段，在海洋生态环境的良好保护、生态系统的有效维持、海洋资源的合理利用等方面具有重要作用。[1] 1963年，中国建立了第一个海洋保护地——大连蛇岛自然保护区。1980年，经国务院批准升级为辽宁蛇岛老铁山国家级自然保护区，拉开了中国海洋保护地建设的序幕。海洋保护地建设初期，主要采取"抢救式保护、先划后建、逐步完善"的做法，

---

① 王斌：《中国海洋生物多样性的保护和管理对策》，载《生物多样性》，1999年第4期，第347-350页。

抢救性保护了众多重要海洋生态系统和珍稀濒危的海洋生物。2005年，国家海洋局批准建立了第一个国家级海洋特别保护区——浙江乐清市西门岛国家级海洋特别保护区。此后，国家级海洋保护地的数量快速增长。

自20世纪80年代以来，中国政府陆续制定了一系列与海洋保护地建设密切相关的法律法规，如《中华人民共和国海洋环境保护法》《中华人民共和国海域使用管理法》《中华人民共和国海岛保护法》《中华人民共和国野生动物保护法》和《中华人民共和国渔业法》等，初步形成了由国家法律、行政法规、部门规章、地方性法规和规章、技术规程和保护区管理文件构成的海洋保护地法律规范和规范性文件。2018年，对海洋保护地的管理职能划归国家林业和草原局行使。2019年，中央办公厅和国务院办公厅印发《关于建立以国家公园为主体的自然保护地体系的指导意见》（以下简称《指导意见》）。根据自然生态系统原真性、整体性、系统性及其内在规律，依据管理目标与效能，借鉴国际经验，按照生态价值和保护强度高低，《指导意见》将自然保护地分为国家公园、自然保护区和自然公园三类。

（二）中国海洋保护目标的实施情况

1. 海洋保护区

中国是世界上海洋生物多样性最为丰富的国家之一，拥有黄海、东海、南海和黑潮四个大海洋生态系统。中国已初步建成了以海洋自然保护区、海洋特别保护区（含海洋公园）为代表的海洋保护地网络。截至2018年年底，中国共建立各类海洋保护区271处，总面积为12.4万平方千米，占管辖海域面积比重从2012年的1.1%提升到4.1%。中国已建立国家级海洋保护地102处，其中国家级海洋自然保护区35处，国家级海洋特别保护区67处。

近年来，中国持续开展珊瑚礁和海草床等典型生态系统修复、红树林保护等工作。2010年，环保部会同20多个部门和单位，编制印发了《中国生物多样性保护战略与行动计划（2011—2030年）》，在黄海、东海和南海选划了52个海洋生物多样性保护优先区。其中，黄海11个、东海20个，南海21个，总面积约80万平方千米，占中国主张管辖海域总面积的26.7%。然而，中国海洋生物多样性下降的总体趋势尚未得到有效遏制，近岸海域污染态势没有得到根本性扭转，海洋生态保护工作任重而道远。

2. 其他有效的区域性保护措施

随着沿海地区开发、人口聚集、资源环境负荷重等多重因素影响，为缓解海洋生态系统压力，中国于 2012 年启动渤海海域海洋生态红线试点工作，以重要海洋生态功能区、海洋生态敏感区和海洋生态脆弱区为保护重点，划定海洋生态红线。中国在沿海地区累计划定海洋生态红线区面积约 9.7 万平方千米，约占内水和领海面积的 30%。

为恢复和养护海洋生物资源，中国在特定管辖海域实施禁渔区和禁渔期制度。中国自 1995 年实施伏季休渔制度，在渤海、黄海、东海及北纬 12 度以北的南海（含北部湾）海域实施除钓具外的所有作业类型禁渔，面积超过 200 万平方千米，一般为期 3 个月以上。

为保护具有较高经济价值和遗传育种价值的水产种质资源的产卵场、索饵场、越冬场、洄游通道等主要生长繁育区域，中国自 2007 年起积极推进建立水产种质资源保护区，初步构建了覆盖各海区的水产种质资源保护区网络。中国已建立 11 个批次的国家水产种质资源保护区，在西沙群岛、大连遇岩礁等附近海域建立了 51 处海洋水产种质资源保护区，面积约 7.5 万平方千米。

在港口、海峡和一些航线密集、船舶流量大的海区，船舶大气污染已成为主要污染源。为降低船舶硫氧化物、氮氧化物、颗粒物和挥发性有机物等大气污染物的排放，减轻氮氧化物大气污染物沉降对海洋环境的污染，2018 年交通运输部在中国大陆和海南岛的近岸海域，设立降低船舶大气污染物排放的控制区，面积约 46.5 万平方千米，占中国主张管辖海域面积的 15.5%。

（三）中国海洋保护地建设面临的挑战

1. 海洋保护地建设规划与制度体系不完善

海洋保护地的制度建设相对滞后，2017 年修订的《中华人民共和国自然保护区条例》中的管理规定，主要针对陆地自然保护区，很多条款并不适合海洋自然保护区。1995 年制定的《海洋自然保护区管理办法》和 2012 年制定的《海洋特别保护区管理办法》，难以适应新时期海洋保护地管理的要求。在国家层面，暂未制定专门针对海洋保护地的发展规划，过去以地方为主导的海洋保护地选划和建设，缺乏统一部署和科学布局。海洋资源开发利用和海洋生态环境保护矛盾突出，缺乏激励机制，地方政府建立海洋保护地的积极性不高，导致部分重要海洋生态系统尚未得到有效保护。

2. 海洋保护地监管和保护能力有待加强

国家级海洋自然保护区基本具备专门的管理机构、人员及经费，管理机制体制相对较为完善。然而，海洋特别保护区建设和管理尚处于初级阶段，大部分国家级海洋特别保护区没有设立专门的管理机构、配备相应的人员，也未安排专门的经费，大多由地方海洋渔业部门或管理委员会代管，加之海洋保护地管理、监测和执法等工作量及难度远超过同样面积的陆地保护区，导致管理效果不佳。海洋保护地的基础管护设施，相对陆地自然保护地略显不足，大部分海洋保护地缺乏管护设施和船只设备，海洋保护地没有得到有效管理，部分保护地的基础设施和管护条件基本处于空白状态。海洋保护地在海洋资源调查、监测和保护等方面的科学研究工作相对滞后，科研监测能力有待提高，与保护工作的高要求存在一定差距。

3. 海洋保护地专门人才和持续性资金投入不足

中国设置自然保护地管理专业的高校或科研院所较少，专门从事海洋保护地研究的人才缺乏。海洋保护地多数远离陆地，条件艰苦，难以留住专业人才，海洋保护地基础研究和监测评价工作也有待加强。海洋保护地管理的专业性强，专业人员相对不足，尤其是高层次管理技术人员匮乏，难以正常保障海洋保护地建设工作的有效实施。多数海洋保护地管理一直没有持续性的资金保障，导致许多海洋保护地缺少必要的管护、科研、宣教和旅游等基础设施，难以达到规范化建设的要求和目标，影响海洋保护地正常开展工作，制约了海洋保护地的规范化建设。

三、中国海洋保护地的发展方向

更好地应对现阶段中国海洋保护地建设和管理中面临的挑战，合理规划布局海洋保护地建设，切实提高海洋保护地的管理效能，需要各利益相关方的共同参与，完善海洋保护地管理制度体系，提升管理能力和民众的海洋环境保护意识。

（一）健全海洋保护地管理制度体系

为了更好地适应生态文明建设的新要求，有效提升自然保护地的管理和建设，2018 年中国将包括海洋保护地在内的各级各类自然保护地，划归国家林业和草原局统一管理，打破了海洋保护地跨部门、跨区域管理的困境，为后续海洋保护地的管理打下坚实基础。以国家公园为主体的自然保护地体系建设为指导，重新梳理建立海洋保护地分类体系。围绕海洋保护地建立、调整、规划、科研监测等工作，完善海洋保护地管理的相关法律法规及配套制度，使海洋保护地管理有法可依、有章可循。完善海洋保护地管理体制，探讨建立跨行政区、跨海区的保护地，强化地方政府和管理机构的主体责任。

（二）构建海洋保护地网络体系

贯彻落实《国务院关于加强滨海湿地保护严格管控围填海的通知》和《渤海综合

治理攻坚战行动计划》等有关文件要求，在现有海洋保护地空缺的基础上，增加海洋保护地的数量、扩大海洋保护地的面积，建立分类科学、布局合理、保护有力、管理有效的海洋保护地网络体系。着力解决重叠设置、多头管理、边界不清、权责不明、保护与发展矛盾突出等问题，合理优化现有各类海洋保护地，维护海洋生态系统健康稳定，提高海洋生态系统服务功能，为人民提供优质的海洋生态产品，为全社会提供科研、教育、体验、游憩等公共服务，实现人与海洋和谐共生并永续发展，给子孙后代留下珍贵的海洋自然遗产。

（三）加大海洋保护地的管理能力和资金投入

加强海洋保护地规范化建设，完善基础管护、执法、科研及宣传教育设施设备，提高海洋保护地管理能力，为有效落实海洋保护地保护及管理工作提供扎实基础，逐步提高海洋保护地的管理水平。利用卫星通信科技手段和现代化设备促进海洋巡护和监测的信息化、智能化，配置管理队伍的技术装备，逐步实现规范化和标准化管理。按海洋保护地规模和管护成效加大财政转移支付力度，保障国家公园等各类海洋保护地保护、运行和管理。鼓励金融和社会资本出资设立海洋保护地基金，对海洋保护地建设管理项目提供融资支持。健全生态保护补偿制度，解决海洋保护地资金投入不足的问题。

四、小结

加强海洋生物多样性保护已成为国际共识。海洋生物多样性的保护既要注重保护数量，更应重视保护质量。海洋保护区的设立，应该布局合理、面积适宜、保护有力、管理有效，切实保护具有重要生态和生物学意义的敏感区和脆弱区。

中国海洋保护目标的研究和制定应确保合理性和可行性，加快海洋保护地网络体系建立，完善相关法律法规，提升管理水平，为人民提供高质量的生态产品，建设"碧海蓝天，洁净沙滩"的美丽海洋，更好地满足人民对美好生活的向往。

第十四章　国际海底事务与中国深海事业

国际海底区域（以下简称"区域"）是指国家管辖范围以外的海床和洋底及其底土。"区域"空间广阔、资源丰富，是全人类的共同继承财产。随着人类社会对资源需求的持续增加和对环境问题的日益重视，"区域"在空间、资源、环保、经济、科研等方面的价值不断提升。中国持续开展"区域"矿产资源调查，着力提高深海矿产资源开发保护水平，坚持以国际海底管理局（以下简称"管理局"）为核心的"区域"多边治理体系，在参与和促进国际海底事务发展方面发挥了重要作用。

一、国际海底事务

管理局是《联合国海洋法公约》（以下简称《公约》）缔约国按照《公约》第十一部分和《关于执行 1982 年 12 月 10 日联合国海洋法公约第十一部分的协定》（以下简称《执行协定》）为"区域"确立的组织，控制"区域"内活动，特别是管理"区域"资源。[①] 管理局于 1994 年 11 月 16 日正式成立，目前有 168 个成员国（方）。管理局机关包括大会、理事会、秘书处、法律和技术委员会（以下简称"法技委"）、财务委员会、企业部（尚未正式成立）、经济规划委员会（尚未正式成立）。管理局主要职能是管理"区域"内的资源，包括制定探矿、勘探、开发规章；审议核准勘探、开发合同申请；对承包者勘探、开发活动进行监督管理；分配从"区域"内活动取得的财政及其他经济利益。此外，管理局还承担一些特定职责，包括：确保海洋环境不受"区域"内活动可能产生的有害影响，保护在"区域"内活动的人的生命安全，促进和鼓励在"区域"内进行海洋科学研究等。管理局各机构概况及主要职能见表 14–1。一年来，管理局在勘探合同监管、《"区域"内矿产资源开发规章》（以下简称《开发规章》）制定、有关战略计划实施等方面取得诸多进展。

---

① 《执行协定》附件第 1 节第 1 段。

表 14-1 管理局各机构概况及主要职能

机构	概况	主要职能
大会	管理局的最高权力机关，由管理局所有成员、即《公约》缔约国组成，每年召开一届常委会，必要时可召开特别会议，目前有 168 个成员	就"区域"活动制定一般性政策，此外，还具有下列权力：选举理事会和其他机构成员以及秘书长；制定管理局的两年期预算以及参照联合国确定的分摊比额表决定各成员国对预算的缴款比率；就管理"区域"内探矿、勘探和开发活动所制定的规则、规章和程序，在理事会通过之后予以核准；审查其他机构提交的报告，特别是秘书长关于管理局工作的年度报告
理事会	管理局的执行机关，由 5 组共 36 个成员国组成，通过大会选举产生，其中，A 组 4 个成员代表各类海底矿物所含金属的主要消费国；B 组 4 个成员代表对"区域"活动作出主要投资的国家；C 组 4 个成员代表与海底生产竞争的有关金属的主要陆地生产国；D 组 6 个成员代表具有特殊利益的发展中国家；E 组 18 个成员按公平地域分配产生。理事会成员每两年选举其中一半，任期 4 年	依照《公约》和大会所制定的一般性政策制定具体政策。具体职能包括：核准以合同形式订立的工作计划；管理和控制"区域"内的活动，监督和协调《公约》有关规定的实施；审议通过并在大会核准之前暂时适用探矿、勘探和开发的规则、规章和程序；在海底活动威胁环境的情况下，可发布紧急命令，以防止对海洋环境造成损害。此外，在管理局运作的多个方面发挥作用，如提出秘书长人选、提出管理局预算供大会核准，并就任何政策事项向大会提出建议等
秘书处	由秘书长 1 人和管理局所需要的工作人员组成。秘书长由大会从理事会提名的候选人中选举，任期 4 年，可连选连任。内设秘书长办公室、法律事务司、资源和环境监测司、行政管理司	秘书长是管理局的行政首长。秘书处负责执行大会和理事会指定的日常任务，在管理局休会期间，负责以下主要活动：举办关于科学和资源问题的技术研讨会；建立中央数据库，从勘探合同承包者和其他来源收集与海底资源和环境有关的资料，通过管理局网站进行传播
法技委	由理事会根据缔约国提名选出的委员组成，理事会可于必要时在妥为顾及节约和效率的情形下，决定增加委员人数。现有成员 30 人。委员任期 5 年，可连选连任一次。委员应具备诸如矿物资源勘探开发及加工、海洋学、海洋环境保护或关于海洋采矿的经济或法律问题以及其他有关专门知识方面的适当资格	主要职能包括：审查关于"区域"内活动的工作计划，并向理事会提出建议；经理事会请求，监督"区域"内活动；向理事会提出关于保护海洋环境的建议；拟定和审查相关规则、规章和程序，提交理事会和向理事会提出建议；向理事会建议发布紧急命令；就检查工作人员的指导和监督事宜，向理事会提出建议

机构	概况	主要职能
财务委员会	依据《执行协定》设立的管理局机关，由 15 名委员组成。大会根据缔约国提名选举产生，任期 5 年，可连选连任一次。委员应具有财务方面的适当资格	大会和理事会对于下列问题的决定应考虑财务委员会的建议，包括：管理局各机关的财务规则、规章和程序草案以及管理局的财务管理和内部财务行政；决定各成员对管理局行政预算应缴的会费；秘书长编制的年度概算和秘书处工作方案执行所涉的财务方面问题；行政预算；缔约国因《执行协定》和执行《公约》第十一部分而承担的财政义务以及涉及管理局经费开支的提案和建议所涉的行政和预算问题；公平分配从"区域"内活动取得的财政及其他经济利益的规则、规章和程序以及为此而作的决定
经济规划委员会	由理事会根据缔约国提名选出的 15 名委员组成，理事会可于必要时在妥为顾及节约和效率的情形下，决定增加委员会的委员人数，任期 5 年，可连选连任一次。委员应具备诸如与采矿、管理矿物资源活动、国际贸易或国际经济有关的适当资格。委员会至少应有 2 个成员来自出口从"区域"取得的各类矿物、对其经济有重大关系的发展中国家。按照《执行协定》，经济规划委员会的职务应由法技委履行，直至理事会另作决定，或直至第一项开发工作计划获得核准时为止	经理事会请求，提出措施，以实施按照《公约》所采取的关于"区域"内活动的决定；审查可从"区域"取得矿物的供应、需求和价格的趋势与对其造成影响的因素；审查"区域"内活动可能使发展中国家的经济或出口收益遭受不良影响的情况，并向大会提出适当建议；就建立经济援助措施以援助在经济方面受到海底生产损害的发展中国家向理事会提出建议
企业部	由董事会，总干事 1 人和执行其任务所需的工作人员组成。大会根据理事会推荐选举董事会董事和总干事。总干事是企业部的法定代表和行政首长，就企业部业务的进行直接向董事会负责，总干事不应担任董事，任期不应超过 5 年，可连选连任。董事会负责指导企业部的业务，由 15 名董事组成，董事任期 4 年，可连选连任。按照《执行协定》，秘书处应履行企业部的职责，直至其开始独立于秘书处而运作为止	企业部是从事"区域"资源勘探、开发活动的重要主体之一，是落实《公约》规定的"平行开发制"的重要机构，也是发展中国家参与"区域"资源勘探开发的重要渠道。《公约》规定，企业部可直接进行"区域"内活动以及从事运输、加工和销售从"区域"回收的矿物

（一）勘探合同监管

管理和控制"区域"内勘探和开发活动是管理局的核心职能。截至 2020 年 12 月底，管理局已与承包者签订了 30 个"区域"资源的勘探合同，涉及 20 个国家，包括 18 个多金属结核勘探合同、7 个多金属硫化物勘探合同和 5 个富钴结壳勘探合同，总面积约 151 万平方千米。2020 年 3 月，管理局秘书处收到了中国大洋矿产资源研究开发协会（以下简称"中国大洋协会"）提交的关于多金属硫化物勘探合同的区域放弃报告。中国大洋协会与管理局于 2011 年 11 月 18 日签署了多金属硫化物勘探合同，合同区面积为 1 万平方千米。依照《"区域"内多金属硫化物探矿和勘探规章》，中国大洋协会应从合同签订之日起第 8 年结束时放弃至少 50% 的原获分配区域。法技委在 2020 年 7 月召开的第 26 届会议第二期会议上对该区域放弃报告进行了审议，核准了中国大洋协会提交的区域放弃报告，认为其遵守了有关区域放弃的义务。①

2020 年 6 月，管理局秘书长收到牙买加蓝矿有限公司提交的多金属结核勘探矿区申请。该申请担保国为牙买加，申请区由 4 个区块组成，总面积为 74 916 平方千米，包括克拉里昂——克利珀顿断裂区内由英国海底资源有限公司、韩国和国际海洋金属联合组织提供的部分保留区。② 法技委在第 26 届会议第二期会议上对该申请进行了审议，建议理事会核准该申请。2020 年 12 月，理事会核准了牙买加蓝矿有限公司的申请。

（二）《开发规章》制定

《开发规章》制定是当前国际海底事务的热点问题，为国际社会所普遍关注。2020年，管理局继续推进《开发规章》的制定工作。理事会继续对《"区域"内矿产资源开发规章草案》③（以下简称《规章草案》）进行审议，在 2020 年 2 月召开的第 26 届会议第一期会议上，理事会对《规章草案》第四到第六部分及附件四、附件七和附件八的内容进行了审议。④ 法技委就《规章草案》若干未决问题开展工作，审议修订了由

---

① 管理局文件：《关于放弃中国大洋矿产资源研究开发协会在其与国际海底管理局签订的多金属硫化物勘探合同下已获分配区域 50% 的报告秘书处的说明》ISBA/26/C/24（2020）。

② 管理局文件：《法律和技术委员会就牙买加蓝矿有限公司请求核准多金属结核勘探工作计划的申请书提交国际海底管理局理事会的报告和建议》ISBA/26/C/22（2020），第 15 段。

③ 管理局文件：《"区域"内矿产资源开发规章草案》ISBA/25/C/WP. 1（2019）。

④ 管理局文件：《理事会主席关于理事会第二十六届会议第一部分期间工作的声明》ISBA/26/C/13（2020），第 16 段。

秘书处编写的《规章草案》附件六"健康和安全计划和海上安保计划"草案案文①，请理事会予以审议。在《规章草案》合同财务条款制定方面，理事会于 2018 年 7 月同意设立的"就合同财务条款的制定和谈判问题不限成员名额工作组"分别于 2020 年 2 月和 10 月召开第 3 次和第 4 次会议，工作组主席向理事会报告了有关讨论成果。理事会在第 26 届会议第一期会议上邀请所有利益攸关方向管理局秘书处提交评论意见，以便进一步完善财务模型。理事会还要求秘书处编写一份关于海底采矿和陆上采矿的比较研究报告。② 到截止日期，管理局收到了 11 份关于财务模型的书面评论意见。③

为推进《规章草案》的讨论及审议，理事会在第 26 届会议第一期会议上决定新设立 3 个非正式工作组，即"保护和保全海洋环境非正式工作组""检查、遵守和强制执行事项非正式工作组"以及"机构事项非正式工作组"，就相关专题和复杂问题开展工作。每个非正式工作组由一名协调人牵头，非正式工作组将向观察员和其他利益攸关方开放，除非另有决定，否则应保持公开，所有非正式工作组将在理事会届会期间举行会议。④

在《开发规章》配套标准和指南制定方面，法技委在 2019 年第 25 届会议第二期会议上提出标准和指南应分阶段到位，即：第一阶段指在开发规章草案通过之前，第二阶段指在收到开发工作计划申请书之前，第三阶段指在"区域"内开始商业采矿活动之前。⑤ 2020 年 8 月，管理局公布了计划在第一阶段制定的标准和指南中的 3 个，即"请求核准开发工作计划的编制和评估指南草案""环境管理系统的制定和应用标准和指南草案""环境履约保证金形式和计算标准和指南草案"，征求利益攸关方意见。⑥ 到截止日期，管理局收到了 43 份书面评论意见。⑦

---

①　管理局文件：《"区域"内矿物资源开发规章草案的规章草案第 30 条和附件六草案秘书处的说明》ISBA/26/C/17（2020），附件。

②　管理局文件：《理事会主席关于理事会第二十六届会议第一部分期间工作的声明》ISBA/26/C/13（2020），第 19 段。

③　各方提交的书面意见的文本参见管理局网站，https：//isa.org.jm/files/files/documents/assumptions-tab_0.pdf，2020 年 10 月 27 日登录。

④　管理局文件：《理事会关于推动讨论"区域"内矿物资源开发规章草案的工作方法的决定》ISBA/26/C/11（2020），附件第 1-3 段。

⑤　管理局文件：《法律和技术委员会主席关于委员会第二十五届会议第二部分工作的报告（增编）》ISBA/25/C/19/Add.1（2019），第 20-21 段。

⑥　3 个征求意见的标准和指南参见管理局网站，https：//www.isa.org.jm/stakeholder-consultations-draft-standards-and-guidelines-support-implementation-draft-regulations，2020 年 11 月 5 日登录。

⑦　各方就 3 个征求意见的标准和指南提交的书面评论意见情况参见管理局网站，https：//www.isa.org.jm/submissions-received-respect-stakeholder-consultations-standards-and-guidelines，2020 年 11 月 6 日登录。

（三）战略计划实施

管理局大会在 2018 年审议通过了管理局 2019—2023 年期间战略计划①，在 2019 年审议通过了管理局 2019—2023 年期间高级别行动计划以及评估实施战略计划的业绩指标。② 2020 年，管理局对 2019—2020 年期间大会、理事会、法技委、财务委员会、秘书处等管理局机关所负责实施的高级别行动和产出情况进行了审查和评估。总体来看，管理局战略计划确定的战略方向、高级别行动计划以及业绩指标进展良好，战略计划的有效实施对于推动"区域"治理水平提升起到了重要作用。

管理局理事会在 2018 年审议通过了"制定'区域'的区域环境管理计划的初步战略"，确定了大西洋中脊、印度洋三交点脊和结核带地区以及西北太平洋和南大西洋的海山为制定区域环境管理计划的优先区域。③ 管理局此后以举办讲习班、召开研讨会等形式，积极推进相关区域环境管理计划的讨论和制定，在 2020 年 10 月召开了西北太平洋地区区域环境管理计划研讨会，在 2020 年 11 月召开了大西洋中脊北部地区区域环境管理计划研讨会。为促进以标准化方法制定、核准和审查区域环境管理计划，理事会在第 26 届会议上要求法技委进一步拟订《促进制订区域环境管理计划的指导意见》，以期向理事会建议一个标准化办法，包括一个含有指示性要素的模板。④

为支持实施《联合国海洋科学促进可持续发展十年（2021—2030）》计划，管理局大会在 2020 年 12 月通过了《国际海底管理局支持联合国海洋科学促进可持续发展十年的行动计划》，提出了 6 个战略研究优先事项：增进对"区域"内深海生态系统的科学知识和了解，包括生物多样性和生态系统功能；统一和创新"区域"内深海生物多样性评估方法，包括分类识别和描述；促进"区域"内活动的技术发展，包括海洋观测和监测；增进对"区域"内活动的潜在影响的科学知识和了解；促进科学数据和深海研究产出的传播、交流和共享，提高深海知识水平；加强管理局成员，特别是发展中国家的深海科学能力。⑤ 该行动计划的制订与实施对于促进"区域"海洋科学发展具有重要意义。

---

① 管理局文件：《国际海底管理局大会关于管理局 2019—2023 年期间战略计划的决定》ISBA/24/A/10（2018）。

② 管理局文件：《国际海底管理局大会关于管理局 2019—2023 年期间战略计划执行工作的决定》ISBA/25/A/15（2019），附件一和附件二。

③ 管理局文件：《关于制定"区域"的区域环境管理计划的初步战略秘书长的报告》ISBA/24/C/3（2018）。

④ 管理局文件：《理事会关于"区域"内区域环境管理计划制订、核准和审查标准化办法的决定》ISBA/26/C/10（2020），第 1 段。

⑤ 管理局文件：《大会关于国际海底管理局支持联合国海洋科学促进可持续发展十年行动计划的决定》ISBA/26/A/17（2020），附件。

2020 年，管理局在促进发展中国家能力建设、制定有关能力发展战略方面也取得一定进展。管理局秘书处于 2 月在牙买加首都金斯敦召开了"能力发展、资源和需求评估讲习班"。为促进管理局成员，特别是发展中国家确定能力建设和能力发展优先需求，管理局秘书处在 4—6 月邀请管理局成员进行问卷调查，收到了来自 33 个国家的 47 份答复。[①] 管理局大会在 12 月通过了《国际海底管理局大会关于实施方案办法促进能力发展的决定》，请管理局秘书长制定和实施一项专门的能力发展战略，并向大会第 27 届会议报告有关情况。[②]

二、"区域"活动的形势和问题

当前，"区域"活动处在由勘探转向开发的重要阶段。一方面，以管理局为代表的国际社会正从国际立法、战略规划、标准制定、组织与能力建设等方面着手为深海矿产资源开发阶段做各项准备，"区域"治理体系酝酿变革；另一方面，勘探仍是当前及未来一段时期内"区域"资源的主要活动，勘探合同承包者仍在致力于履行勘探合同，首批多金属结核勘探合同承包者面临再次申请合同延期问题。此外，深海采矿可能造成的环境影响受到国际社会高度关注，如何实现"区域"资源利用与环境保护的平衡成为各方关注的热点问题。

（一）《开发规章》的制定推动"区域"活动从勘探向开发过渡

"区域"资源的勘探和开发活动应按照《公约》有关规定和管理局制定的规则、规章和程序进行。管理局已完成"区域"多金属结核、多金属硫化物、富钴铁锰结壳三种资源的勘探规章的制定，促进了"区域"资源勘探活动的有序开展。近年来，随着对"区域"及其资源战略地位认识的提高以及深海技术的发展，国际社会对"区域"资源商业开发的预期和信心逐步提升。作为主管"区域"活动的组织，管理局认为《开发规章》的制定对于"确保承包者有法可依地从勘探转向开采"具有重要意义。各国对制定《开发规章》也普遍支持，英国、比利时、德国、日本等在深海采矿技术和环境保护等方面具有优势，希望尽早出台具有较高环境和技术要求的《开发规章》，以申请开发合同并率先进入商业开发。众多发展中国家希望在保护海洋环境的同时，通过《开发规章》的制定来敦促勘探合同承包者早日进入开发阶段，以便分享"人类共同继承财产"的收益。《开发规章》将对"区域"资源开发合同申请、商业生

---

① 管理局文件：《实施方案办法促进能力发展秘书长的报告》ISBA/26/A/7（2020），第 22-23 段。
② 管理局文件：《国际海底管理局大会关于实施方案办法促进能力发展的决定》ISBA/26/A/18（2020）。

产、开发活动涉及的环保要求、技术经济评价、缴费机制、监督检查以及承包者的权利和义务等事项作出系统规定，其制定无疑将加速"区域"活动由勘探阶段向开发阶段的过渡。

（二）"区域"治理体系酝酿变革

《公约》为"区域"建立了以"人类共同继承财产"原则为基础、以管理局为核心的"区域"治理体系。国际社会在管理局的机制框架下，制定统一适用于"区域"主要矿产资源的开发规则，这些规则将对"人类共同继承财产"原则的相关要素进行进一步阐释和适用，并对"区域"矿产资源开发收益分配等问题作出具体规定，将对"区域"治理的原则基础产生重要影响。管理局作为"区域"治理体系的核心，在开发阶段也面临着体制机制的变革：一方面，管理局需要建立适应"区域"资源开发阶段的决策、监管、检查等机制；另一方面，管理局的重要机构，如企业部、经济规划委员会也面临着在开发阶段实现独立运行的机遇和挑战。这些都将对"区域"治理体系建设和改革产生深远影响。

（三）首批多金属结核勘探合同面临再次延期

《执行协定》和管理局制定的勘探规章对勘探合同的期限和延期等问题进行了规定，勘探合同为期 15 年，勘探合同期满时，承包者有三种选择：一是申请开发合同；二是终止勘探合同、放弃对合同区的资源权利；三是申请勘探合同延期，每次延期不超过 5 年。申请及核准勘探合同延期的条件是："如果承包者作出了真诚努力遵照工作计划的要求去做，但因承包者无法控制的原因而未能完成进入开发阶段的必要筹备工作，或者如果当时的经济情况使其没有足够理由进入开发阶段。"[①] 国际海洋金属联合组织等首批 7 个多金属结核勘探合同的承包者在勘探合同首次到期之际均选择了申请勘探合同延期，并在 2016 年和 2017 年先后获得理事会的核准。[②] 经过 5 年的勘探合同延期后，上述承包者的勘探合同又将在 2021 年和 2022 年期间到期。此外，德国联邦地球科学及自然资源研究所的多金属结核勘探合同也将在 2021 年到期（表 14-2）。截至 2021 年 1 月 31 日，已有 7 个承包者向管理局提交了勘探合同延期的申请。[③]

---

① 《执行协定》附件第 1 节第 9 段。

② 7 个勘探合同的承包者分别是：海洋地质作业南方生产协会、国际海洋金属联合组织、韩国、中国大洋协会、日本深海资源开发有限公司、法国海洋开发研究所、印度。

③ 这 7 个承包者分别为：国际海洋金属联合组织、海洋地质作业南方生产协会、韩国、中国大洋协会、日本深海资源开发有限公司、法国海洋开发研究所、德国联邦地球科学及自然资源研究所。管理局文件：《按照〈关于执行 1982 年 12 月 10 日联合国海洋法公约第十一部分的协定〉附件第 1 节第 9 段申请延长已核准勘探工作计划的期限秘书处的说明》ISBA/26/LTC/6（2021），第 2 段。

表 14-2　将于 2021 年和 2022 年到期的勘探合同

序号	承包者	担保国	签约时间	到期时间	位置
1	国际海洋金属联合组织	保加利亚、古巴、捷克、波兰、俄罗斯、斯洛伐克	2001-03-29	2021-03-28	太平洋 CC 区
2	海洋地质作业南方生产协会	俄罗斯	2001-3-29	2021-03-28	太平洋 CC 区
3	韩国政府	韩国	2001-04-27	2021-04-26	太平洋 CC 区
4	中国大洋协会	中国	2001-05-22	2021-05-21	太平洋 CC 区
5	日本深海资源开发有限公司	日本	2001-06-20	2021-06-19	太平洋 CC 区
6	法国海洋开发研究所	法国	2001-06-20	2021-06-19	太平洋 CC 区
7	印度政府	印度	2002-03-25	2022-03-24	印度洋
8	德国联邦地球科学及自然资源研究所	德国	2006-07-19	2021-07-18	太平洋 CC 区

（四）深海采矿环境影响受到国际社会高度关注

人类目前对深海底生态环境仍缺乏充分了解和研究，在"区域"内进行勘探和开发活动过程中如何有效保护环境、避免因海底采矿对海洋环境造成严重损害，一直是国际社会高度关注的问题。在《开发规章》制定过程中，很多国家强调，要确保实现"区域"资源开发与环境保护的平衡。与此同时，国际上也出现了一些呼吁暂缓深海采矿的声音。欧盟在 2020 年 5 月发布的《欧盟 2030 年生物多样性战略——让自然重回我们的生活》提出"在国际谈判中，提倡预防性原则，支持欧洲议会的呼吁，在充分研究深海采矿对海洋环境、生物多样性和人类活动的影响以及相关的环境风险，并在技术和操作规范确保不会对环境造成严重损害之前，不得在国际海底区域开采深海矿产资源"。世界自然保护联盟大会在 2020 年也提出动议，呼吁除非在满足相关条件的前提下，应"暂停深海采矿、核准新开发和勘探合同以及通过深海采矿开发规则，包括国际海底管理局的《开发规章》"。《公约》将"区域"及其资源作为"人类共同继承财产"，处理深海采矿和保护生态环境的关系，应在国际法框架下，采取客观、科学的方法，建立长效的环境管理机制，显然不应单纯暂停深海采矿活动。《开发规章》及配套标准和指南中有关环境事项的规定，将继续成为国际社会关注的焦点问题。

三、中国深海事业的发展

积极开发利用保护深海资源、全面参与"区域"事务，对于加快海洋强国建设、参与全球治理体系、增强我国战略资源保障和储备、助推国民经济建设、发展海洋前沿科技以及促进行业转型升级、实现高质量发展等具有重要意义和作用。中国深海事业一年来取得诸多进展，大洋科考顺利完成第 58 航次调查任务，全海深载人潜水器"奋斗者"号万米级海试不断突破深潜纪录，中国继续全面参与"区域"事务，在制定《开发规章》、促进国际合作、提升发展中国家能力建设等方面作出重要贡献。

（一）大洋科学考察

2020 年 4 月 10 日，"大洋一号"船完成中国大洋第 58 航次调查任务返回青岛。本航次历时 97 天，航行总里程约 15 000 海里，主要工作区域为我国西南印度洋多金属硫化物合同区。本航次开展了中深钻岩心取样、"潜龙二号"无人无缆潜水器（AUV）近底探测/观测、地质取样和综合异常拖曳探测等调查工作，取得了多项成果。航次在已知矿化区勘查目标完成 2 站岩心取样作业，扩大了矿化区范围和潜在的资源量；通过地质取样和综合异常拖曳探测等手段发现 1 处新的矿化区，在其周边存在 1~2 处高温热液活动区；通过地质取样、AUV 和传感器探测发现 3 处异常区，缩小远景区范围。"潜龙二号"技术升级后调查能力明显提升，单次作业达 45.8 小时，单次搭载总重量超过 10 千克。本航次在合同区及邻域首次完成 2 台"翼龙 4500"水下滑翔机作业，获得了大断面海洋生态水文环境调查数据，为大尺度评估有关矿化区羽状流分布及深海环境调查提供了新手段。[1]

2020 年 10 月 10 日，我国全海深载人潜水器"奋斗者"号与"探索一号""探索二号"母船一起，从海南三亚启程开展万米级海试，于 2020 年 11 月 28 日胜利返航。期间，"奋斗者"号成功完成 13 次下潜，其中 8 次突破万米。11 月 10 日 8 时 12 分，"奋斗者"号创造了 10 909 米的中国载人深潜新纪录。"奋斗者"号研制及海试的成功，标志着我国具有了进入世界海洋最深处开展科学探索和研究的能力，体现了我国在海洋高技术领域的综合实力。[2]

---

[1] 《大洋 58 航次取得多项成果——"大洋一号"船顺利返回青岛》，中国海洋信息网，2020 年 4 月 14 日，http://www.nmdis.org.cn/c/2020-04-14/71256.shtml，2020 年 11 月 2 日登录。

[2] 《习近平致信祝贺"奋斗者"号全海深载人潜水器成功完成万米海试并胜利返航》，人民网，2020 年 11 月 28 日，http://cpc.people.com.cn/n1/2020/1128/c64094-31948074.html，2020 年 11 月 30 日登录。

（二）勘探合同履行

中国的承包者先后与管理局签订了 5 份勘探合同（表 14-3），中国已成为世界上获得"区域"资源种类最全、勘探矿区数量最多的国家，包括：太平洋 4 个勘探矿区，印度洋 1 个勘探矿区，矿区总面积达 23.8 万平方千米。中国的承包者认真履行勘探合同义务，按时向管理局提交了年度报告。2020 年 3 月，中国大洋协会按照《"区域"内多金属硫化物探矿和勘探规章》以及其与管理局签订的多金属硫化物勘探合同，向管理局提交了区域放弃报告，履行了放弃勘探合同区 50% 区域的第一次区域放弃义务。报告附有已放弃的网格单元清单和已放弃区域的地图。整个区域由 100 个区块组成，每个区块由 100 个面积为 1 千米×1 千米的网格单元组成，每个组群包含的区块数为 5~19 个不等，从这 100 个区块中共放弃了 5000 个网格单元，分别位于 12 个组群内。[①]

表 14-3　中国担保的"区域"勘探合同

序号	承包者	矿区资源	签约时间	到期时间	位置
1	中国大洋协会	多金属结核	2001-05-22	2021-05-21	太平洋 CC 区
2	中国大洋协会	多金属硫化物	2011-11-18	2026-11-17	西南印度洋
3	中国大洋协会	富钴结壳	2014-04-29	2029-04-28	太平洋麦哲伦海山区
4	中国五矿集团公司	多金属结核	2017-05-12	2032-05-11	太平洋 CC 区
5	北京先驱高技术开发公司	多金属结核	2019-10-18	2034-10-17	西太平洋

（三）《开发规章》谈判

中国政府在 2020 年 3 月向管理局提交了《中华人民共和国政府关于国际海底开发规章缴费机制问题的评论意见》（以下简称《评论意见》），建议管理局继续深入研究从价与从利结合的财务模型。《评论意见》指出，《执行协定》附件第 8 节第 1 条（c）款规定，缴费机制"应该考虑采用特许权使用费制度或结合特许权使用费与盈利分享的制度。如果决定采用几种不同的制度，则承包者有权选择适用于其合同的制度"，上述规定应在《开发规章》制定中得到体现和落实；深海采矿是一项高风险的事业，相关技术和产业尚处于培育和成型阶段，从价与从利结合的缴费机制有利于承包者应对

---

① 管理局文件：《关于放弃中国大洋矿产资源研究开发协会在其与国际海底管理局签订的多金属硫化物勘探合同下已获分配区域 50% 的报告秘书处的说明》ISBA/26/C/24（2020）。

不确定性，保护其从事深海开发的积极性。另一方面，此种缴费机制可以保证管理局在深海采矿收益增长时获得更多收入。《评论意见》还建议充分考虑深海矿产的产品形式及其对金属价格的影响。① 2020 年 10 月，中国政府就管理局公布的 3 个《开发规章》配套标准和指南草案提交了书面评论意见。

（四）"区域"事务合作

2020 年，中国在促进"区域"事务合作方面取得诸多进展，与管理局合作迈上新台阶。2 月，中国常驻管理局副代表蒋军应邀在管理局举办的首届"能力建设、资源和需求评估"国际研讨会上做专题报告，宣介中国政府和承包者为提升发展中国家能力建设所作出的积极贡献。新冠肺炎疫情暴发以来，中国继续保持与管理局的密切联系，开展防疫抗疫合作。5 月，中国大洋协会向管理局秘书处捐赠 6000 个医用口罩。8 月，中国政府向管理局自愿信托基金和捐赠基金分别捐款 2 万美元。② 11 月 9 日，自然资源部与管理局共同启动了"中国-国际海底管理局联合培训和研究中心"，联合培训和研究中心指导委员会召开第一次会议，选举中国大洋事务管理局主任刘峰担任第一任指导委员会主席。③ 11 月 11 日，中国常驻国际海底管理局代表、驻牙买加大使田琦与管理局秘书长迈克·洛奇在牙买加首都金斯敦签署《中华人民共和国政府与国际海底管理局关于共同推进丝绸之路经济带和 21 世纪海上丝绸之路建设的谅解备忘录》。④ 该谅解备忘录的签订对于深化中国与管理局在深海矿产资源勘探开发、海洋环境保护和提升发展中国家能力建设等领域的合作具有重要意义。

（五）深海立法

担保国对"区域"活动的立法行动，关乎"区域"制度在国家层面的落实，对明确管理局、担保国和承包者的权利、义务和责任关系具有重要意义。中国作为担保国，努力健全和完善相关国内立法，积极履行国际义务，在 2016 年 2 月通过《中华人民共

---

① 《中华人民共和国政府关于国际海底开发规章缴费机制问题的评论意见》（2020），https：//isa. org. jm/ files/files/documents/assumptions-tab_0. pdf，2020 年 10 月 27 日登录。

② 《深化海底合作 共同构建海洋命运共同体 中国常驻国际海底管理局代表田琦大使在 71 周年国庆之际宣介中国参与国际海底事务情况》，中国大洋协会，2020 年 10 月 7 日，http：//www. comra. org/2020-10/07/content_ 41317631. htm，2020 年 11 月 2 日登录。

③ 《中国-国际海底管理局联合培训和研究中心启动》，自然资源部，2020 年 11 月 10 日，http：// www. mnr. gov. cn/dt/ywbb/202011/t20201110_2586239. html，2020 年 11 月 11 日登录。

④ 《中国政府与国际海底管理局签署共建"一带一路"谅解备忘录》，中华人民共和国常驻国际海底管理局代表处，2020 年 11 月 12 日，http：//china-isa. jm. chineseembassy. org/chn/xwdt/t1831669. htm，2020 年 11 月 12 日登录。

和国深海海底区域资源勘探开发法》。此后，中国政府又制定了一系列配套法律和行政措施，包括 2017 年《深海海底区域资源勘探开发许可管理办法》《深海海底区域资源勘探开发样品管理暂行办法》和《深海海底区域资源勘探开发资料管理暂行办法》等。中国政府向管理局提交了上述立法和行政措施的信息。2018 年 3 月新一轮机构改革后，新组建的自然资源部继续加强深海立法的研究制定工作。2020 年 6 月公布的《自然资源部 2020 年立法工作计划》提出，根据自然资源管理改革和生态文明建设需要，积极开展深海海底资源勘探开发许可等方面的立法研究。

四、小结

中国倡导的"人类命运共同体""海洋命运共同体"与"'区域'及其资源是人类的共同继承财产"原则在理念上高度契合。一年来，中国深海事业继续取得诸多进展，在深海资源勘探、深海环境保护、深海装备研发等方面取得可喜成绩。中国继续深入和全面地参与"区域"事务，在促进"区域"事务国际合作、管理局组织制度建设和战略计划实施、《开发规章》谈判等方面发挥重要作用。中国切实履行担保国责任，中国的承包者严格履行承包者义务，在各个领域、各个层次为深海国际治理和深海国际制度发展贡献着中国智慧和力量。

第十五章　南北极治理与中国极地事业

近年来，气候变暖导致极地海冰、积雪、冰川与多年冻土层面积减少，南北极脆弱的生态环境面临威胁。极地地区的气候在受到全球气候变化深刻影响的同时，还通过洋流运动和气候系统辐射到全球范围，加剧全球极端气候事件频发。极地自然环境的快速变化对全球生态环境和人类生存发展具有重要影响，南北极治理受到国际社会的普遍关注。"十三五"期间，中国的极地事业取得积极进展，持续为人类认知地球演化和全球变化、和平利用南北极作出贡献。[1]

一、南极治理框架和发展

随着国际社会对南极环境保护重要性认识的提高，以保护南极环境和生态系统为主要目的的南极法律规范不断丰富完善，逐步形成南极条约体系。[2] 南极条约体系为南极治理提供了基本框架和制度。

（一）南极治理框架

《南极条约》是南极条约体系基本法律文件。1908—1943 年期间，共有 7 个国家对南极大陆部分地区提出主权要求，约占南极大陆总面积的 83%。[3] 为避免各国关于南极的争夺趋向"热战化"，美国协调 11 国于 1959 年 12 月 1 日在华盛顿签署了《南极条约》，经 12 个"原始协商国"政府批准后于 1961 年 6 月 23 日起生效。[4] 截至 2020 年年底，《南极条约》共有 54 个缔约国，其中有 29 个协商国（含 12 个原始协商国）。[5]《南极条约》协商国于 1972 年 6 月通过《南极海豹保护公约》，以防止 19 世纪对南极海豹捕杀的重演。1980 年 5 月通过《南极海洋生物资源养护公约》（以下简称

---

[1] 感谢姜茂增、陈奕彤、李春雷提供的资料和对本章撰写的支持。

[2] 本年度将着重阐述南极条约体系。

[3] 胡德坤、唐静瑶：《南极领土争端与〈南极条约〉的缔结》，载《武汉大学学报（人文科学版）》，2010 年第 1 期，第 65 页。

[4] 蓝明良：《南极洲的法律地位问题》，载《西北工业大学学报（哲学社会科学版）》，1980 年第 2 期，第 21 页。

[5] Secretariat of the Antarctic Treaty, https：//www.ats.aq/devAS/Parties？lang＝e，2020 年 12 月 15 日登录。

《CAMLR 公约》)，1982 年根据该公约成立了南极海洋生物资源养护委员会。① 1981 年美国倡议提出的《南极矿产资源公约》，旨在建立南极国际矿产资源管理体制。经过 7 年谈判，在最后开放签署阶段，法国和澳大利亚在 1989 年第十五届协商会议上联合提出 "综合保护南极环境以及其特有和相关的生态系统" 的建议，宣告矿产资源开发利用被搁置。从此，南极条约体系开始向全面实施南极环境保护的方向转变。② 1991 年 10 月，南极条约协商会议（以下简称 "ATCM"）通过《关于环境保护的南极条约议定书》（以下简称《议定书》）等 3 个重要文件，1998 年在第 22 届 ATCM 上根据该议定书设立了南极环境保护委员会（以下简称 "CEP"）为常设委员会。③《议定书》制定了一套保护南极环境及其生态系统的法律规范④，初步解决了各条约之间的矛盾和冲突，是保护南极环境的主要法律文件。

　　除上述国际条约之外，历届 ATCM 通过的 "措施"，也是南极法律体系的重要内容，对南极条约协商国具有法律拘束力。其中，60% 以上的 "措施" 与南极环境和生态保护有关，是各国开展南极活动的重要行动守则，对保护南极环境发挥着重要作用。⑤ 措施源于 ATCM 历史上的 "建议"。从 1995 年第 19 届 ATCM 开始，会议的实质性决定由建议更改为措施（measure）、决定（decision）和决议（resolution）三种形式。其中，措施与以前的建议类似，需经所有协商国政府批准或同意方可执行。决定主要涉及 ATCM 内部组织事务，经协商会议一致同意通过后立即生效，或是在案文指定的特定时间生效。决议是鼓励性或号召性的案文，经协商会议一致同意通过后也立即生效，但对各缔约国不具有强制性。如果某项决议所确定的问题得到更广泛的关注而有必要强制执行时，在之后的协商会议中可能成为措施的提案。⑥ 1961—1994 年，ATCM 共通过了 204 份建议。1995—2019 年年底通过了 199 份措施、106 份决定和 147 份

　　① 杨雷、韩紫轩、陈丹红，等：《关于建立 CCAMLR 海洋保护区的总体框架有关问题分析》，载《极地研究》，2014 年第 4 期，第 523 页。

　　② 吴依林：《从南极条约体系演化看矿产资源问题》，载《中国海洋大学学报（社会科学版）》，2009 年第 5 期，第 11 页。

　　③ 凌晓良、温家洪、陈丹红，等：《南极环境与环境保护问题研究》，载《海洋开发与管理》，2005 年第 5 期，第 5 页。

　　④ 张丽珍：《南极环境损害责任制度评价——以关于环境保护的南极条约议定书附件六为中心》，载《中国海洋大学学报（社会科学版）》，2009 年第 4 期，第 38 页。

　　⑤ 刘惠荣、董跃：《国际环境法》，北京：中国法制出版社，2006 年，第 224 页。

　　⑥ 颜其德、朱建钢：《南极洲领土主权与资源权属问题研究》，上海：上海科学技术出版社，2009 年，第 165 页。

决议①。

此外，南极条约协商国特别会议（The Special Antarctic Treaty Consultative Meeting，SATCM），南极科学研究委员会（The Scientific Committee on Antarctic Research，SCAR）以及国家南极局局长理事会（Council of Managers of National Antarctic Programs，COMNAP）的工作成果在南极治理中也发挥着重要的作用。

（二）南极治理主要法律规制

南极治理法律规制主要体现在《南极条约》体系中的各国际公约中。多年来，中国积极参与南极国际治理，于 1983 年加入《南极条约》，1985 年成为《南极条约》协商国，1994 年批准《议定书》，之后又陆续批准了该议定书的 5 个附件。2006 年中国批准加入《CAMLR 公约》，并成为南极海洋生物资源养护委员会成员国。②

1.《南极条约》建立了南极治理的基本制度

《南极条约》共 14 条，适用范围是南纬 60°以南的地区，包括一切冰架在内。《南极条约》确立了南极治理的基本原则和制度架构，鼓励南极科学考察自由并鼓励国际合作，并规定了在南极的禁止活动和禁止活动例外，开启了建立保护南极国际秩序的进程。该条约以 ATCM 为治理机制，以"视察机制"为监督机制，并要求当事国通过适当的国内立法或者采取适当措施确保条约的遵守与执行，确保南极的和平利用及非军事化、领土主权冻结和科学考察合作的南极治理原则的实现，为人类保护地球上最后一片净土提供了重要的国际制度保障。

2.《议定书》为南极生态环境保护提供了规范

1990 年 11 月在智利举行的第 11 届 SATCM 上，与会的协商国提出了几个关于南极环境保护的议案，有的议案明确提出要把整个南极建成自然保护区，禁止进行任何矿产资源的活动。此后，1991 年 4 月、6 月和 10 月在马德里举行的第 11 届 SATCM 的三次会议上，与会代表就议定书中的南极环境、南极科学考察以及资源利用等项条款进行了辩论和磋商，协商国代表明确表示将签署这项议定书。《议定书》于 1998 年生效，

---

① 数据来源于 Secretariat of the Antarctic Treaty，https：//ats. aq/devAS/ToolsAndResources/AntarcticTreatyDatabase? lang=e，鉴于失效文件对于实务与研究仍有参考价值，因此数据包含失效文件在内的全部文件。2020 年的 ATCM 因为新冠肺炎疫情而取消，数据统计至 2019 年。

② 本年度着重阐述在南极条约体系中，中国加入的条约、议定书和公约。

包括序言、27 条、附则和附件①，为保护南极环境提供了一套综合性的保护体制。②

（1）《议定书》的主要内容

首先，指定南极为自然保护区。《议定书》第二条规定，各缔约国承诺全面保护南极环境及依附于它的和与其相关的生态系统，特别是将南极指定为自然保护区，仅用于和平与科学目的。第三条第 1 款明确规定，对南极环境及依附于它的和与其相关的生态系统的保护以及南极的内在价值，包括其荒野形态价值、美学价值和南极作为从事科学研究，特别是从事认识全球环境所必需的研究的一个地区的价值应成为在《南极条约》适用区域内规划和从事一切活动时基本的考虑因素。

其次，明确南极环境保护的基本原则。《南极条约》适用区域内规划和从事的各种活动应旨在限制对南极环境及依附它的和与其相关的生态系统的不利影响；避免对气候或天气、空气质量或水质、大气、陆地和冰环境或海洋环境、动植物物种或种群的分布或繁殖的不利、有害、危害或重大影响，避免使具有生物、科学、历史、美学或荒野意义的区域减损价值或面临重大危险；在《南极条约》适用区域内的活动必须在可能带来的影响和科学研究价值预先评估的基础上进行；应定期进行有效监测，以便对正在从事的活动产生影响，包括对预计产生的影响进行检查作出评估。以上条款明确了南极的环境影响评估和监督检查等基本原则。

此外，《议定书》禁止除科学研究外的一切矿产资源活动。

（2）《议定书》附件

《议定书》中包含 6 个附件，其中前 5 个附件已经生效。附件制定了比《议定书》基本条款中广义上的、框架性的规定更为详细的权利义务。

附件 1 为环境影响评估，对应《议定书》的第八条。根据《议定书》第八条规定，附件 1 规定了初步环境影响评估和全面环境影响评估两种不同的评估形式，规定了评估应当遵循的具体程序。

附件 2 为保护动植物的规定，涵盖了 1964 年第 3 届 ATCM 通过的四项建议措施（即南极动植物保护议定措施、南极动植物保护暂定准则，SCAR 对南极动植物保护的关注和对海豹与冰块上的其他动物捕猎）中的部分条款。但这些措施对一些科学研究活动做了例外规定。除非按照许可证的规定，获取或有害干扰动植物的活动均应禁止。

附件 3 是废物处理与管理规定，适用于在《南极条约》适用区域从事科学研究、旅游及一切其他政府性和非政府性活动，以及相关的后勤支援活动。附件 3 规定应当

---

① 《议定书》及其前 4 个附件于 1991 年 10 月 4 日通过，1998 年生效。1991 年第 16 次 ATCM 通过附件 5，2005 年第 28 次 ATCM 通过议定书附件 6。

② 颜其德、朱建钢：《南极洲领土主权与资源权属问题研究》，上海：上海科学技术出版社，2009 年，第 162 页。

尽可能减少在《南极条约》适用区域产生或处理废物的总量，以便最大限度地减少对南极环境的影响和对南极自然价值、科学研究以及与《南极条约》相符合的其他用途的干扰。该附件力求建立一套有关从南极运走垃圾、焚烧垃圾、陆上与海上垃圾处理和管理计划的综合程序。

附件 4 涉及防止海洋污染，不仅适用于每个《议定书》缔约国，也适用于《南极条约》适用区域内悬挂缔约国国旗的船只，或协助缔约国开展作业的其他船只。该附件旨在实施类似《国际防止船只污染公约》中的相应标准，其中的条款主要针对油、有毒液体、固体废物和废水的排放问题。附件 4 的第十一条规定该附件不适用于任何军舰、海军辅助舰或其他由国家拥有或经营且当时只用于非商业性公务的船舶。因此，执行国家南极考察任务通过南极水域的船只属例外船只。1997 年第 21 届 ATCM 上，通过一项针对"紧急反应行动与应急行动"的议案，以敦促各成员国在《南极条约》地区内的活动有配套的应急计划。①

附件 5 是关于南极保护区系统的规定。附件 5 将此前的各种保护区统一归成南极特别保护区（Antarctic Specially Protected Areas，ASPAs）和南极特别管理区（Antarctic Specially Managed Areas，ASMAs）两类加以管理。任何区域，包括任何海洋区域，均可被指定为 ASPAs，只有经过许可后才能进入这些区域，以保护其显著的环境、科学、历史、美学或荒野形态的价值。ASMAs 一般包括两类区域：①活动会产生相互干扰或产生累积环境影响危险的区域；②具有历史价值的遗址或纪念物。进入这类区域不需要许可证，但特别管理区内可能包括一个或几个特别保护区，需经许可才能进入。

附件 6 是环境突发事件的责任，涉及一旦发生环境事故如何界定责任的问题，包括预防措施、应急计划、应急行动和确定环境事故责任的指导方针等条款。目前，在南极条约协商国中已经有超过半数的国家签署了该附件。有一些国家已经将该附件的内容转化纳入本国的南极立法之中。

3.《CAMLR 公约》为南极海洋生物资源养护提供了法律基础

20 世纪 70 年代中期之后，随着南极磷虾捕捞业的迅速兴起，南极条约协商国开始重视对于包括磷虾在内的南极海洋生物资源的保护与利用问题。1980 年 5 月，在澳大利亚召开了拟定相关国际条约的国际会议，有 15 个积极从事南极海洋生物资源研究和调查的国家以正式身份参加会议，欧洲经济共同体、联合国粮食及农业组织、南极科学研究委员会、联合国教科文组织政府间海洋学委员会、国际海洋研究委员会、国际

① Secretariat of the Antarctic Treaty, Resolution 1 (1997) -ATCM XXI, Christchurch, Contingency plans, https：//ats. aq/devAS/Meetings/Measure/246? s=1&from=05/30/1997&to=05/30/1997&cat=0&top=0&type=0&stat=0&txt=&curr=0&page=1，2020 年 11 月 25 日登录。

捕鲸委员会、世界自然保护联盟则派观察员出席了会议。会议通过了《CAMLR公约》，并于1982年4月7日开始生效。该公约由序言、33条和一个附件组成。《CAMLR公约》为养护和利用南极海洋生物资源提供了法律基础。

（1）养护原则

该公约明确了三个养护原则：防止任何被捕获种群的数量低于保证能使其稳定补充的水平，为达此目的，其种群量不应低于确保年最大净增量的水平；维护南极海洋生物资源中被捕获的种群、从属种群和相关种群之间的生态关系，使枯竭种群恢复到公约规定的水平；要考虑到捕捞对海洋生态系统直接和间接的影响、引进异种生物的影响、有关活动的影响以及环境变化的影响的现有知识水平，防止在近20～30年内南极海洋生态系统发生不可逆转的变化或尽可能降低这种变化的危险，目的在于持久地保护南极海洋生物资源。

（2）适用范围的法律地位问题

海洋生物资源的养护，把对于南极主权问题的关注焦点从大陆拓展至海洋。在1959年订立《南极条约》时，各协商国并未对南极海域的地位做更多的考虑。经过反复博弈，最后公约以第四条"领土主权和沿海国管辖权"对于所涉及海域主权及相关权益的问题做了规定，要求各缔约国不论是否《南极条约》的成员国，对于《南极条约》的适用区域，其相互关系受《南极条约》第四条和第六条的约束。另外，CAMLR还规定任何条款以及各国采取的任何行动或活动都不应：（a）构成在《南极条约》适用区域内主张、支持或否认领土主权要求的基础，或在条约适用区域内创立任何主权权利；（b）解释为任何缔约国在公约适用区内放弃或削弱，或损害根据国际法行使沿海国管辖权的任何权利、主张或这种主张的依据；（c）解释为损害任何缔约国承认或不承认这种权利、主张或主张所依据的立场；（d）影响《南极条约》第四条第2款关于《南极条约》有效期内不得对南极洲提出任何新的领土主权要求或扩大现有要求的规定。以上（a）项和（c）项综合起来，主旨在于防止在南纬60度以南创设专属经济区。而（b）项和（c）项结合起来，则可以保护在南极辐合带内、南纬60度以北拥有岛屿的国家的既有权益。①

（3）创设南极海洋生物资源养护委员会

CAMLR建立了"南极海洋生物资源养护委员会"。公约第七条至第十三条分别规定了委员会的成员国资格，法人资格、特权和豁免权，职责、保护措施、执行和反对程序、监控职能，决议的形式，总部、会议、官员和附属机构等。

---

① 《南极海洋生物资源养护公约》于1980年5月20日签署，1982年4月7日生效。该公约适用于南纬60度以南和该纬度与构成南极生态系统一部分的南极辐合带之间区域的南极海洋生物资源。

　　南极海洋生物资源养护委员会除了召开年会，若有 1/3 以上的成员要求，随时可以召开会议。委员会的总部和执行秘书处设在澳大利亚的霍巴特，主要职责是贯彻《CAMLR 公约》确立的养护原则。加入《CAMLR 公约》的国家在公约适用区域内从事与海洋生物资源调查或捕获有关的活动，并且愿意接受《CAMLR 公约》的养护措施，经成员国一致同意后，方可成为委员会成员。

（三）南极治理形势发展

　　南极治理以和平利用和多边治理为主要特征，"冻结"主权主张，强调环境和生态系统保护，禁止矿产资源开发。除《南极条约》体系专门规范南极事务和活动外，也适用包括《公约》在内的国际法。

1.《南极条约》协商会议的议题发展趋势

　　从南极条约体系的发展历程看，各条约、议定书、附件、措施等，都是在各协商国的议题基础上发展而来的。ATCM 中各协商国提交的工作文件，体现了其关注与投入的领域。不同历史阶段的热点议题不尽相同，从其发展变化中可以看出各国在不同时期关注重心的变化。

　　综合时间发展、议题分布、国际环境、南极秩序等多种因素，从 ATCM 不同时期的议题看，ATCM 可总结为以下几个阶段：

　　（1）初创阶段（第 1 届至第 3 届，1961—1964 年）

　　此时南极条约刚刚签订，ATCM 主要议题基本是环境保护，各国还没有就旅游、资源开发等提出讨论。

　　（2）开发冲动阶段（第 4 届至第 13 届，1966—1985 年）

　　从第 4 届开始设置有关旅游及非政府组织活动的议题，多数属于对于南极"利用"的议题。从第 7 届开始，各国聚焦于南极"矿产资源开发"问题，并设置相关议题，提交文件数到第 9 届达到顶峰。形成了矿产资源开发协议的草案之后，从第 14 届开始再无相关议题的设置。

　　（3）平稳发展阶段（第 14 届至第 21 届，1987—1997 年）

　　这一阶段没有设置特殊的议题，主要议题及提交文件都是围绕环境保护等展开的。

　　（4）保护和利用新阶段（第 22 届至今，1999—2019 年）

　　从第 22 届 ATCM 开始，有几个明显的变化：第一，ATCM 开始聚焦应对气候变化影响问题，从第 19 届开始有相关文件提交，最早是设立了"科学合作与气候变化影响"议题，从第 33 届开始正式设立"气候变化影响"议题，文件提交数量上升，热度不减；第二，各国开始日益重视特别保护区、保护区管理措施以及海洋保护区，相关议题的文件逐年增多；第三，自第 25 届（2002 年）开始，有国家提出生物勘探的相关议题，到第 28 届 ATCM 生物勘探被设置为会议的正式议题，接受文件数到第 32 届（2009 年）达到顶峰，近年来由于各种原因，热度有所下降；第四，从第 25 届开始，旅游及非政府组织议题相关文件数，也呈现井喷式增长。

2. 南极治理相关事务进展

（1）南极条约协商会议

因为新冠肺炎疫情，原定于 2020 年 5—6 月在芬兰举行的 ATCM 会议被取消，原定于 2020 年 7 月在澳大利亚召开的 SCAR 和 COMNAP 会议也被取消。[①] 为了应对会议取消带来的不利影响，协商国通过在线论坛进行了闭会期间的讨论和磋商。各国表示同意继续以这种方式进行闭会期间的讨论；同时，为了避免给 2021 年在法国巴黎的会议造成过重的负担，还商定允许缔约方、观察员和专家在闭会期间提交文件和报告，以便在下一次 ATCM/CEP 会议之前审议。[②] 南极条约秘书处也持续接收闭会期间各国提交的文件。[③]

2020 年南极海洋生物资源保护委员会年会于 2020 年 10 月 26 日至 10 月 30 日通过线上形式进行，会期五天。[④] 会议在政治和科学领域达成广泛共识，但关于在南极建立海洋保护区的问题未达成一致，东南极海洋保护区、西南极半岛保护区、威德尔海洋保护区三个提案未获通过。

（2）环境管理

在环境管理工具方面，2019 年 CEP 第 22 次会议通过了更新版的《非本地物种手册》和《货物供应管理者检查手册》，从而加强对非本地物种的管理。[⑤] 自 2011 年《非本地物种手册》以决议 6 的形式正式实施以来，该手册曾在 2016 年更新过一次。手册更新表明人类活动所带来的巨大外来物种入侵风险，反映了各国高度关注对非本地物种的管理。

---

① Antarctic Treaty Secretariat, Cancellation of SCAR COMNAP 2020 Hobart Meetings, https：//www. ats. aq/devph/en/news/177, 2020 年 11 月 25 日登录。

② Antarctic Treaty Secretariat, Next steps following cancellation of ATCM XLIII-CEP XXIII in Finland, https：//www. ats. aq/devph/en/news/179, 2020 年 12 月 15 日登录。

③ Antarctic Treaty Secretariat, Submission of intersessional papers, https：//www. ats. aq/devph/en/news/180, 2020 年 11 月 15 日登录。

④ CCAMLR-39 Report, Report of the Thirty-ninth Meeting of the Commission, https：//www. ccamlr. org/en/system/files/e-cc-39-prelim-v1. 2. pdf, 2020 年 12 月 15 日登录。

⑤ Antarctic Treaty Secretariat, Update of the Non-native Species Manual, https：//www. ats. aq/devph/en/news/173, 2020 年 11 月 15 日登录。

根据第 42 次 ATCM 的要求,《南极条约》秘书处于 2020 年 8 月发布了一个新的互动式可视化南极地图,地图上的站点用彩色圆点表示,不同的颜色代表着访问者的数量,此外还包括船只密度、鸟类区域等。① 这为进一步加强南极管理提供了重要的管理参考工具。

(3) 科学研究

在支持学术研究方面,SCAR、COMNAP 和国际南极旅游组织协会 (International Association of Antarctica Tour Operators, IAATO),多年以来通过资金支持的方式,鼓励有才华的青年研究人员、科学家、工程师和其他专业人员进行气候、生物多样性、人文和天体物理研究等领域的研究以及国际合作。2020 年,SCAR 计划为 3~4 名青年学者各提供最多 15 000 美元的资助;COMNAP 和 IAATO 各自资助 1 名研究人员,向其提供最多 15 000 美元的支持。②

二、北极治理框架和发展

北极治理形势正在经历深刻变化和快速发展。北极周边国家纷纷调整和强化其北极战略和政策。北极的可持续发展和开发等问题引起国际社会的广泛关注。北极气候变化应对、生态环境保护等跨区域问题,需要国际合作,考验各方智慧。

(一) 北极治理框架

北冰洋沿岸国的部分管辖海域延伸至北冰洋,北冰洋还有公海和国际海底区域。所有国家在北冰洋公海海域享有公海自由,国际海底区域则是人类共同继承财产。《斯匹次卑尔根群岛条约》(以下简称《斯约》) 一方面承认挪威对条约适用范围内的岛屿③拥有主权,另一方面明确各缔约国的公民可以自主进入《斯约》适用范围,平等从事海洋、工业、矿业和商业等活动。

北极治理具有多层次、多纬度的特征。相关国际和区域性组织或机构在涉及科研、气候、环境、航运等不同领域发挥作用。政府间国际组织推动了北极多层次治理体系的形成,是促进北极治理向主体多元化发展的重要组成部分。在区域治理机制中,北极理事会 (Arctic Council) 作为重要的政府间论坛,在北极治理中作用日益凸显。北

---

① Antarctic Treaty Secretariat, New interactive map and reports of vessel-based visits to Antarctica, IAATO, https://www.ats.aq/devph/en/news/181, 2020 年 11 月 15 日登录。

② Antarctic Treaty Secretariat, Opportunities for early-career researchers, IAATO, https://www.ats.aq/devph/en/news/175, 2020 年 11 月 15 日登录。

③ 该地区由包括斯匹次卑尔根岛和熊岛在内的 9 个岛屿组成,挪威政府于 1925 年将其改称为斯瓦尔巴群岛。

极理事会同时具备开放性与排他性，一方面通过设置永久参与方和观察员，赋予北极原住民、域外国家和相关国际组织参与的机会；另一方面又规定理事会的所有决策权只能为北极八国所掌握，强调北极八国的主导地位。[①] 巴伦支—欧洲北极理事会（Barents Euro-Arctic Council，BEAC）由北欧五国、俄罗斯和欧盟委员会合作成立，旨在加强该地区的经济、环保和科技合作，是一个综合性的次区域性的论坛性国际组织。国际北极科学委员会（The International Arctic Science Committee，IASC）等关于北极科学研究的国际和区域性组织在促进北极科学研究与合作方面发挥了积极的作用。北极圈论坛、"北极-对话区域""北极前沿"和中国北欧北极研究中心等平台为北极周边国家和其他国家间的对话构建了桥梁。

（二）北极治理主要法律规制

在北极地区，国际法、区域协定、双边条约和国内法并存，软法和硬法并施。从名称上看，适用于北极或与北极相关联的国际或区域法律文件有公约、条约、协定、守则和宣言等。从效力上看，这些法律文件又可分为有法律拘束力的硬法和无法律拘束力的软法。从法律适用上看，这些法律规范的主体、适用范围、条约规定的权利和义务等方面的规定又各有差异。结合签约或制定主体和适用范围，可作如下分类：一是适用于全球的公约、条约或协定，特别是《公约》和国际海事组织（以下简称"IMO"）框架内的公约、规则和指南等法律文件；二是适用于特定区域的条约，例如《斯约》；三是两国之间签署的双边条约；四是有关国家的国内法律、法规和规定等。

近十年来，北极法律制度和规则处于形成的活跃期。IMO起草制定的具有约束力的《国际极地水域船舶操作规则》（以下简称《极地规则》）已于2017年1月生效，标志着北极航道的国际治理迈出新步伐。中国、美国、俄罗斯、加拿大、丹麦、挪威、冰岛、日本、韩国以及欧盟于2017年11月就《预防中北冰洋不管制公海渔业协定》文本达成一致，有关国家于2018年10月3日在丹麦自治领格陵兰伊路利萨特举行了协定签署仪式。自2011年以来，北极八国在北极理事会框架下已签署了三个有拘束力的文件，分别是2011年《北极海空搜救合作协定》、2013年《北极海洋油污预防与反应合作协定》和2017年《加强北极国际科学合作协定》。

（三）北极治理形势发展

北极治理形势正悄然发生变化，北极治理面临新的机遇和挑战：一是北极事务被

---

① 陈玉刚、陶平国、秦倩：《北极理事会与北极国际合作研究》，载《国际观察》，2011年第4期，第17-23页。

人为"安全化"，特别是美国，将其视为大国竞争的战略要地；二是北极域内外国家在目前世界经济大衰退的背景下，将北极视为经济发展的新动力源；三是北极自然环境正在经历快速变化，在应对气候变化和生态环境保护等方面的跨区域合作需求愈发迫切。

1. 北极地区治理形势发展

（1）北极地区治理

自2019年5月起，冰岛第二次担任北极理事会轮值主席国，北极治理迎来新机遇。尤其是在2020年，海洋问题和合作连续五周成为北极理事会议程的首要议题。[1] 2020年9月，北极理事会设立了一个新的海洋合作计划，建立以北极高级官员为基础的海洋机制（the Senior Arctic Officials' based Marine Mechanism，SMM），从而确保维持和促进北极海洋事务合作。[2] 该机制的协调工作人员举办了一系列专题网络研讨会，工作组、原住民代表和观察员专家等积极参与关于理事会如何加强其在协调北冰洋可持续未来作用的讨论。与会者达成诸多共识，包括要建立可持续的北极航运、开展基于生态系统的管理试验等。[1] 2020年10月，北极理事会的保护北极海洋环境工作组（the Protection of the Arctic Marine Environment Working Group，PAME）发布了第二份报告——《北极航运现状报告》，该报告重点关注2019年北极地区船舶重质燃料油（Heavy Fuel Oils，HFO）的使用情况。根据该报告，按照IMO《极地规则》的定义，在北极水域航行的船舶中，有10%的船舶仍然使用HFO作为燃料。[3]

（2）斯瓦尔巴地区

《斯约》自1920年制定至今已历经百年，旨在为各缔约国建立一种公平和平衡制度，以实现对斯瓦尔巴地区的和平开发利用。随着现代国际海洋法的不断发展，挪威和各国围绕有关《斯约》的解释和适用问题，包括挪威相关立法和举措以及单方建立渔业保护区的分歧不断涌现。挪威政府在2019发布了有关缔约国在斯瓦尔巴群岛新奥尔松地区进行科学考察活动的《新奥尔松研究站研究战略》[4]，提出了一系列针对新奥

---

① The Arctic Council, Cooperation And Consensus, https://arctic-council.org/en/news/cooperation-and-consensus/, 2020年12月15日登录。

② The Arctic Council, The Road Towards Enhanced Marine Coordination In The Arctic Council, https://arctic-council.org/en/news/the-road-towards-enhanced-marine-coordination-in-the-arctic-council/, 2020年12月15日登录。

③ The Arctic Council, Report On Heavy Fuel Oil In The Arctic Launched, https://arctic-council.org/en/news/report-on-heavy-fuel-oil-in-the-arctic/, 2020年12月25日登录。

④ The Research Council of Norway, Ny-Ålesund Research Station Research Strategy, https://www.forskningsradet.no/contentassets/f7958e1baa054a319830478e08dd7788/ny-alesund-research-station-research-strategy2.pdf/, 2021年1月1日登录。

尔松研究活动的管理举措，包括确定科学优先领域、加强科学研究活动的协调与合作、加强基础设施的分享与建设以及制定数据开放获取政策等，要求研究活动遵守《斯瓦尔巴环境保护法》和土地使用计划，明确就相关质量、合作、开放、数据和成果共享的要求做出规定，加强了北极科学考察的管理与协调。新的相关政策性要求包括研究项目在启动前有质量保证，科研活动的开展应保持较高的专业水准，开展国际合作提高科学质量，研究成果以英文发表在开放访问、国际同行评议的期刊上。《斯约》并未规定缔约国在斯瓦尔巴群岛进行科学考察活动的具体事项，只规定可以在今后的科学考察相关的国际公约中进行谈判和协商。围绕挪威 2020 年纪念《斯约》签署 100 周年的活动以及近年来采取的系列管控措施，部分国家反应强烈。俄罗斯外交部长谢尔盖·拉夫罗夫（Sergey Lavrov）在 2 月 4 日给挪威外交大臣伊娜·埃里克森·瑟雷德（Ine Eriksen Søreide）的信中表达了俄罗斯感到在斯瓦尔巴群岛上遭受歧视，重申反对挪威在斯瓦尔巴群岛周围建立渔业保护区，呼吁"就消除对俄罗斯在群岛上活动和结构的限制进行双边磋商"。① 俄罗斯媒体指责挪威"正试图将北约拉到北极，特别是在斯瓦尔巴群岛"①。

2. 北极周边国家的北极战略政策

北极周边国家的战略和政策对北极治理形势发展具有重要影响。美国、加拿大和俄罗斯等国纷纷调整和更新了本国的北极战略或政策。

美国在涉北极事务上动作频繁，在联邦层面连续发布三份重量级战略文件，包括 2019 年 1 月美国海军发布的《北极战略展望》②、美国海岸警卫队于 4 月发布的《北极战略展望》③ 和美国国防部 6 月发布的《国防部北极战略》④。在议会层面，美国参议员于 2019 年 4 月发起了《北极政策法》⑤ 和《航运与环境的北极领导权法》⑥ 两项涉北极法案，旨在通过支持美国北极地区的研究和发展，增强美国在北极的存在。为了

---

① 《俄媒对挪威庆祝〈斯瓦尔巴条约〉作出激烈一致的回应》，极地与海洋门户，http：//www. polarocean-portal. com/article/3253，2020 年 11 月 25 日登录。

② The United States Navy, Strategic Outlook for the Arctic, https：//www. navy. mil/strategic/Navy _ Strategic _ Outlook_ Arctic_ Jan2019. pdf，2021 年 1 月 10 日登录。

③ United States Coast Guard, Arctic Strategic Outlook, https：//www. uscg. mil/Portals/0/Images/arctic/Arctic_ Strategic_ Outlook_ APR_ 2019. pdf，2021 年 1 月 10 日登录。

④ Department of Defense, Report to Congress Department of Defense Arctic Strategy, https：//media. defense. gov/ 2019/Jun/06/2002141657/-1/-1/1/2019-DOD-ARCTIC-STRATEGY. PDF，2021 年 1 月 10 日登录。

⑤ 116th Congress 1st Session. Bill of Arctic Policy Act of 2019, https：//www. murkowski. senate. gov/imo/media/ doc/Arctic%20Policy%20Act1. pdf，2021 年 1 月 10 日登录。

⑥ 116th Congress 1st Session. Bill of Shipping and Environmental Arctic Leadership Act, https：//www. murkowski. senate. gov/imo/media/doc/SEALAct. pdf，2021 年 1 月 10 日登录。

贯彻北极战略，2020年1月，阿拉斯加共和党参议员和缅因州独立参议员共同发起《2019北极海军战略重点法案》，在这项立法中，参议员们强调了北极地区对美国的战略重要性，要求提升美国在北极海域的军事存在。[①] 2020年7月，美国空军部公布了新的《美国空军部北极战略》，提出了涉及北极地区的四个方面的战略目标：一是保持全域高戒备状态，包括具备指挥、控制、通信、情报、监视与侦察能力、反导能力以及太空能力等；二是能够精确投送战斗部队，重点是具备敏捷作战与后勤能力以及基础设施开发能力；三是不断强化与盟友及伙伴的合作；四是为北极作战做准备，包括开展演习与训练、扩充整体兵力、积极开展研发等。[②]

2020年10月26日，俄罗斯总统普京签署总统令，批准《2035年前俄罗斯联邦北极地区发展和国家安全保障战略》，旨在推进落实2020年3月5日总统令批准的《2035年前俄罗斯联邦北极地区国家基本政策》。根据总统令，俄罗斯应把气候变暖认为是北极的主要危险和威胁。总统令还指出，在北极存在危险的工作条件，交通不便，缺乏紧急疏散系统和医疗援助，有害的柴油能源的比例很高，来自国外的有害和有毒物质的风险，以及"潜在的冲突增加要求不断提高俄罗斯联邦武装部队各个集群"和该地区其他部队的战斗力。[③]

俄罗斯联邦原子能公司自2018年获得北方海航道基础设施唯一运营商的职能后，就一直致力于加强北方海航道沿线的基础设施建设和港口配套的提升，以促进北方航运的发展。俄罗斯联邦政府于2019年12月批准了俄罗斯联邦原子能公司制定的《2035年前发展北方航道（NSR）基础设施发展规划》。该规划制定了一系列的举措，包括发展基础设施、大型投资项目开发、北方海航道过境运输条件的改善、解决北极地区的医疗和航行保障问题，以及加强俄罗斯紧急情况部和国防部负责的北方海航道紧急救援准备等。

加拿大于2019年9月10日颁布了特鲁多上任以来制定的首份北极政策《加拿大北极与北方政策框架》[④]，取代之前的北极政策文件，重点聚焦于居民健康、基础设施建设和经济发展。该政策框架包含如下总体目标：加拿大北极和北部原住民健康；加强基础设施建设，缩小与加拿大其他地区的差距；强大、可持续、多元化和包容

---

① 《美国参议院提出一项新法案要求海军与海岸警卫队合作》，极地与海洋门户，2020年1月2日，http://www.polaroceanportal.com/article/3008，2020年11月25日登录。

② 《美发布首份军种北极战略报告》，人民网，2020年7月29日，http://military.people.com.cn/n1/2020/0729/c1011-31802496.html，2020年11月25日登录。

③ 《普京批准俄联邦北极地区发展和国家安保战略：将确保全年通航与领导地位》，观察者网，2020年10月27日，https://www.guancha.cn/internation/2020_10_27_569360.shtml?s=zwyxgtjbt，2020年11月25日登录。

④ Canada's Arctic and Northern Policy Framework, https://www.rcaanc-cirnac.gc.ca/eng/1567697304035/1567697319793, 2021年1月10日登录。

性的地方和区域经济；知识和理解指导决策；加拿大北极和北部生态系统健康、有弹性；基于规则的北极国际秩序可以有效应对新的挑战和机遇；协调支持自决，并在原住民与非原住民之间建立相互尊重的关系。总体来看，这些目标可以分为三类：一是促进北极地区经济发展，包括发展区域经济、缩小地区差距、加强基础设施建设等；二是加强自然和文化保护，包括原住民健康、社会平等和生态保护；三是加强北极安全。

近年来，北极周边其他国家以及北极圈以外国家也对北极战略、政策或规划等做了不同程度的更新和调整。

三、中国极地事业的新发展

"十三五"期间，中国极地事业取得长足进步，极地科学以"极地变化"和"对气候与环境的影响"为重点研究方向，极地科学考察能力建设的投入进一步提升。面对日趋复杂的国际环境，中国保持既定立场和方针，践行构建"人类命运共同体""海洋命运共同体"理念，为极地国际治理作出稳定而持续的贡献。

虽有新冠肺炎疫情影响，2020年中国的极地科学考察活动基本正常运行，并且取得了积极进展。

（一）中国南极事业的新发展

作为《南极条约》的协商国，中国坚定维护《南极条约》宗旨，保护南极环境，和平利用南极，倡导科学研究，推进国际合作，努力为人类知识增长、社会文明进步和可持续发展作出贡献。

1. 积极参与南极治理

2020年，中国积极参加《南极条约》协商会议框架下"南极条约体系的挑战"等多个会间工作组的讨论，并参与了国家南极局局长理事会等网络会议，在会议中了解新冠肺炎疫情背景下各南极门户城市防疫安排，与相关国家交换南极项目计划信息。在第43届南极条约协商会议和第39届南极海洋生物资源养护委员会会议等重要国际会议取消后，中国参与了后续议题安排事宜的讨论。

中国科学家在南极国际科学组织的影响力进一步提升。2020年10月，我国科学家李斐教授和保罗·莫林（Paul Morin）博士被任命为南极地理信息常设委员会（Standing Committee on Antarctic Geographic Information，SCAGI）新一届联合主席，负责协调开展 SCAGI 未来四年的交流与合作。① SCAGI 是南极研究委员会下属的重要专业机构，负责南极地图、地名等地理信息的数据交换等。

2. 稳步开展南极科学考察

中国第 36 次南极科学考察队于 2020 年 4 月 23 日返回上海，共历时 198 天，"雪龙 2"号船总航程 7 万余海里，完成南极长城站、中山站、泰山站、恩克斯堡岛新站、宇航员海、阿蒙森海等陆域和海域考察任务。本次考察共完成科考项目 62 项。② "雪龙 2"号船成功首航南极，开启"双龙探极"考察模式。2020 年 11 月 10 日，中国第 37 次南极科学考察队乘坐"雪龙 2"号极地科考破冰船从上海起航，执行科考任务。③ 此次南极科学考察围绕应对全球气候变化等问题，开展水文气象、生态环境等科学调查工作，并执行南大洋微塑料、海漂垃圾等新型污染物业务化监测任务；同时，还承担南极中山站、长城站越冬人员轮换及物资补给工作。③

南极罗斯海新科考站建设工作在有条不紊地推进之中，这是中国的第五个南极科考站。南极罗斯海新科考站位于东南极冰盖快速冰流区、罗斯冰架及罗斯海海冰三角地带，面向太平洋扇区，是南极地区岩石圈、冰冻圈、生物圈、大气圈等典型自然地理单元集中相互作用的区域，具有重要的科研价值。④ 除了在建的罗斯海新科考站，中国在南极已建有长城站、中山站、昆仑站和泰山站。

(二) 中国北极事业的新发展

作为北极事务的积极参与者、建设者和贡献者，中国一直致力于为北极地区的和平与可持续发展贡献中国智慧和中国力量。

1. 积极参与北极治理

中国按照既定的方针和计划，积极参与北极治理，力所能及地贡献公共产品。中国组织专家参加了 2020 年 3 月 23 日至 4 月 2 日以视频会议方式召开的北极科学高峰周会议（Arctic Science Summit Week 2020），除参与会议讨论并做专题报告外，还举办

---

① SCAR. Prof Fei Li and Dr. Paul Morin appointed as new SCAGI Chief Officers, https://www.scar.org/scar-news/scagi-news/scagi-chief-officers/, 2020 年 12 月 25 日登录。

② 《首次"双龙探极"圆满完成中国第 36 次南极科学考察队凯旋》，中国政府网，2020 年 4 月 23 日，http://www.gov.cn/xinwen/2020-04/23/content_5505554.htm, 2020 年 11 月 25 日登录。

③ 《我国开展第 37 次南极科学考察》，新华网，2020 年 11 月 10 日，http://www.xinhuanet.com/tech/2020-11/10/c_1126722402.htm, 2020 年 11 月 25 日登录。

④ 阮煜琳：《中国第五座南极考察站完成选址奠基明年开建》，科学网，2018 年 2 月 10 日，http://news.sciencenet.cn/htmlnews/2018/2/402731.shtm?id=402731, 2020 年 11 月 25 日登录。

"雪龙 2"号船北极开放航次专场演示会，邀请各国科研人员参加，增加我国科考活动的透明度。①

中国全面参与北极理事会可持续发展工作组等专家会议。在 2020 年 6 月 22 日以视频方式举办的第 22 届中欧领导人会晤②、拟订《中欧合作 2025 战略规划》③ 过程中，就北极事务与一些欧洲国家进行了开诚布公的对话、研讨，在一定程度上达成了共识。

中国的努力得到了国际社会特别是多数北极域内国家的肯定和客观评价。芬兰外交部北方政策大使、芬兰北极顾问委员会秘书长哈里·玛基-雷尼卡认为，中国在北极可持续发展方面已做出令人瞩目的努力和贡献，希望欧中双方能在北极事务中加强合作，共同面对全球气候变化挑战，实现共赢。④ 挪威外交部国务秘书奥登·哈尔沃森表示，北极地区不是大国加剧竞争的中心，中国不是威胁。⑤

2. 继续开展北极科学考察

2020 年 7 月 15 日至 9 月 28 日，中国组织了第 11 次北极科学考察。科学考察范围覆盖到以科考船为基础的船基考察以及以黄河站和中冰联合站为基础的站基考察。第 11 次中国北极科学考察现场执行人员共计 87 人。此次科学考察围绕应对全球气候变化、北极综合环境调查和北极业务化观监测体系构建等内容，在楚科奇海台、加拿大海盆和北冰洋中心区等北极公海海域，以走航观测、断面综合调查及冰站考察等方式，重点开展了北冰洋中心区综合调查、北冰洋生物多样性与生态系统调查、北冰洋海洋酸化监测与化学环境调查、新型污染物监测和北冰洋海-冰-气相互作用观测等调查任务。⑥

中国还积极参与多项北极科学考察国际合作计划项目，包括著名的"北极气候研究多学科漂流计划"。该项目的目的是最近距离地观测北极，更好地理解全球气候变化。项目使用了德国"极星"（Polarstern）号破冰船作为科学考察的主要平台，于

---

① 《我所组织 2020 年北极科学高峰周专题视频会议》，自然资源部第二海洋研究所，2020 年 4 月 8 日，http://www.sio.org.cn/redir.php?catalog_id=84&object_id=311194，2020 年 11 月 30 日登录。

② 《中欧领导人会晤发出合作强音》，中国政府网，2020 年 6 月 25 日，http://www.gov.cn/xinwen/2020-06/25/content_5521737.htm，2020 年 11 月 30 日登录。

③ 《团结合作，开放包容共同维护人类和平发展的进步潮流——在法国国际关系研究院的演讲》，外交部，2020 年 8 月 31 日，http://new.fmprc.gov.cn/web/wjbzhd/t1810689.shtml，2020 年 11 月 30 日登录。

④ 张志勇：《北极：合作共赢是未来主旋律》，载《光明日报》，2019 年 7 月 18 日第 12 版。

⑤ 古恩·拜尔特林·约纳森：《挪威官员：我们不认为中国是对北约的威胁》，环球网，2020 年 6 月 1 日，https://oversea.huanqiu.com/article/3yTUKg70Spp，2020 年 11 月 25 日登录。

⑥ 《我国开展第 11 次北极科学考察》，新华网，2020 年 7 月 16 日，http://sh.xinhuanet.com/2020-07/16/c_139215784.htm，2020 年 11 月 25 日登录。

2019 年 9 月从挪威出发，2020 年 10 月返回德国。① 中国是除德国和美国外，参与北极科学考察人员和单位最多、涉及学科最广泛的国家。自然资源部第一海洋研究所、第二海洋研究所、第三海洋研究所，中国极地研究中心及中国海洋大学等 11 家科研院所的 18 名科研人员，参加了全部 6 个航次中的 5 个，参与了大气、海冰、海洋、生物地球化学以及海洋生态系统的现场观测，在考察期间构建了一套既有船基观测、主冰站观测，又有浮标阵列观测的观测体系。②

3. 继续推进"冰上丝绸之路"

"冰上丝绸之路"既是"一带一路"倡议北向拓展新合作领域，也是中国与沿线国家"共商共建共享"、实现合作共赢的重要路径。2015 年，俄罗斯副总理德米特里·罗戈津（Dmitry Rogozin）明确表示俄方将以更大努力增强北方海航道运输的北极计划，称之为新的"冷丝绸之路"（Cold Silk Road）③，并向中国发出正式邀请。中俄总理第 20 次会晤联合公报首次载明"加强北方海航道开发利用合作，开展北极航运研究"④；第 21 次会晤联合公报明确"对联合开发北方海航道运输潜力的前景进行研究"⑤。2017 年 5 月，普京总统在"一带一路"国际合作高峰论坛表示"希望中国利用北极航道，并与'一带一路'连接起来"⑥。2017 年 11 月 1 日，习近平主席会见到访的俄罗斯总理梅德韦杰夫时指出，要做好"一带一路"建设同欧亚经济联盟对接，努力推动滨海国际运输走廊等项目落地，共同开展北极航道开发和利用合作，打造"冰上丝绸之路"。"冰上丝绸之路"倡议 2018 年被写进《中国的北极政策》白皮书。

中国致力于与所有北极利益攸关方维系良好关系，高度重视与北极周边国家的合作，这与"冰上丝绸之路"的宗旨一脉相承。中俄围绕北方海航道建立起联合考察机制。2019 年，中俄签署协议，共建"中俄北极研究中心（CRARC）"，内容包括北极联合探险在内的重大项目，如预测北方海航道的冰况以及提供北极经济发展建议。在

① MOSAiC Expedition, https://mosaic-expedition.org/，2020 年 11 月 25 日登录。

② 《"北极气候研究多学科漂流计划"正式启动》，自然资源部，2019 年 9 月 24 日，http://www.mnr.gov.cn/dt/ywbb/201909/t20190924_2468837.html，2020 年 11 月 25 日登录。

③ Aiming for year-round sailing on Northern Sea Route, https://thebarentsobserver.com/en/2015/12/aiming-year-round-sailing-northern-sea-route，2020 年 11 月 12 日登录。

④ 《中俄总理第二十次定期会晤联合公报（全文）》，2015 年 12 月 18 日，新华网，http://www.xinhuanet.com/politics/2015-12/18/c_1117499329.htm，2020 年 11 月 12 日登录。

⑤ 《中俄总理第二十一次定期会晤联合公报（全文）》，2016 年 11 月 8 日，新华网，http://www.xinhuanet.com/world/2016-11/08/c_1119870609.htm，2020 年 11 月 12 日登录。

⑥ 《［冰上丝路］吴大辉："冰上丝绸之路"——"一带一路"的新延伸》，搜狐网，2018 年 7 月 18 日，https://www.sohu.com/a/241867635_618422，2020 年 11 月 12 日登录。

能源与基础设施合作方面，中俄已取得初步成功，包括亚马尔液化天然气与萨贝塔港①基础设施项目。中国已经与八个北极国家建立北极合作关系，与冰岛、芬兰等北极周边国家在北极事务上一直保持了良好的互动和合作。中国企业积极参与与北极周边国家的矿产资源合作，如投资格陵兰的矿产项目。中国的科考船和商船不断为北极航行积累实践经验。

四、小结

极地治理正面临新的机遇和挑战。从自然演变来看，全球气候变化对南北极的影响日益加剧，如何有效保护极地的生态环境，控制冰层融化速度已成为国际社会面临的共同挑战。从社会发展来看，无论是对北极国家还是南极门户国家而言，可持续利用和保护问题牵扯到多方面因素，包括利益博弈、环境保护和技术发展，呈现出极为纷繁复杂的局面。新冠肺炎疫情的暴发，一方面增加了极地科学考察以及相关活动的难度；另一方面也影响了极地治理进程，大量的现场会议被迫取消，大量的官方会议与学术交流也不得不推迟。但是，挑战之中同样孕育着机遇，应对气候变化、可持续开发利用以及抗击新冠肺炎疫情都为进一步加强和拓展极地治理的国际合作提供了新动力和凝聚力。中国在南北极现有格局中，将继续秉承"人类命运共同体""海洋命运共同体"理念，积极参与极地治理，体现大国担当，持续贡献中国智慧和中国方案。

---

① 位于喀拉海鄂毕湾亚马尔半岛东部，是中国新疆、哈萨克斯坦和俄罗斯鄂毕河沿岸货物到达北极的集散港。

附　件

附件 1

《中华人民共和国国民经济和社会发展第十四个五年规划和 2035 年远景目标纲要》（部分涉海论述）

第二篇　坚持创新驱动发展 全面塑造发展新优势

第四章　强化国家战略科技力量

第二节　加强原创性引领性科技攻关

在事关国家安全和发展全局的基础核心领域，制定实施战略性科学计划和科学工程。瞄准人工智能、量子信息、集成电路、生命健康、脑科学、生物育种、空天科技、深地深海等前沿领域，实施一批具有前瞻性、战略性的国家重大科技项目。从国家急迫需要和长远需求出发，集中优势资源攻关新发突发传染病和生物安全风险防控、医药和医疗设备、关键元器件零部件和基础材料、油气勘探开发等领域关键核心技术。

专栏 2　科技前沿领域攻关
07　深空深地深海和极地探测
宇宙起源与演化、透视地球等基础科学研究，火星环绕、小行星巡视等星际探测，新一代重型运载火箭和重复使用航天运输系统、地球深部探测装备、深海运维保障和装备试验船、极地立体观监测平台和重型破冰船等研制，探月工程四期、蛟龙探海二期、雪龙探极二期建设。

第四节　建设重大科技创新平台

适度超前布局国家重大科技基础设施，提高共享水平和使用效率。集约化建设自然科技资源库、国家野外科学观测研究站（网）和科学大数据中心。加强高端科研仪器设备研发制造。

专栏3　国家重大科技基础设施
01　战略导向型 建设空间环境地基监测网、高精度地基授时系统、大型低速风洞、海底科学观测网、空间环境地面模拟装置、聚变堆主机关键系统综合研究设施等。

第三篇　加快发展现代产业体系 巩固壮大实体经济根基

第八章　深入实施制造强国战略

第三节　推动制造业优化升级

深入实施智能制造和绿色制造工程，发展服务型制造新模式，推动制造业高端化智能化绿色化。培育先进制造业集群，推动集成电路、航空航天、船舶与海洋工程装备、机器人、先进轨道交通装备、先进电力装备、工程机械、高端数控机床、医药及医疗设备等产业创新发展。

专栏4　制造业核心竞争力提升
02 重大技术装备 推进 CR450 高速度等级中国标准动车组、谱系化中国标准地铁列车、高端机床装备、先进工程机械、核电机组关键部件、邮轮、大型 LNG 船舶和深海油气生产平台等研发应用，推动 C919 大型客机示范运营和 ARJ21 支线客机系列化发展。

第九章　发展壮大战略性新兴产业

第一节　构筑产业体系新支柱

聚焦新一代信息技术、生物技术、新能源、新材料、高端装备、新能源汽车、绿色环保以及航空航天、海洋装备等战略性新兴产业，加快关键核心技术创新应用，增强要素保障能力，培育壮大产业发展新动能。

第二节　前瞻谋划未来产业

在类脑智能、量子信息、基因技术、未来网络、深海空天开发、氢能与储能等前沿科技和产业变革领域，组织实施未来产业孵化与加速计划，谋划布局一批未来产业。

第十一章 建设现代化基础设施体系

第二节 加快建设交通强国

专栏 5 交通强国建设工程
06 港航设施 建设京津冀、长三角、粤港澳大湾区世界级港口群，建设洋山港区小洋山北侧、天津北疆港区 C 段、广州南沙港五期、深圳盐田港东区等集装箱码头。推进曹妃甸港煤炭运能扩容、舟山江海联运服务中心和北部湾国际门户港、洋浦枢纽港建设。深化三峡水运新通道前期论证，研究平陆运河等跨水系运河连通工程。

第三节 构建现代能源体系

加快发展非化石能源，坚持集中式和分布式并举，大力提升风电、光伏发电规模，加快发展东中部分布式能源，有序发展海上风电，加快西南水电基地建设，安全稳妥推动沿海核电建设，建设一批多能互补的清洁能源基地，非化石能源占能源消费总量比重提高到20%左右……有序放开油气勘探开发市场准入，加快深海、深层和非常规油气资源利用，推动油气增储上产。

专栏 6 现代能源体系建设工程
01 大型清洁能源基地 建设雅鲁藏布江下游水电基地。建设金沙江上下游、雅砻江流域、黄河上游和几字湾、河西走廊、新疆、冀北、松辽等清洁能源基地，建设广东、福建、浙江、江苏、山东等海上风电基地。
02 沿海核电 建成华龙一号、国和一号、高温气冷堆示范工程，积极有序推进沿海三代核电建设。推动模块式小型堆、60 万千瓦级商用高温气冷堆、海上浮动式核动力平台等先进堆型示范。建设核电站中低放废物处置场，建设乏燃料后处理厂。开展山东海阳等核能综合利用示范。核电运行装机容量达到 7000 万千瓦。

第九篇 优化区域经济布局 促进区域协调发展

第三十三章 积极拓展海洋经济发展空间

坚持陆海统筹、人海和谐、合作共赢，协同推进海洋生态保护、海洋经济发展和海洋权益维护，加快建设海洋强国。

第一节 建设现代海洋产业体系

围绕海洋工程、海洋资源、海洋环境等领域突破一批关键核心技术。培育壮大海洋工程装备、海洋生物医药产业，推进海水淡化和海洋能规模化利用，提高海洋文化旅游开发水平。优化近海绿色养殖布局，建设海洋牧场，发展可持续远洋渔业。建设一批高质量海洋经济发展示范区和特色化海洋产业集群，全面提高北部、东部、南部三大海洋经济圈发展水平。以沿海经济带为支撑，深化与周边国家涉海合作。

第二节 打造可持续海洋生态环境

探索建立沿海、流域、海域协同一体的综合治理体系。严格围填海管控，加强海岸带综合管理与滨海湿地保护。拓展入海污染物排放总量控制范围，保障入海河流断面水质。加快推进重点海域综合治理，构建流域-河口-近岸海域污染防治联动机制，推进美丽海湾保护与建设。防范海上溢油、危险化学品泄露等重大环境风险，提升应对海洋自然灾害和突发环境事件能力。完善海岸线保护、海域和无居民海岛有偿使用制度，探索海岸建筑退缩线制度和海洋生态环境损害赔偿制度，自然岸线保有率不低于35%。

第三节 深度参与全球海洋治理

积极发展蓝色伙伴关系，深度参与国际海洋治理机制和相关规则制定与实施，推动建设公正合理的国际海洋秩序，推动构建海洋命运共同体。深化与沿海国家在海洋环境监测和保护、科学研究和海上搜救等领域务实合作，加强深海战略性资源和生物多样性调查评价。参与北极务实合作，建设"冰上丝绸之路"。提高参与南极保护和利用能力。加强形势研判、风险防范和法理斗争，加强海事司法建设，坚决维护国家海洋权益。有序推进海洋基本法立法。

第十一篇 推动绿色发展 促进人与自然和谐共生

第三十七章 提升生态系统质量和稳定性

第一节 完善生态安全屏障体系

强化国土空间规划和用途管控，划定落实生态保护红线、永久基本农田、城镇开发边界以及各类海域保护线。以国家重点生态功能区、生态保护红线、国家级自然保护地等为重点，实施重要生态系统保护和修复重大工程，加快推进青藏高原生态屏障区、黄河重点生态区、长江重点生态区和东北森林带、北方防沙带、南方丘陵山地带、海岸带等生态屏障建设……推行草原森林河流湖泊休养生息，健全耕地休耕轮作制度，巩固退耕还林还草、退田还湖还湿、退围还滩还海成果。

第二节　构建自然保护地体系

完善生态保护和修复用地用海等政策。完善自然保护地、生态保护红线监管制度，开展生态系统保护成效监测评估。

专栏 14 重要生态系统保护和修复工程
07　海岸带 以黄渤海、长三角、粤闽浙沿海、粤港澳大湾区、海南岛、北部湾等为重点，全面保护自然岸线，整治修复岸线长度 400 公里、滨海湿地 2 万公顷，营造防护林 11 万公顷。

第十二篇　实行高水平对外开放 开拓合作共赢新局面

第四十一章　推动共建"一带一路"高质量发展

第二节　推进基础设施互联互通

推动陆海天网四位一体联通，以"六廊六路多国多港"为基本框架，构建以新亚欧大陆桥等经济走廊为引领，以中欧班列、陆海新通道等大通道和信息高速路为骨架，以铁路、港口、管网等为依托的互联互通网络，打造国际陆海贸易新通道。聚焦关键通道和关键城市，有序推动重大合作项目建设，将高质量、可持续、抗风险、价格合理、包容可及目标融入项目建设全过程。提高中欧班列开行质量，推动国际陆运贸易规则制定。扩大"丝路海运"品牌影响。

第四节　架设文明互学互鉴桥梁

加强应对气候变化、海洋合作、野生动物保护、荒漠化防治等交流合作，推动建设绿色丝绸之路。

来源：《中华人民共和国国民经济和社会发展第十四个五年规划和 2035 年远景目标纲要》中国政府网，2021 年 3 月 13 日，http://www.gov.cn/xinwen/2021-03/13/content_5592681.htm，2021 年 3 月 15 日登录。

附件 2

自然资源部关于公布我国东海部分海底地理实体标准名称的公告

为进一步规范有关地名的使用，现将我国东海部分海底地理实体的标准名称予以公布。

我国东海部分海底地理实体标准名称

序号	标准名称	汉语拼音	地理位置	
			纬度	经度
1	钓鱼洼地	Diàoyú Wādì	26°32.4′N	123°46.4′E
2	钓鱼海底峡谷群	Diàoyú Hǎidǐxiágǔqún	25°33.5′N	123°57.9′E
3	燕子海丘	Yànzǐ Hǎiqiū	24°57.6′N	124°11.6′E
4	蟠龙海底峡谷	Pánlóng Hǎidǐxiágǔ	27°08.1′N	125°58.2′E
5	青龙海底峡谷	Qīnglóng Hǎidǐxiágǔ	27°00.0′N	125°54.9′E
6	金龙海底峡谷	Jīnlóng Hǎidǐxiágǔ	26°52.2′N	125°36.3′E
7	卧龙海底峡谷	Wòlóng Hǎidǐxiágǔ	26°52.3′N	125°43.3′E
8	虬龙海底峡谷	Qiúlóng Hǎidǐxiágǔ	26°36.6′N	125°13.0′E
9	啸龙海底峡谷	Xiàolóng Hǎidǐxiágǔ	26°36.5′N	125°21.6′E
10	北赤尾海底峡谷	Běichìwěi Hǎidǐxiágǔ	26°29.2′N	124°51.6′E
11	西钓鱼海底峡谷	Xīdiàoyú Hǎidǐxiágǔ	25°34.9′N	123°13.2′E
12	北棉花海底峡谷	Běimiánhuā Hǎidǐxiágǔ	25°32.6′N	122°56.6′E
13	鸾凰圆丘	Luánhuáng Yuánqiū	27°17.4′N	127°03.1′E
14	花鼓海丘	Huāgǔ Hǎiqiū	27°17.8′N	126°55.4′E

序号	标准名称	汉语拼音	地理位置	
			纬度	经度
15	花烛海丘	Huāzhú Hǎiqiū	27°17.2′N	126°57.2′E
16	金塘洼地	Jīntáng Wādì	27°15.6′N	127°03.7′E
17	三星北海丘	Sānxīngběi Hǎiqiū	27°07.5′N	126°45.2′E
18	三星东海丘	Sānxīngdōng Hǎiqiū	27°04.2′N	126°47.8′E
19	三星西海丘	Sānxīngxī Hǎiqiū	27°04.1′N	126°40.1′E
20	观星海丘	Guānxīng Hǎiqiū	27°01.8′N	126°37.2′E
21	蟠龙阶地	Pánlóng Jiēdì	27°05.3′N	126°08.8′E
22	金龙阶地	Jīnlóng Jiēdì	26°42.5′N	125°44.9′E
23	剑尾海丘	Jiànwěi Hǎiqiū	26°32.0′N	126°12.7′E
24	边城海丘	Biānchéng Hǎiqiū	26°13.3′N	126°12.9′E
25	金门海丘	Jīnmén Hǎiqiū	26°07.8′N	126°17.3′E
26	戍台海丘	Shùtái Hǎiqiū	26°04.4′N	126°02.4′E
27	东安海丘	Dōng'ān Hǎiqiū	25°56.2′N	125°50.5′E
28	大练海山	Dàliàn Hǎishān	25°48.4′N	125°47.2′E
29	落珠海丘	Luòzhū Hǎiqiū	25°42.7′N	125°39.0′E
30	赤尾海台	Chìwěi Hǎitái	26°24.8′N	125°15.6′E
31	元宝海谷	Yuánbǎo Hǎigǔ	25°49.0′N	125°19.1′E
32	宝珠海丘	Bǎozhū Hǎiqiū	25°44.0′N	125°23.6′E
33	宝盖海丘	Bǎogài Hǎiqiū	25°40.5′N	125°23.4′E
34	须弥海丘	Xūmí Hǎiqiū	25°37.7′N	125°23.9′E
35	赤尾海脊	Chìwěi Hǎijǐ	25°42.5′N	124°44.1′E
36	东赤尾海丘	Dōngchìwěi Hǎiqiū	25°39.5′N	124°37.6′E
37	东赤尾海山	Dōngchìwěi Hǎishān	25°34.2′N	125°02.5′E

序号	标准名称	汉语拼音	地理位置	
			纬度	经度
38	香鼎海丘	Xiāngdǐng Hǎiqiū	25°34.3′N	125°29.9′E
39	望赤海山群	Wàngchì Hǎishānqún	25°28.2′N	125°24.4′E
40	驼峰海丘	Tuófēng Hǎiqiū	25°23.7′N	123°45.3′E
41	钓鱼水道	Diàoyú Shuǐdào	25°19.8′N	123°43.1′E
42	龙舟海脊	Lóngzhōu Hǎijǐ	25°15.9′N	124°24.7′E
43	赤尾海槽	Chìwěi Hǎicáo	25°13.3′N	124°18.4′E
44	东棉花海丘群	Dōngmiánhuā Hǎiqiūqún	25°12.1′N	123°07.7′E
45	西钓鱼水道	Xīdiàoyú Shuǐdào	25°06.6′N	123°11.6′E
46	北棉花海丘群	Běimiánhuā Hǎiqiūqún	25°02.9′N	122°50.3′E
47	棉花海丘群	Miánhuā Hǎiqiūqún	24°56.5′N	122°48.0′E
48	南棉花海丘群	Nánmiánhuā Hǎiqiūqún	24°53.9′N	122°50.9′E
49	棉花海脊	Miánhuā Hǎijǐ	24°56.8′N	123°13.2′E
50	飞花圆丘	Fēihuā Yuánqiū	24°51.6′N	123°18.2′E

自然资源部

2020 年 6 月 23 日

来源:《自然资源部关于公布我国东海部分海底地理实体标准名称的公告》,自然资源部,2020 年 6 月 23 日,http://gi.mnr.gov.cn/202006/t20200623_2528802.html,2020 年 6 月 25 日登录。

附件 3

自然资源部 民政部关于公布我国南海部分岛礁和海底地理实体标准名称的公告

　　为进一步规范有关地名的使用，现将我国南海部分岛礁和海底地理实体的标准名称予以公布。中国地名委员会 1983 年 4 月受权公布的《我国南海诸岛部分标准地名》继续有效，请社会各界规范使用已公布的标准名称。

　　一、岛礁标准名称

序号	标准名称	汉语拼音	地理位置	
			纬度	经度
1	三峙仔	Sānzhìzǎi	16°57.0′N	112°19.8′E
2	金银东岛	Jīnyín Dōngdǎo	16°26.6′N	111°31.7′E
3	尾峙仔岛	Wěizhìzǎi Dǎo	16°26.8′N	111°31.1′E
4	筐仔北岛	Kuāngzǎi Běidǎo	16°27.1′N	111°36.4′E
5	老粗峙仔岛	Lǎocūzhìzǎi Dǎo	16°32.5′N	111°37.2′E
6	银屿东岛	Yínyǔ Dōngdǎo	16°34.7′N	111°42.5′E
7	银屿仔西岛	Yínyǔzǎi Xīdǎo	16°35.1′N	111°41.6′E
8	广金北一岛	Guǎngjīn Běiyīdǎo	16°27.3′N	111°41.9′E
9	广金北二岛	Guǎngjīn Běi'èrdǎo	16°27.3′N	111°41.9′E
10	广金西岛	Guǎngjīn Xīdǎo	16°27.1′N	111°41.7′E
11	珊瑚东暗沙	Shānhú Dōng'ànshā	16°32.0′N	111°37.7′E
12	永南暗沙	Yǒngnán Ànshā	16°27.2′N	111°39.4′E
13	西礁东岛	Xījiāo Dōngdǎo	8°52.0′N	112°15.4′E

序号	标准名称	汉语拼音	地理位置	
			纬度	经度
14	龙鼻东岛	Lóngbí Dōngdǎo	8°51.8′N	112°15.4′E
15	西礁西岛	Xījiāo Xīdǎo	8°50.7′N	112°11.7′E
16	龙鼻西岛	Lóngbí Xīdǎo	8°50.7′N	112°11.8′E
17	龙鼻东礁	Lóngbí Dōngjiāo	8°52.1′N	112°15.5′E
18	龙鼻南礁	Lóngbí Nánjiāo	8°50.2′N	112°13.4′E
19	龙鼻西礁	Lóngbí Xījiāo	8°51.0′N	112°11.3′E
20	深圈西礁	Shēnquān Xījiāo	8°52.0′N	112°11.9′E
21	深圈礁	Shēnquān Jiāo	8°52.2′N	112°12.3′E
22	深圈东礁	Shēnquān Dōngjiāo	8°52.4′N	112°12.7′E
23	龙鼻中礁	Lóngbí Zhōngjiāo	8°52.7′N	112°13.9′E
24	龙鼻北礁	Lóngbí Běijiāo	8°53.0′N	112°15.2′E
25	龙鼻西仔礁	Lóngbí Xīzǎijiāo	8°51.6′N	112°11.5′E

二、海底地理实体标准名称

序号	标准名称	汉语拼音	地理位置	
			纬度	经度
1	中建西海底峡谷群	Zhōngjiànxī Hǎidǐxiágǔqún	15°40.0′N	110°40.0′E
2	中建南海底峡谷群	Zhōngjiànnán Hǎidǐxiágǔqún	14°12.0′N	110°12.0′E
3	万安海底峡谷群	Wàn'ān Hǎidǐxiágǔqún	10°30.0′N	109°50.0′E
4	广金海脊	Guǎngjīn Hǎijǐ	15°40.5′N	112°29.2′E
5	羚羊海山	Língyáng Hǎishān	15°26.5′N	112°04.2′E
6	湛涵海脊	Zhànhán Hǎijǐ	15°29.5′N	112°28.2′E

序号	标准名称	汉语拼音	地理位置	
			纬度	经度
7	晋卿西海山	Jìnqīngxī Hǎishān	15°17.8′N	112°29.2′E
8	琛航海山	Chēnháng Hǎishān	15°00.0′N	112°16.7′E
9	琛航东海山	Chēnhángdōng Hǎishān	15°04.9′N	112°22.4′E
10	万仞海脊	Wànrèn Hǎijǐ	14°38.2′N	112°19.2′E
11	玉门海山	Yùmén Hǎishān	14°46.1′N	112°37.7′E
12	玉门海脊	Yùmén Hǎijǐ	14°29.3′N	112°39.4′E
13	春风海脊	Chūnfēng Hǎijǐ	14°12.1′N	112°01.7′E
14	春风海谷	Chūnfēng Hǎigǔ	13°52.0′N	112°16.0′E
15	琵琶海山	Pípa Hǎishān	13°53.4′N	111°58.3′E
16	月轮海丘	Yuèlún Hǎiqiū	13°03.4′N	111°05.4′E
17	海雾海丘	Hǎiwù Hǎiqiū	12°44.9′N	111°22.1′E
18	花林海山	Huālín Hǎishān	12°36.1′N	111°43.2′E
19	流霜海丘群	Liúshuāng Hǎiqiūqún	12°30.9′N	110°58.8′E
20	流春海山	Liúchūn Hǎishān	12°21.3′N	111°36.9′E
21	青枫海丘	Qīngfēng Hǎiqiū	11°55.2′N	111°05.5′E
22	闲潭海台	Xiántán Hǎitái	11°28.7′N	110°14.0′E
23	潮生海丘群	Cháoshēng Hǎiqiūqún	11°31.2′N	111°02.2′E
24	镜台海山	Jìngtái Hǎishān	11°24.0′N	111°20.5′E
25	江畔海山	Jiāngpàn Hǎishān	10°40.6′N	110°31.4′E
26	长飞海山	Chángfēi Hǎishān	9°42.6′N	109°59.5′E
27	纤尘海丘	Xiānchén Hǎiqiū	9°38.7′N	110°23.7′E
28	潇湘海丘	Xiāoxiāng Hǎiqiū	9°32.1′N	109°44.1′E
29	广雅水道群	Cuǎngyǎ Shuǐdàoqún	9°15.0′N	110°00.0′E

序号	标准名称	汉语拼音	地理位置	
			纬度	经度
30	郑和海台	Zhènghé Hǎitái	8°08.0′N	109°40.0′E
31	郑和海谷	Zhènghé Hǎigǔ	8°15.0′N	109°50.0′E
32	西卫海隆	Xīwèi Hǎilóng	8°40.0′N	110°08.0′E
33	西卫海底峡谷	Xīwèi Hǎidǐxiágǔ	8°20.0′N	110°12.0′E
34	广雅海隆	Guǎngyǎ Hǎilóng	8°40.0′N	110°32.0′E
35	金吒海丘	Jīnzhā Hǎiqiū	14°48.7′N	109°56.1′E
36	木吒海丘	Mùzhā Hǎiqiū	14°34.2′N	110°02.5′E
37	哪吒海丘	Nézhā Hǎiqiū	14°32.1′N	110°11.3′E
38	羚羊南海山	Língyángnán Hǎishān	15°09.6′N	111°54.2′E
39	杨柳西海丘	Yángliǔxī Hǎiqiū	14°48.5′N	111°38.9′E
40	孤月西海丘	Gūyuèxī Hǎiqiū	13°40.3′N	110°30.3′E
41	月照海丘	Yuèzhào Hǎiqiū	11°05.4′N	110°25.4′E
42	似霰海丘	Sìxiàn Hǎiqiū	10°38.5′N	110°51.1′E
43	照人海丘	Zhàorén Hǎiqiū	11°35.6′N	110°24.6′E
44	扁舟海丘	Piānzhōu Hǎiqiū	11°24.7′N	110°49.8′E
45	玉户海丘	YùHù Hǎiqiū	12°13.5′N	110°33.7′E
46	照君海丘	Zhàojūn Hǎiqiū	13°09.0′N	111°26.2′E
47	碣石海丘	Jiéshí Hǎiqiū	13°11.7′N	111°17.1′E
48	天宝海山	Tiānbǎo hǎishān	13°10.0′N	112°24.3′E
49	腾蛟海山	Téngjiāo hǎishān	13°21.1′N	112°32.6′E
50	起凤海丘	Qǐfèng Hǎiqiū	13°17.4′N	112°36.1′E
51	萦回海丘	Yínghuí Hǎiqiū	14°49.3′N	112°19.8′E
52	桂殿海山	Guìdiàn hǎishān	14°55.6′N	112°28.9′E

序号	标准名称	汉语拼音	地理位置	
			纬度	经度
53	兰宫洼地	Lángōng Wādì	15°14.0′N	112°35.0′E
54	玉带海脊	Yùdài Hǎijǐ	11°36.8′N	112°06.4′E
55	玉楼海脊	Yùlóu Hǎijǐ	11°45.2′N	112°10.0′E

自然资源部 民政部
2020 年 4 月 19 日

来源：《自然资源部 民政部关于公布我国南海部分岛礁和海底地理实体标准名称的公告》，自然资源部，2020 年 4 月 19 日，http：//gi.mnr.gov.cn/202004/t20200419_2509115.html，2020 年 6 月 25 日登录。

附件 4

2020 年中国南北极科学考察任务及成果

次序	时间	任务及成果
第 36 次南极科学考察	2019 年 11 月 15 日至 2020 年 4 月 17 日	第 36 次南极考察队由来自 105 家单位的 413 人组成，于 2019 年 11 月 15 日搭乘"雪龙 2"号极地科学考察破冰船从深圳起航。 本次考察实施两船四站考察任务，我国首艘自主建造的极地科学考察破冰船——"雪龙 2"号首航南极，与"雪龙"号一起上演"双龙探极"，开启中国极地考察新格局。本次南极考察充分利用船舶、海冰、海洋、陆地、空中、考察站等平台，通过陆地—海洋—大气—冰架—生物多学科联合观测，实施恩克斯堡岛新站建设前期工程、开展业务化观（监）测、实施国家重大科研计划，完成基建收尾及站区环境整治、常规保障、物资运输、工程建设、国际合作、科普宣传等工作，以进一步掌握南极变化对全球影响的趋势，提高我国适应与应对气候变化的能力，积极参与南极全球治理
第 37 次南极科学考察	2020 年 11 月 10 日至 2021 年 5 月	第 37 次南极考察队于 2020 年 11 月 10 日搭乘"雪龙 2"号极地科学考察破冰船从上海起航。第 37 次南极科学考察将围绕应对全球气候变化等问题，开展水文气象、生态环境等科学调查工作，并执行南大洋微塑料、海漂垃圾等新型污染物业务化监测任务。同时，还将开展南极中山站、长城站越冬人员轮换及物资补给工作。本次考察航程 3 万余海里，于 2021 年 5 月返回上海

次序	时间	任务及成果
第 11 次北极科学考察	2020 年 7 月 15 日至 2020 年 9 月	2020 年 7 月 15 日，由自然资源部组织的中国第 11 次北极科学考察队搭乘"雪龙 2"船从上海出发，执行科学考察任务。这是"雪龙 2"船继顺利完成南极首航后，首次承担北极科学考察任务。 　　第 11 次北极科学考察围绕应对全球气候变化、北极综合环境调查和北极业务化观（监）测体系构建等内容，在楚科奇海台、加拿大海盆和北冰洋中心区等北极公海海域，以走航观测、断面综合调查及冰站考察等方式，重点开展北冰洋中心区综合调查、北冰洋生物多样性与生态系统调查、北冰洋海洋酸化监测与化学环境调查、新型污染物监测和北冰洋海–冰–气相互作用观测等调查任务。 　　本次考察总航程逾 1.38 万海里，已于 2020 年 9 月下旬返回上海

　　来源：根据国家海洋局极地考察办公室相关资料整理，http：//chinare. mnr. gov. cn/，2020 年 11 月 10 日登录。

附件 5

2020 年国家社会科学基金涉海项目简表

序号	项目名称	负责人	承担单位	项目类别
1	海南自由贸易港建设对我国—东盟国家的贸易影响效应及其产业联动发展策略研究	郝大江	海南师范大学	一般项目
2	西部陆海新通道推动西部地区联动高质量发展的内生机理与路径研究	陈立泰	重庆大学	一般项目
3	"海上丝绸之路"建设背景下我国与小型岛屿国家旅游合作研究	王 娟	中国海洋大学	一般项目
4	中国海洋管理机构职能协同与治理现代化研究	崔旺来	浙江海洋大学	一般项目
5	我国海洋安全视域下刑法维权问题研究	王 赞	大连海事大学	一般项目
6	应对越南可能提起新一轮南海仲裁案程序问题研究	施余兵	厦门大学	一般项目
7	海洋命运共同体视域下海洋环境跨界治理机制创新研究	全永波	浙江海洋大学	一般项目
8	基于海洋命运共同体理念的海洋环境法治体系性发展研究	张相君	福州大学	一般项目
9	历史性权利在海洋权益争端中的作用研究	李 永	海南医学院	一般项目
10	争议海域单方行为法律问题研究	曲 波	宁波大学	一般项目
11	诉讼语境下南海诸岛领土主权证据适用实证研究	郭 冉	上海海事大学	重点项目
12	印太战略背景下中国建设印度洋方向蓝色经济通道研究	王瑞领	上海对外经贸大学	一般项目
13	大陆架界限委员会《议事规则》对南海外大陆架划界的潜在影响研究	尹 洁	自然资源部第二海洋研究所	一般项目

序号	项目名称	负责人	承担单位	项目类别
14	权力变迁视域下美英对二战后世界海洋秩序的塑造研究	胡 杰	武汉大学	一般项目
15	美国台海政策法律化对两岸关系的挑战及应对研究	刘文戈	厦门大学	一般项目
16	越菲南海共同开发政策的比较及中国的对策研究	祁怀高	复旦大学	一般项目
17	明清闽粤海洋动植物史料的收集、整理与研究	王福昌	华南农业大学	一般项目
18	明中后期军制运作与东南滨海地域社会研究	牛传彪	曲阜师范大学	一般项目
19	清代海洋渔政与海疆社会治理研究	杨培娜	中山大学	一般项目
20	近代以来长江三角洲海岸带环境变迁史研究	吴俊范	上海师范大学	一般项目
21	中国近代海洋灾害资料的收集、整理与研究	蔡勤禹	中国海洋大学	一般项目
22	晚清时期英国海军在中国水域的地图测绘及其影响研究（1840—1870）	王 涛	浙江师范大学	一般项目
23	海上丝绸之路视野下华侨华人移民与菲律宾南部边疆开发研究	施雪琴	厦门大学	一般项目
24	生态批评视域下的美国海洋文学研究	张计连	云南大学	一般项目
25	百年南海危机舆论史研究	张继木	华中师范大学	一般项目
26	台湾地区藏南海资料搜集、整理与数据库构建研究	李 敏	海南师范大学	一般项目
27	适应新时代格局的南海水域海事安全立体化监管与服务建设布局研究	王志明	上海海事大学	一般项目
28	世界主要国家现行边海防体制研究	况腊生	军事科学院军事法制研究院	一般项目
29	民族复兴视域下国民海洋意识培育研究	张 俏	辽宁师范大学	青年项目
30	我国海洋经济绿色技术进步适宜性评价与优化路径研究	任文菡	青岛大学	青年项目
31	海上平时军事活动的管辖权问题研究	李文杰	国际关系学院	青年项目
32	南极条约体系中新兴议题的造法趋势及中国对策研究	陈奕彤	中国海洋大学	青年项目
33	国际组织在国际海洋法律秩序演进中的功能研究	马金星	中国社会科学院	青年项目

序号	项目名称	负责人	承担单位	项目类别
34	争议海域内活动诉诸《联合国海洋法公约》强制争端解决机制的国际法依据研究	廖雪霞	北京大学	青年项目
35	国家海洋督察制度的运行机制及其优化研究	张 一	中国海洋大学	青年项目
36	中日韩岛屿和海洋权益争端解决机制研究	郝会娟	厦门大学	青年项目
37	海湾国家世俗化对"一带一路"的影响和对策研究	马成文	宁夏大学	青年项目
38	"中建南事件"后越南南海政策新变化、趋势及应对研究	罗 肖	云南大学	青年项目
39	东南亚民粹主义兴起对南海争端的影响及对策研究	彭 念	中国南海研究院	青年项目
40	海南东南沿海史前文化与南岛语族考古	黄 超	中国社会科学院	青年项目
41	爱尔兰文学中的海洋叙事与民族想象研究	王路晨	福建师范大学	青年项目
42	海洋强国战略下海洋文化路径创新研究	马克秀	青岛大学	青年项目

来源：根据全国哲学社会科学工作办公室网站及公开资料整理，http：//www.nopss.gov.cn/n1/2020/0927/c219469-31876995.html，2020 年 11 月 10 日登录。

附件 6

2020 年中华人民共和国政府
关于《国际海底开发规章缴费机制问题》
的评论意见

应国际海底管理局（海管局）秘书处邀请，中华人民共和国政府重申其于 2019 年 10 月 15 日就《"区域"内矿产资源开发规章草案》所提评论意见中关于缴费机制的立场，并在此基础上进一步提出如下意见。

一、建议继续深入研究从价与从利结合的财务模型。我们注意到财务问题工作组在今年 2 月第三次会议上确认并不完全赞同或放弃任何备选方案，同时请秘书处编写一份报告以进一步完善"两阶段固定费率的从价特许权使用费机制"和"两阶段累进从价特许权使用费机制"。虽然工作组未放弃任何备选方案，但并未寻求进一步研究从价与从利结合的财务模型，事实上导致对此种模型的忽视，我们对此表示担忧。

从价与从利结合的财务模型值得继续深入研究。这首先源于《关于执行 1982 年 12 月 10 日〈联合国海洋法公约〉第十一部分的协定》（以下简称《执行协定》）的明确要求。《执行协定》附件第 8 节第 1 条（c）款规定，缴费机制"应该考虑采用特许权使用费制度或结合特许权使用费与盈利分享的制度。如果决定采用几种不同的制度，则承包者有权选择适用于其合同的制度"。上述规定应在开发规章制定中得到体现和落实。

其次，深海采矿是一项高风险的事业，相关技术和产业尚处于培育和成型阶段。从价与从利结合的缴费机制有利于承包者应对不确定性，保护其从事深海开发的积极性。另一方面，此种缴费机制可以保证海管局在深海采矿收益增长时获得更多收入。

此外，从价与从利结合模式看似不如从价模式简单，因此更需对前者加大研究，以便找到简便的操作方法，而不是在现阶段草草将之放弃。在陆地采矿实践中，从利权益金等利润分享模式已被成熟应用，相关研究可予以借鉴。

基于上述原因，我们建议进一步研究完善从价与从利结合的缴费机制，并将之纳入秘书处的研究报告。

二、建议充分考虑深海矿产的产品形式及其对金属价格的影响

我们注意到，当前财务模型仅以电解锰作为唯一的锰产品形式。但电解锰的生产

耗能巨大，将来把从深海开采的锰金属统一加工为电解锰并不现实。事实上锰金属也存在其他产品形式，如硅锰合金和富锰渣等。建议财务模型在涉及锰金属时一并考虑。

此外，深海采矿商业开发一旦开始，铜、锰、钴、镍等金属的产量将极大增加，影响全球金属市场供求关系，总体上应会拉低相关金属的价格。特别是锰和钴因相对产量较大，对金属价格的冲击将更为明显。建议相关研究考虑深海采矿商业开发对国际金属市场的动态影响。

来源：根据国际海底管理局官网资料翻译，https：//isa. org. jm/files/files/documents/assumptions-tab_0. pdf，2020 年 11 月 10 日登录。

附件 7

自然资源部 2020 年立法工作计划

一、出台类项目（共 6 件）

（一）拟报国务院发布的行政法规草案

1. 为全面落实新修正的《土地管理法》，研究修改《土地管理法实施条例》（法规司会同相关司局起草）。

2. 为贯彻落实党中央、国务院关于自然保护区管理改革的部署，优化自然保护区范围和功能分区，改革风景名胜区规划管理制度，研究修改《自然保护区条例》和《风景名胜区条例》（林草局起草）。

（二）拟由自然资源部发布的部门规章

3. 为落实土地审批制度改革成果，优化建设用地审批流程，研究修订《建设用地审查报批管理办法》（用途管制司起草）。

4. 为改革完善测绘单位资质管理制度，研究制定《测绘资质管理办法》（测绘司起草）。

5. 为解决自然资源管理法律法规规章滞后问题，及时推进相关规章清理修改工作，成熟一批，及时修改公布一批（法规司起草）。

二、论证储备类项目（共 14 件）

（一）拟报国务院审查的法律草案

1. 为推进生态文明建设，建立统筹协调的国土空间保护、开发、利用、修复、治理等法律制度，研究起草《国土空间开发保护法》（法规司牵头起草）。

2. 为健全完善不动产登记法律制度，保障不动产权利人的合法权益，在总结《不动产登记暂行条例》实施成效的基础上，研究起草《不动产登记法》（登记局起草）。

3. 为贯彻落实党中央、国务院关于自然保护地体系建设的决策部署，建立和完善自然保护地管理法律制度，研究起草《自然保护地法》（林草局起草）。

（二）拟报国务院发布的行政法规草案

4. 为全面落实新修正的《土地管理法》，完善永久基本农田保护制度，研究修改《基本农田保护条例》（耕保司起草）。

5. 配合《矿产资源法》修订进程，同步开展配套法规修订工作，研究起草《矿产资源法实施条例》（法规司会同矿业权司、勘查司、矿保司等起草）。

6. 为加强海底电缆管道管理，统筹海底电缆管道铺设和保护管理法律制度，研究修改《铺设海底电缆管道管理规定》（海域海岛司起草）。

7. 为了加强对测绘成果的管理，维护国家安全，促进测绘成果的利用，研究修改《测绘成果管理条例》（地信司起草）。

8. 为贯彻实施新修订的《森林法》，研究修改《森林法实施条例》（林草局起草）。

（三）拟由自然资源部发布的部门规章

9. 为加强土地估价管理，明确相关监管措施，研究制定《土地估价管理办法》（利用司起草）。

10. 为明确国土空间规划编制审批要求，研究制定《国土空间规划管理办法》（空间规划局起草）。

11. 为落实矿山地质环境保护与生态修复管理制度改革创新的需要，完善修复治理工作机制，研究修订《矿山地质环境保护规定》（生态修复司起草）。

12. 为加强地质勘查活动事中事后监督管理，推动行业诚信自律，促进行业健康发展，研究制定《地质勘查活动监督管理办法》（地勘司起草）。

13. 为深化改革，进一步规范地质灾害防治单位资质管理，研究制定《地质灾害防治单位资质管理办法》（地勘司起草）。

14. 为进一步落实国务院外商投资准入政策，优化审批流程，加强事中事后监管，研究修订《外国的组织或者个人来华测绘管理暂行办法》（测绘司起草）。

来源：《自然资源部办公厅关于印发〈自然资源部 2020 年立法工作计划〉的通知》（自然资办函〔2020〕974 号），自然资源部，http://gi.mnr.gov.cn/202006/t20200604_2524522.html，2020 年 12 月 12 日登录。

附件 8

《全国重要生态系统保护和修复重大工程
总体规划（2021—2035 年）》
（海岸带部分摘录）

第三章　总体布局

七、海岸带

本区域涉及辽宁、河北、天津、山东、江苏、上海、浙江、福建、广东、广西、海南等 11 个省（区、市）的近岸近海区，涵盖黄渤海、东海和南海等重要海洋生态系统，含辽东湾、黄河口及邻近海域、北黄海、苏北沿海、长江口—杭州湾、浙中南、台湾海峡、珠江口及邻近海域、北部湾、环海南岛、西沙、南沙等 12 个重点海洋生态区和海南岛中部山区热带雨林国家重点生态功能区。本区域是我国经济最发达、对外开放程度最高、人口最密集的区域，是实施海洋强国战略的主要区域，也是保护沿海地区生态安全的重要屏障。

（一）自然生态状况。本区域是陆地、海洋的交互作用地带，纵贯热带、亚热带、温带三个气候带，季风特征显著，海水表层水温年均 11—27℃，沿海潮汐类型和潮流状况复杂。区域内大陆岸线长度 1.8 万公里，分布 1500 余个大小河口、200 余个海湾，滨海湿地面积约为 580 万公顷。本区拥有红树林、珊瑚礁、海草床、盐沼、海岛、海湾、河口、上升流等多种典型海洋生态系统。区域内海洋物种和生物多样性丰富，记录海洋生物约 28 000 多种，约占全球海洋物种总数的 13%，是我国乃至全球海洋生物重要产卵场、索饵场、越冬场及洄游通道，是重要的候鸟迁徙路线区域。

（二）主要生态问题。本区域受全球气候变化、自然资源过度开发利用等影响，局部海域典型海洋生态系统显著退化，部分近岸海域生态功能受损、生物多样性降低、生态系统脆弱，风暴潮、赤潮、绿潮等海洋灾害多发频发。具体表现为，17% 以上的岸段遭受侵蚀，约 42% 的海岸带区域资源环境承载力超载；局部地区红树林、珊瑚礁、

海草床、滨海湿地等生态系统退化问题较为严重，调节和防灾减灾功能无法充分发挥；珍稀濒危物种栖息地遭到破坏，有害生物危害严重，生物多样性损失加剧。

（三）主攻方向。以海岸带生态系统结构恢复和服务功能提升为导向，立足辽东湾等12个重点海洋生态区和海南岛中部山区热带雨林国家重点生态功能区，全面保护自然岸线，严格控制过度捕捞等人为威胁，重点推动入海河口、海湾、滨海湿地与红树林、珊瑚礁、海草床等多种典型海洋生态类型的系统保护和修复，综合开展岸线岸滩修复、生境保护修复、外来入侵物种防治、生态灾害防治、海堤生态化建设、防护林体系建设和海洋保护地建设，改善近岸海域生态质量，恢复退化的典型生境，加强候鸟迁徙路径栖息地保护，促进海洋生物资源恢复和生物多样性保护，提升海岸带生态系统结构完整性和功能稳定性，提高抵御海洋灾害的能力。

第四章　重要生态系统保护和修复重大工程

七、海岸带生态保护和修复重大工程

推进"蓝色海湾"整治，开展退围还海还滩、岸线岸滩修复、河口海湾生态修复、红树林、珊瑚礁、柽柳等典型海洋生态系统保护修复、热带雨林保护、防护林体系等工程建设，加强互花米草等外来入侵物种灾害防治。重点提升粤港澳大湾区和渤海、长江口、黄河口等重要海湾、河口生态环境，推进陆海统筹、河海联动治理，促进近岸局部海域海洋水动力条件恢复；维护海岸带重要生态廊道，保护生物多样性；恢复北部湾典型滨海湿地生态系统结构和功能；保护海南岛热带雨林和海洋特有动植物及其生境，加强海南岛水生态保护修复，提升海岸带生态系统服务功能和防灾减灾能力。

专栏4-7　海岸带生态保护和修复重点工程
1　粤港澳大湾区生物多样性保护 　　推进海湾整治，加强海岸线保护与管控，强化受损滨海湿地和珍稀濒危物种关键栖息地保护修复，构建生态廊道和生物多样性保护网络，保护和修复红树林等典型海洋生态系统，提升防护林质量，建设人工鱼礁，实施海堤生态化建设，保护重要海洋生物繁育场。推进珠江三角洲水生态保护修复
2　海南岛重要生态系统保护和修复 　　全面保护修复热带雨林生态系统，加强珍稀濒危野生动植物栖息地保护恢复，建设生物多样性保护和河流生态廊道。以红树林、珊瑚礁、海草床等典型生态系统为重点，加强综合整治和重要生境修复，强化自然岸线、滨海湿地保护和恢复

3 黄渤海生态保护和修复

　　推进河海联动统筹治理，加快推进渤海综合治理，加强河口和海湾整治修复，实施受损岸线修复和生态化建设，强化盐沼和砂质岸线保护；加强鸭绿江口、辽河口、黄河口、苏北沿海滩涂等重要湿地保护修复。保护和改善迁徙候鸟重要栖息地，加强海洋生物资源保护和恢复。推进浒苔绿潮灾害源地整治

4 长江三角洲重要河口区生态保护和修复

　　加强河口生态系统保护和修复，推动杭州湾、象山港等重点海湾的综合整治，提高海堤生态化水平。加强长江口及舟山群岛周边海域的生物资源养护，保护和改善江豚、中华鲟等珍稀濒危野生动植物栖息地，加强重要湿地保护修复

5 海峡西岸重点海湾河口生态保护和修复

　　推进兴化湾、厦门湾、泉州湾、东山湾等半封闭海湾的整治修复，推进侵蚀岸线修复，加强重要河口生态保护修复，重点在漳江口、九龙江口等地实施红树林保护修复，加强海洋生物资源养护和生物多样性保护

6 北部湾滨海湿地生态系统保护和修复

　　加强重点海湾环境综合治理，推动北仑河口、山口、雷州半岛西部等地区红树林生态系统保护和修复，开展徐闻、涠洲岛珊瑚礁以及北海、防城港等地海草床保护和修复，建设海岸防护林，推进互花米草防治

　　来源：《国家发展改革委 自然资源部关于印发〈全国重要生态系统保护和修复重大工程总体规划（2021—2035 年）〉的通知》（发改农经〔2020〕837 号），自然资源部，http：//gi. mnr. gov. cn/202006/t20200611_2525741. html，2021 年 1 月 9 日登录。